A HISTORY

OF

GREEK ETHICS

□ 包利民/著

希腊伦理思想史

中国社会科学出版社

图书在版编目（CIP）数据

希腊伦理思想史 / 包利民著. —北京：中国社会科学出版社，2021.2
ISBN 978-7-5203-7214-5

Ⅰ.①希… Ⅱ.①包… Ⅲ.①伦理思想—思想史—古希腊 Ⅳ.①B82-091.984

中国版本图书馆CIP数据核字（2020）第175314号

出 版 人	赵剑英
责任编辑	陈 彪
责任校对	冯英爽
责任印制	张雪娇
出　　版	中国社会科学出版社
社　　址	北京鼓楼西大街甲158号
邮　　编	100720
网　　址	http://www.csspw.cn
发 行 部	010-84083685
门 市 部	010-84029450
经　　销	新华书店及其他书店
印刷装订	环球东方（北京）印务有限公司
版　　次	2021年2月第1版
印　　次	2021年2月第1次印刷
开　　本	710×1000　1/16
印　　张	21
插　　页	2
字　　数	311千字
定　　价	118.00元

凡购买中国社会科学出版社图书，如有质量问题请与本社营销中心联系调换
电话：010-84083683
版权所有　侵权必究

目 录

导 论 ·· 1
　　一　题解：生命与逻各斯 ·· 1
　　二　两阶价值结构 ·· 6
　　三　四级道德体系 ·· 12
　　四　希腊伦理精神总潮 ·· 20

第一章　前雅典伦理 ·· 25
　　第一节　诗性智慧的教化 ·· 25
　　　　一　文学与道德 ··· 25
　　　　二　史诗中的一阶价值 ·· 29
　　　　三　叙事体二阶价值 ··· 32
　　第二节　与神共存 ·· 38
　　　　一　宗教之为一种生活形式与伦理逻各斯 ·················· 38
　　　　二　宗教与伦理生活的复杂关系 ······························· 40
　　　　三　命运、时间与战争 ·· 49
　　第三节　毕达哥拉斯：新生活形式理想 ··························· 51
　　　　一　时代定位 ··· 51
　　　　二　政治和谐 ··· 55
　　　　三　生命和谐 ··· 61
　　第四节　赫拉克里特之道 ·· 65
　　　　一　晦涩神秘——道非常道 ···································· 67
　　　　二　河与火，圆与螺旋线——时间意象群 ··················· 69

　　　　三　自道观之——时间压缩——辩证法 …………… 72
　　　　四　道与闻道——听的现象学 …………………… 75

第二章　城邦道德 …………………………………………… 79
第一节　公民本位 …………………………………………… 79
　　　　一　民主的可操作性 ……………………………… 81
　　　　二　民主的代价 …………………………………… 86
　　　　三　代价付出之后 ………………………………… 88
第二节　国际公正 …………………………………………… 93
　　　　一　在城邦之间 …………………………………… 93
　　　　二　盟约、霸权与公正 …………………………… 98
　　　　三　斯巴达作为他者 ……………………………… 100
第三节　智者语言游戏的两面性 …………………………… 106
　　　　一　智者语言游戏 ………………………………… 107
　　　　二　主流伦理学之发轫 …………………………… 111
　　　　三　反主流伦理学第一浪潮 ……………………… 116
第四节　悲剧品格 …………………………………………… 121
　　　　一　公正 …………………………………………… 123
　　　　二　公正与公正的冲突 …………………………… 126
　　　　三　命运 …………………………………………… 129
　　　　四　命运与人的尊严 ……………………………… 132

第三章　柏拉图意义种种 …………………………………… 134
第一节　苏格拉底新悲剧 …………………………………… 135
　　　　一　道德悲剧 ……………………………………… 136
　　　　二　人的优秀 ……………………………………… 143
　　　　三　逻各斯与生命 ………………………………… 147
第二节　伦理反思智慧的出现 ……………………………… 149
　　　　一　内在整一 ……………………………………… 150

二　整一：目的论解释模式 …………………………… 155
　　　三　凝视 …………………………………………………… 159
　第三节　公正：在批评中塑造主流 ……………………………… 164
　　　一　界域公正与人治理想 ………………………………… 166
　　　二　理想人教育 …………………………………………… 170
　　　三　绝对真理哲学 ………………………………………… 172
　第四节　辩证法与德育 …………………………………………… 175
　　　一　自知无知 ……………………………………………… 177
　　　二　假设与跃出假设 ……………………………………… 179
　　　三　真诚与开放 …………………………………………… 182

第四章　亚里士多德：主流伦理思想集大成 ……………………… 188
　第一节　人的本体与人的幸福 …………………………………… 189
　　　一　终极目的分析 ………………………………………… 190
　　　二　本体功能分析 ………………………………………… 192
　　　三　辩证分析 ……………………………………………… 197
　第二节　品德论模式下的道德主体 ……………………………… 201
　　　一　美德总论 ……………………………………………… 202
　　　二　选择与责任 …………………………………………… 206
　　　三　美德分论 ……………………………………………… 210
　第三节　公正、友爱与城邦 ……………………………………… 215
　　　一　公正的逻各斯 ………………………………………… 216
　　　二　友爱 …………………………………………………… 222
　　　三　谁的公正，哪种友爱 ………………………………… 224
　第四节　实践理性与教化 ………………………………………… 228
　　　一　为什么关注教化 ……………………………………… 229
　　　二　实践理性 ……………………………………………… 232
　　　三　"品德教育法"本义 ………………………………… 236

第五章　走出主流 ……………………………………………… 242

第一节　喜剧化抗议的后面 …………………………………… 245
　　一　喜剧时代与小苏格拉底哲学 …………………………… 246
　　二　对城邦伦理的抗议 ……………………………………… 247
　　三　抗议文明 ………………………………………………… 250

第二节　怀疑论：是悖论还是一种新智慧 …………………… 254
　　一　晚期希腊伦理学概观 …………………………………… 255
　　二　第一悖论：哲学反对哲学 ……………………………… 257
　　三　第二悖论：生活反对哲学 ……………………………… 263

第三节　伊壁鸠鲁的哲学疗法 ………………………………… 268
　　一　诊断 ……………………………………………………… 270
　　二　哲学治疗 ………………………………………………… 271
　　三　健康 ……………………………………………………… 276

第四节　斯多亚精神 …………………………………………… 280
　　一　论域在延续中拓展 ……………………………………… 281
　　二　激情的逻各斯诠释及治疗 ……………………………… 284
　　三　悲剧意识再觉醒之后 …………………………………… 288

第五节　普鲁塔克的德性双重指向 …………………………… 293
　　一　德性行动之主体——指向自我 ………………………… 295
　　二　德性的实效性——指向世界 …………………………… 300
　　三　人学新科技群与古典德性 ……………………………… 303

第六节　新柏拉图主义的新德性 ……………………………… 306
　　一　德性：成圣还是成仁 …………………………………… 307
　　二　幸福：圣智的生命 ……………………………………… 310
　　三　至善：一元三层本体论 ………………………………… 312
　　四　结语：生命的两个向度 ………………………………… 316

主要参考文献 …………………………………………………… 321

后　记 …………………………………………………………… 328

导　论

一　题解：生命与逻各斯

希腊伦理精神深邃广大而难以穷尽。本书不求面面俱到，但求勾勒其主要脉络。思想史研究的第一标准是严谨的学术态度，因此，沉潜入第一手材料，掌握国内外研究新成果，对每个立论乃至每句话都以扎实有力的逻辑论证进行支持，以复原希腊伦理精神的事实原貌为旨归，是本书的原则。

然而另一方面，"走向事实本身"一语在现象学还原方法中还别有一种深义："事实"不是简单的"资料"，而是每一历史事物的独一无二之特质。这，却不一定是自认为"无偏见"但其实受制于一般化了的概念框架的纯粹"朴学"或"古学"所能真正再现的。而且实际上，任何企图探讨像"希腊伦理精神"这样一个广阔的领域的人，如果不想让探讨流于泛泛一般的论断的话，都必须限定自己探讨的角度、方向与侧重点。"限定"是古希腊推崇的一种美德。不像现代人喜欢"无限"，希腊人讨厌无序、混蒙、软弱之无限，相反，他们在限定中发现了美、秩序、理性与心灵的宁静。那么，我们选取来限定我们的研究格局的角度是什么呢？这就是希腊伦理精神的两大精髓概念：生命与逻各斯。

这种切入点的选择显然受现代学术视野的影响。我们赞同"一切历史都是现代史"的识见。我们之所以追问希腊，兴趣也绝不是纯粹考古学的。厘清面对我们的、向我们步步趋近的西方伦理文化之源头,是一个萦绕不去的动机。当代西方伦理思想(尤其是规范伦理学层面上)的最大争执或许可以分为两大阵营:自由主义的与社群主义的。前者的理论基础是罗尔斯和康德,然而他们再往前追溯便是苏格拉底或柏拉图;后者则是以麦金泰尔(A. MacIntyre)、威廉斯(B. Williams)、桑德尔(M. Sandel)等为代表的复兴"品德论模式"的取向,也就是所谓的"新亚里士多德主义"。

范式的一再重现,说明"一切历史都是现代史"的一个更深含义是"一切历史都是人类史"。历史上形成的一系列重大价值与价值教化之范式,都是为了解决人类特定境遇的难题,它们都或多或少成功过,也都或多或少有其不足。由于人类基本境遇的重复性与共通性,探讨一个文化的历史上的特定价值范式,时常会给人以倾听整个人类智慧的感受。

所以,立足现代思考视野去考察历史上的范式,便不仅是由于解释学的视野困锁之不可避免性,而且是由于人类境遇的向深层面的发展和人类智慧的累积进步,使现代人在识别出一些事的脉络与实质上更容易些了。所以,纯粹考据派学者不必担忧思辨会对历史构成"破坏",因为严肃的、审慎的、不以构造自己大体系为目标的思辨型研究方式,或许能够比纯粹考据方式更好地达到考据派的目标——客观真实性。

"生命"与"逻各斯"便是希腊伦理精神深处的两大客观、真切、实在的核素。

首先看"生命"。伦理学狭义地讲可以不包括生命,因为生命是比伦理(道德)广大得多的一个范畴,伦理学没有权力将它收入自己并作为别种智慧不可染指的特权。另外,形式主义元伦理学似乎力主生命与伦理本质上没有关系;引入生命的(生活的)讨论,只会伤害伦理学的纯粹性。然而伦理学常常谈到生命(生活),而且,这在我们看来是合宜的、应当的(参看第二节),这在希腊伦理精神领域,尤其是合宜的、应当的。

希腊伦理精神与当代西方伦理精神的一个根本性不同,是其"目的论"式的论证方式,这种方式虽然被当代西方主流伦理学论证模式视为幼稚甚至荒谬，但被当时接受为自然而然，合情合理，天经地义；这与整个希腊人的精神品格是分不开的。被人们称为"希腊伦理精神"的许多东西，与其说是道德诫命与反思，不如说是对直接生命（生活）的思考、记载、品味与理想化。一部希腊伦理史应当首先展示给人们当时的种种"生活形式"（维特根斯坦义），种种生活理想（英雄的、思辨的、公民的、哲人的、隐居的……），种种对生活深义、苦难、矛盾的注视与感喟（悲剧式的认识与反思式的认识等等），种种对"终极目的"或"幸福"的定义与实现条件的反复探究。希腊伦理精神——无论是现实的还是理论的——只能围绕这一生命（生活）的主题展开。

arete（"ἀρετή"）一词的翻译也许可以说明以上看法。学者公认希腊伦理学的核心概念之一是德性（品德）；或者说，"品德论"是希腊式道德生活与道德思考的基本模式（这与康德以来的"义务"或"律令"式思考模式截然有别）。然而无论从词源学还是从现实用法看，arete 在许多场合下译为"品德""美德"或"德性"都是十分容易引起误解（误解希腊人）的。此字的基本字根义应是"优秀"。一个具有 arete 的人就是一个优秀的人。[①] 至于在哪个方面优秀，不同的历史时期有不同的标准。英雄史诗年代中，勇敢善战者，是优秀的人；文明发展后，智慧也成了优秀的标志之一；道德意识觉醒了，美德是内在之真正优秀。总之，一个人的一生是否活得优秀（而不平庸），是否出众（而不平凡），是否有价值（而不卑贱），是深深镌刻于希腊人心灵深处的目的（想想希腊民族之爱好各种体育竞赛与荣誉，狂热般地追求种种"教育"！）。"优秀"品性是一种内在式的手段，即不是外于目的的、前目的的纯粹手段，而是自身构成目的之必要组成成分的"手段"。一方面，种种优秀品性皆是有助于获致团体的、家庭的、个人的目的手段（如勇敢对于护国），另一方面，生命之最终目的——完满之"好"（ἀγαθός）或"幸福"（至善）——又正在于生活得优秀、高贵、有价值之中。优

[①] 在汉语中，"优"这个字根可以多方组合，从而构成各种有关词语，如"优越"，这是古希腊 arete 的一个重要意义（出类拔萃）。而"优势"则体现了古希腊 arete 的一个广义：任何东西的长处，优点，等等。"优良品德"，这就有道德上的"好"的意思。

秀地活，活得出色，这是动态的、生命的、生存的概念（亚里士多德所谓"在实现活动之中"），而不是静止的、占有的、物化的概念。欲理解希腊伦理思想的种种环节，均需首先对这一基本精神有一定的把握。

下面考察一下另一个主导概念：逻各斯。

"逻各斯"在古希腊中含义深邃复杂，据后世学者总结，多达十余种，如言说、理性、比例、规律、计算、集拢，等等。

我们将看到，这些含义都与希腊伦理精神有密切关系。古代人对此早已有所察觉，让我们先引一段亚里士多德的话：

> ……自然不造无用的事物；而在各种动物中，独有人类具备言语的机能。声音可以表白悲欢。一般动物都具有发声的机能，它们凭这种机能可将各自的哀乐互相传达。至于一事物的是否有利或有害，以及事物的是否合乎正义或不合正义，这就得凭借言语来为之说明。人类所不同于其他动物的特性就在他对善恶和是否合乎正义以及其他类似观念的辨认（这些都由言语为之互相传达），而家庭和城邦的结合正是这类义理的结合。[①]

"逻各斯"（*Logos*）的首要含义便是"言说"。与不同的生活形式对应的，有不同的言说方式（或称语言游戏），它们不仅影响对伦理生活的思考（如史诗的言说方式和哲学的言说方式），而且直接渗入在道德之中——作为古老智慧的"金言教诲"，作为对道德争执中诉诸大前提时的反复辩论，等等。

逻各斯的另一个重要含义是"理性"与"计算"。请注意这与希腊的乃至整个西方伦理精神的长久"公正"情结有内在关联（参看第三节）。无论是分配公正还是纠正公正，都在于对当事人利益上的得与失的衡量匡算。这不仅是较原始的"斤斤计较""一报还一报"式的公正，而且是高度发展了的普遍理性式的公平衡量（如苏格拉底在拒绝"出

---

① 亚里士多德：《政治学》，1253a10—18。

逃"时，用理想契约的方式衡量了个人与城邦之间的利害关系，得出了不能用"不义"伤害城邦的结论）。

逻各斯在希腊的特别含义，是对语言—逻辑原则的高度清晰意识和彻底推广，这始于巴门尼德的推理诗。在这篇《存在论》哲理诗中，巴门尼德毫不客气地为了语言—逻辑原则的贯彻而牺牲现象界。这种"霸气"受到后来哲人的欢迎，形成一种逻各斯霸权；不仅柏拉图与亚里士多德信守之（亚氏本体论几乎可以看作一种语言学本体论：从说话的逻辑来推论存在的本质方式），自然哲学家如恩培多克勒、阿那克萨戈那及德谟克里特也无不自觉地在巴门尼德逻各斯范式之中修修补补，翻新小的花样。也许，只有到了晚期的怀疑派，才开始对这种巴门尼德范式进行大规模解构。

语言—逻辑型逻各斯对希腊伦理精神的影响是根本性的。首先，它代表系统伦理学的出现。不是零散、片段的顿悟或直觉，不是"不可言传，只可意会"的天人合一，而是系统地、追根溯源地，将每种可能性谈透彻（不惧貌似荒谬）的、久久凝视式的逻辑思辨。思想家们殚精竭虑形成新的概念或澄清老的术语，力求将伦理生活带到日光之下，历历清晰地看清楚（"视"是希腊基本隐喻之一），说清楚。其次，哲学伦理学企图向寻找"生活技术"的苦难现实提供源源不断的逻各斯，作为一种疗法或一种救世的意识形态。整个希腊伦理学史都有一种倾向：认为激情是苦难的主要根源（爱与杀亲，贪与不公正，等等），而激情又主要来自认识的错误——或者说就是一种错误的认识（参看关于斯多亚派的讨论），所以一旦从认识上接受了对生命的真正诠释，激情就会平息。

希腊民族是一个逻各斯的民族，逻各斯帮助生活，逻各斯与生活同在，逻各斯就是生活。城邦公民的主要生活不是吃喝与劳动，而是聚在市场上、法庭里——论辩。哲学家推崇的最高生活理想是思，是不停息地思和言。耶格尔在其名著《潘狄亚——希腊文化的理想》中指出，希腊民族的最高领导者理想是诗人、政治家与智慧者三位一体；是他们塑造文化，而不是造型艺术家如画家、雕塑家和建筑师。后者无"声"，不以"说"见长，前者用词语、声音工作，也就是用"逻各斯"规范生活。

这种共生不完全是和平的。逻各斯有时会对生命构成威逼乃至镇压，比如在它并不能完全阐释生命却一定要强行掩盖时。怀疑论代表前逻各斯之生活对它大举反扑，正是出于对这种理论压抑的忍无可忍。不过总体来说，希腊的生命力相当强。生活的光辉、人格的力量常常冲破逻各斯而凸显（看看苏格拉底），而且生命还反过来影响逻各斯的品格（看看柏拉图的《会饮》所展示的惊心动魄的"神秘思辨"的最高幸福状态）。

生命与逻各斯将是我们观照希腊伦理精神史的两个基本支点。为了使我们的研究有更为可操作的支点，在下面两节中，我们将对本书要采用的主要理论分析框架——两阶价值结构与四级道德体系——作一些阐述。对纯理论没有耐心的读者可以跳过这两节而直接读第四节，即希腊伦理史总线索；或是读书中任何一章一节。因为我们并没使后面诸章节过多地（至少在术语上）依赖下两节的纯理论分析，而是让它们各自自成相对独立的完整作品。不过对理论本身亦有兴趣的读者，不妨一读。无论如何，一个人的理论视野大体决定了他在历史上会看到什么；况且，历史的兴趣或多或少还是为了当代的兴趣或永恒主题的兴趣。

二 两阶价值结构

本节主要讨论生活与道德的关系，下一节讨论道德内部诸部分的关系。这两节的目的与其说是构造完美庞大的体系，不如说是对伦理学的一些基本问题进行分析的——现象学的探讨。我们的基本立场是谦和的、非独断的、不咄咄逼人的。由于看到伦理学上如此众多与激烈的冲突与争执，我们的解题策略是先不下全称命题和必然判断，而先尽量多地、广泛地考察一切相关要素和现象；采取宽容与开放的态度，而不是本质主义式地裁断是非。然后，我们再来仔细考察多元要素之间的微妙关系。

对生活与道德关系的讨论的入手点是对"好"的语义分析。首先，我们要区分两种"好",然后我们将探讨二者之间的现象学关系,这之后我们会进一步指明在"好"上面的分析争论不仅仅是术语的,而且反映了伦理学中对于是否用生活论证道德的争论(还原论与义务论之争)这一更深分歧。最后我们将简单论证一下我们的立场。

　　伦理学的核心价值(对象)是"好"(good),这就像"真"与"美"分别是认识论与美学的核心价值一样,应当是没有很大争议的。然而稍稍往前走一步,争议马上就会出现。首先,good 这个词在中文中还常常译为"善";两个词("好"与"善")在西文中实际上只对应于一个字,这显然容易使读汉译西人著作的人思想走入混乱的歧途。这种混乱进一步地说,不是翻译问题,而是概念自身的多重指称的问题。因为"好"既可指非道德的"好",又可指道德的"好"。一词二指,岂能不乱?早在希腊,许多道德学意义上的"好"就是从非道德的"好"如外在美丽、良好出身、力量与能力等中衍生出的。所以人们在讨论道德价值时往往会与物质性的成就混淆。康德在《实践理性批判》中也抱怨过拉丁语中对"善"的道德意义与非道德意义不作区分,常常造成混乱。"幸而德文里面有几个语辞,不允许人们把这种差异忽略过去。对于拉丁文用 bonum(善)一字所指称的那种东西,德文却有两个悬殊的概念,并且还有同样悬殊的语辞:das Gute(善)和 das Wohl(福)两字与 bonum 一字相当……"[1]

　　有趣的是,康德所感到的问题是学者在译"那个字"时太多地用非道德义的"好"(或"福"),从而使人们认为道德价值可以还原为快乐,而中国译者的偏颇似更在于他们倾向于用道德义很强的"善"来译 good,结果在摩尔的《伦理学原理》和弗兰克纳的《伦理学》中讨论非道德的生活理想时,国人却看到"善"字铺天盖地。译者也许想让此字中性化,涵括道德的与非道德的两种意义 good;但"善"的道德含义太强("大善人""行善"……),所以,也许还是用更为中性的"好"字来译 good 比较好些,尤其是当我们的讨论对象不是"道德主

---

[1] 康德:《实践理性批判》,关文运译,商务印书馆 1960 年版,第 60 页。

义"（moralism）的中国文化，而是以生命为中心的希腊精神时。

但无论采取什么词来翻译，哲学上更重要的事是对两类对象——道德价值与非道德价值——进行细致的区分，并辨析其应有之关联。

"好"分成两种：

一阶之"好"——非道德的、生活的价值。比如生存，创造，爱，友谊，思辨，自由，健康，财产，权力，等等。这些价值既然是人的价值（为人视为"好"者），就不仅仅是自然的，而且是文化的，历史生成的。（马克思："五官感觉的形式是以往全部世界史的产物。"社会人即使饮食，也与动物的摄食不可视为一事。①）所以将何种事物视为"好"，何种视为"更好"，是由一定的生活形式决定的。不同的生活形式及不同的哲学取向会提出不同的、可能是冲突的生活价值表。无论如何，一个人在计划自己的生活时，会将自己视为有价值者（"好"）列入追求的目的体系中。当其人生计划得以成功实现时，此人可以被称为"幸福的"。②

二阶之"好"——道德价值。这一系列中的价值的存在与本质都在于对上一系列（生活的、非道德的）价值进行某种操作，比如拯救生命，与友交而守信，保护自由，公平分配财产，权力竞争中的合游戏规则等。道德行为者显然视这些行为为"好"才去做，而这么做了也会被公众称誉为"好"（善）。

生活价值与道德价值（两种 good）的区分并不是我们的发明，哲人早已注意到。我们的新意或者说我们需要着力阐释的，是这两种价值的现象学关联。

首先，生活价值在本体论上高于道德价值。这是用"一阶"标识生活价值，而用"二阶"规定道德价值的目的所在。生活高于道德，不仅是因为可以设想一个无道德的生活世界，但无法设想一个无生活的道德世界；而且是因为生活或生命在逻辑上的在先性或独立存在性（即使在

---

① 马克思：《1844 年经济学哲学手稿》，刘丕坤译，人民出版社 1979 年版，第 79 页。
② J. Rawls, *A Theory of Justice*, Harvard University Press, 1973, p.550.

历史上生活与道德从来都共生），所以它是一阶的。至于道德价值，并没有独立的存有，其整个存在和本质，都全部由"操作于一阶价值"所规定。① 说明这种关系的最好类比例子是萨特对"自为之在"与"自在之在"的本体论关系的分析。"自在之在"可以脱离"自为之在"而存在，无始无终（反对主观唯心主义）。而"自为之在"（意识）从本体论上说，只存在为对某物的意识，或者说先天地即由一个超出自己的、不能被自己完全同化的另一种存在所支持，换句话说，只是作为对另一存在的呈现或虚无化而存在。②

本体论上如此，然而价值论上，两种"好"的关系正好倒过来：二阶价值往往高于一阶价值，被视为更高、更强、更有吸引力的"好"。舍勒曾在《伦理学中的形式主义和非形式的价值理论》中讨论过价值的"高"与"低"。他举出了五个标准，即越持久、越根本、越深沉、越整一、越与绝对价值有关者，则价值越高；相反，越不经久、越派生、越浅、越可分、越与绝对价值无关者，则越是低的价值。③ 当然这些标准还可以讨论，也许还可以添加其他的标准。不过由此已可以推断，生活价值往往易为人们视为平淡、乏味、不够高尚和丰赡，而道德价值则容易给人以超越、崇高和充沛之感（想想"形式主义者"康德是如何论道德情感的）。

上述两种"good"之间的这种复杂关联在伦理生活和伦理学上掀起过很大争论。比如，由于二阶价值"很高"，便容易成为人们追求的目的本身。道德价值原先的合法使用范围仅仅在于"外指意向性"，在于"朝向一阶价值"的活动之上，在于非反思或非自指之上。但由于其自身的强诱惑性，它可能会成为不合法自反使用的对象。比如一个人救溺水者，其动机应当是非反思的（non-reflective），而外指于对象的

---

① 注意：是广义的"操作"，不是狭义的"促进"，即这里所采取的立场不可简单等同于功利主义。这样，我们的定义甚至可以包括形式主义元伦理学。
② 萨特：《存在与虚无》，陈宣良译，生活·读书·新知三联书店1997年版，导言第五节。
③ Max Scheler, *Formalism in Ethics and a Non-Formal Ethics of Values*, Northwestern University Press, 1973, pp.87–97.

"好"（生命价值）之上。一旦他的动机是自反的（反思的），比如是为了自己的"好"（无论是奖励还是"成善"），他的动机便变质了（非道德化了）。

也许正是因为看到"好"对道德的内在威胁性，康德严格反对在伦理学中运用任何目的论式思维，反对在动机中置入对"好"的追求，为此他不惜将生活与道德完全切割开。

这便使我们进一步面对伦理学上的"还原论"与"反还原论"，或"好"论与"义务"论的冲突。

从上一节的讨论我们已经明了，古典的伦理学模式大多为"还原论"，即将道德价值还原为生活价值。从人的生活幸福（之好）入手观照道德之好的意义。arete 的要义应当读为"优秀"而非"品德"。优秀（或杰出，美好）首先是此人的优秀，有杰出能力。"勇敢"是此人能战胜艰难而杀死大兽，"智慧"是此人能巧妙脱险全身，"节制"是此人不受情欲摆布，活得自由轻松。也许唯有"公正"是诸"优秀品格"中完全与他人有关的。然而作为品格（而非宇宙规律），"公正"在苏格拉底之前的伦理话语（史诗、悲剧）中并不受重视。当然人们会说"勇""智""节"诸品格也是与别人有关的，是有益于他人的。这不错，但这在希腊"优秀人"框架中，已经是第二性的，是从属性的，是"此人之优秀"的从与别人关系的角度看的一个方面（因此亚里士多德也把一切优秀品质称为"广义公正"①）。它的立足点仍是优秀的人，杰出的城邦，美好的家族等。

中国古代也是这样。孔子的两大核心概念是"仁"与"义"，而义落实于仁。所谓"仁"，首先含义是"人"。"为仁"就是努力做一个人——一个仁人，一个优秀的人。儒家伦理学是以人的形成、而非抽象的客观律令作为其构建枢纽的。

古典时代之所以以"好"论或目的论来谈伦理学，可能是由于人们尚未完全从团体的"脐带"上脱离，伦理学家也多有"团体立法者意

---

① 亚里士多德：《尼各马可伦理学》，V.1。

识"：为民之"好"（幸福），是其思考出发点。历史的发展使个人渐渐觉醒，独立，良知意识增强，而以民为本位和"疑政府"心态流行，害怕强行推广的"统一生活计划"（统一之"好"）会威胁个人自由，于是，便出现了由目的论（"好"论）向义务论过渡。这在古典末期的斯多亚学派便已显出征兆，在康德理论中得到强有力的辩护，在当代自由主义伦理学家中达成共识。罗尔斯在《正义论》中反复强调："公正"只可以有一种含义，而"好"却容许有各种解释，每个人应当可以自由地决定什么是对他来说的"好"。① 哈贝马斯在谈到当代复兴"社群主义"或"新亚里士多德主义"的困难时也指出，既然当代不可能强求统一的"好"，把道德建立在幸福观上，是一种不现实的企图。②

康德义务论的首要担忧不是"统一好"对个人自由的侵逼，而是还原论会将"道德"还原干净——什么也没剩下。这种担忧不是没有道理的。比如弗洛伊德的理论便可以视为是用生成心理学解构"绝对命令"。它告诉人们，一开始时人的心理动机是"做 x，如果你想得 y 之好"。只不过后来时间长了，完整条件句的后半部分才沉入潜意识，只留下突兀的"做 x!"于是，劝说便成了命令。

义务论反驳说，道德句从来不是劝说的，从来就是这么"突兀"的、命令的（prescriptive）。这种"半句式"恰恰是道德句的本质。康德不知疲倦地与一切"恢复全句"的企图（将绝对命令还原为条件命令从而不再是"命令"的企图）作斗争。然而他设置的图景似乎太严厉：这么做！别管这对你或你的朋友能带来什么"好"。然而这是否令人怀疑：在强调道德的纯粹理性时使道德陷入了不近人情的或"非理性"的事业？

以上讨论了两种"好"的含义及道德与生活的关系等问题。我们自己的立场是比较平实的：第一，生活大于道德，先于道德；所以应当维护生活价值的一阶性、本体优先性；防止道德价值的非法"自反使用"，防止道德侵犯生活。在这一点上，我们认为康德及康德所喜爱的古代

---

① Rawls, *A Theory of Justice*, §68.
② K. Habermas, *Justification and Application*, MIT Press, 1993, pp.122–123.

伦理学派——斯多亚派——有问题，① 而尼采（反对人的"集体自虐"和"以道德伤害生命力"）与18世纪法国启蒙学者（反对某些阶级用"高"的宗教道德价值偷骗老百姓的生活益品）的识见却不无启发。第二，在论证方法上，我们也认为目的论是较合乎情理的。否则，伦理学意义何在？第三，在伦理价值"自指"问题上，承认伦理价值的理想性或相对不可还原性的事实确实有助于论证某类"二阶自指"现象的合法性。救溺水者为了奖赏之乐，当然是非道德的，但见到被救者重获生命而快乐，或为使自己生命更有意义而选择道德圣人的人生计划，也不可以简单地看作是对"纯粹道德"的威胁。这一点，在讨论其品格主要不是义务论而是幸福论的古典时代伦理思想时，尤需注意。

三　四级道德体系

不仅生活是丰富复杂的，不能由"道德"完全覆盖，而且就是在道德范围自身之中，也不存在着铁板一块的"本质"，毋宁说存在着各种道德。许多人都在谈论、争论、褒扬、批评"道德"，但是他们谈的是一种"道德"吗？荷马与斯多亚派哲学家，尼采与罗尔斯，他们心目中的"道德"可能是一种吗？即使表面上人们运用的术语相同（"品德""义务""良知""权利"，等等），也有可能由于种种原因而指称完全不同的东西（如由于麦金泰尔说的由于原先概念架构的基础断裂，女权主义认为的由于女性思考方式与男性不同②）。维特根斯坦认为，语言因生活形式而异，并没一种语言，而是多种，其间差异大到几乎可以称为"异质"的程度。它们之所以仍被用一个词语（"语言"）来指称，是由于"家族相似"。我们希望这种开放、宽阔的视野对于解决道德领域中的纷繁而激烈的争执也有启发。下面我们列出由多个"道德"构成的

---

① 罗素已看到问题，参看罗素《西方哲学史》（上），何兆武等译，商务印书馆1963年版，第339—340页。在讨论斯多亚派时，我们会较详细地分析这一问题。
② 参看 A. MacIntyre, *After Virtue*, University of Notre Dame Press, 1981, Chapters 1, 17; Gilligan, *Different Voices*, Harvard University Press, 1982, pp.21, 173.

多层级道德体系，作为探索道德内部复杂多元结构的一个尝试。

有一系列"指标"，经过一定组合，可以将某些生活现象圈入"道德"范畴。从家族相似理论看，这些指标不一定在每种（或每层）道德中都出现，在诸种"道德层级"中，时而这种指标重要，时而那种指标突出。这些指标是：内容，意义，要求，社会评价，实施办法，语句，情感，批评对象，要求（代价），人数。当然这张表是开放的，还可以继续添加新的指标。不过这十种指标已经涵括伦理学讨论中常常受到关注的主要维度。比如"意义"这一指标讲的是道德的意义在于社会生活的调节。一个社会有不同层次、不同强度的调节系统。从基层向上，如果调节系统受到削弱，则社会将经受愈来愈大的瓦解压力。再如"情感"，它也是许多伦理学家热烈讨论的题材。基督教关于神的愤怒和康德关于"敬仰"的详尽阐发，都是著名的例子。我们这里只想指出：在不同层级的道德中，道德情感也是不同的，不宜以唯有"一种道德情感"的口气说话。再次，"道德语言"是当代西方元伦理学投入极大热情的主题。著名的论断有 C. L. 斯蒂文森的道德语言是"劝说性的"说法和 R. M. 海尔的道德语言是"命令式的"之反驳。我们的看法仍然是：二者各在一定层面上是对的，在不同层面上是错的。因为"道德语句"的性质由于不同的道德层面（"游戏"）而不同，并无统一本质。最后说一下"代价"。代价在决定是否出现了"道德"或是出现了哪一层级的道德上也常常起很大作用。亚里士多德就曾说过"公正"之为品格，标志着极高的道德层次的形成，因为公正是待人以德，而"这是困难的"。[①]康德几乎认为代价的大小是衡量道德的唯一标尺，尽管这种过于狭窄的看法在舍勒看来难以成立。[②]无论如何，在人际利益关系中是否付出代价，常常可以用来衡量道德层级，这一点我们还会进一步阐明。

下面我们将讨论这些指标的不同组合如何将"道德"分化为四个层

---

① 亚里士多德：《尼各马可伦理学》，V.1。

② Max Scheler, *Formalism in Ethics and a Non-Formal Ethics of Values*, II 5, 8.

级，即"公正""伦理""道德"和"普爱"。为了使我们的讨论不迷失于细节，先勾画一张大纲式的表格也许不无助益。

道德层级

层级 指标	公正	伦理	道德	普爱
内容	权利，契约，毋伤害	家庭及亲友关系	主动帮助	献身为别人
意义	无此层则社会崩溃	→	→	无此层社会还能继续
要求	义务	责任	超出责任	无
社会反应、态度	守规则不受表扬，违反规则受惩罚	→	→	不做，不受批评；做了，受到赞誉
实施办法	机构化的法律强制	社会舆论，亲情	良知	爱
道德语句	否定的（禁令）	命令式，劝说式	内在命令	积极鼓励
情感	愤怒	温暖	钦佩	敬仰
批评对象	他者			自身
要求（代价）	低代价	→	→	高代价
行为者数量	全体	大多数	少数	极少

从这个表中可以看出，道德领域中，越是基层的（靠左边），则越是否定性的，越是强制的，越是一切人都必须遵守的，社会越可能出面干预；遵守之，不会被称（赞）为"道德的"，不遵守，则受谴责。反之，越是"高层"（靠右边），越是肯定性的道德，越诉诸人的自愿，社会越是不强制。做不到，往往不受指责；而做到的，则被称（誉）为"道德的"。

这些一般性特征的意义将会随着我们对各个层级的展开讨论而得到进一步彰显。

（一）公正层

这一层也可以称为"准法律层"，这是社会生活中道德域与法律域接轨的边缘层。法律往往出面保护这一层，而法律自身的道德基础

（"自然法"）也常常从这一层中取得。

　　这是最基本的道德层级。其基本含义是"不得伤害别的主体。"所以其内容往往是一系列的"不得……"（You Shall Not）或否定性的禁令。它的意义是保卫社会的基础。一个社会将什么视为自己的"基础"，那是因时因地而异的。东、西方不一样（孔子视"礼"为重要，洛克视个人自由为关键），古、近代也不同（柏拉图的"公正"与罗尔斯的"公正"相去甚远），但只要某价值被视为是基础（一般来说，生命安全，财产，稳定与秩序等等会被包括入内），也就是如果它们受伤害则社会无法生存下去的，该社会便会用"公正"层道德（或"准法层"）来维护。这一层次从对个人的要求上讲，属于义务层：一切人都必须行之。当然，这并不是说现实中一切人做到了该层要求。不过，破坏与例外正体现了此层的"无例外"初衷。做到该层要求一般来说也无须付出很大代价。所以当人尽了自己义务时，并不会受到表扬（不杀人，不会受赞美）；但如果没有按义务而行，则会引起愤怒（注意，这是"义愤"——一种道德情感，与一般的非道德性的不高兴情绪有别），招致社会的激烈反应（杀人者，偿命！）。

　　社会在维护这一层道德时，往往（但并不总是）动用暴力的、机构化的方式（国家政权）或是宗教。前者的威力较容易理解，其实后者——对于信教者——也具有同样、甚或更强的威力。希腊宗教中的"诅咒""复仇神（Furie）""尼米希斯（Nemesis）"都代表着"愤怒"——由于公正层道德被破坏而愤怒；基督教中的"最后审判"，也是公正被破坏（罪）后神圣愤怒进行惩罚和恢复公正。我们能说希腊人和基督徒会像现代无神论者那样对神圣的愤怒无动于衷、毫不畏惧吗？

　　这一层级在古代重要，所谓"公正"（希腊）、"义"（中国）、"约"与"自然法"（基督教）都属于此层。大约是由于古代社会中物质需求难以得到满足，所以人际伤害是普遍现象，伤人至深；况且，即使仓廪实也不一定就都守礼节，变态欲望（如对货币的无止境追求）使为富不仁的人更加成为伤害的一大来源。所以，古代社会极力推许"公正"以制约之。公正是对弱者一方的保护,无论这弱者是个人还是国家;因为"公正"是以普遍中立原则面目出现的,它对利益的得与失进行限制。再者,一个社会的存在需要种种基本秩序,如对陌生人的(好客),对朋友的(不得忘恩负义),经济来往的(不可赖债)。既然古代高层级道德尚未出现,这些基本秩序只有靠公正或准法层来护持。

到了近代,"公正"更成了西方伦理学的基本内容。这可能是由于西方以自由主义哲学为立国之本,而在自由主义的个人主义本体论上,只能建立"公正"伦理学。我们不必引用20世纪的种种公正理论,只要看一下黑格尔所谓的"抽象法"层道德的原则,便可以理解自由主义公正观的基本精神:"成为一个人,并尊敬他人为人。"①

最后,这一层把道德批评的对象定为"他者"——别人或与个人对峙的政体。这一层由于与社会机制有关,所以常常是政治(国家)道德而非个人(修养)品德。当人们看到自己的基本权利受不到保护、受到威胁时,便会激烈批评别人或国家,甚至愤怒而诉诸革命。②

(二)伦理层

把道德进一步分为"伦理"与"道德",是黑格尔的功劳(参看《法哲学原理》第二篇、第三篇)。

我们这里并不完全按黑格尔的理路走。我们说的"伦理层"是指家庭、家族、亲友等"亲密关系"中的道德要求。在古代部族时期,这是主要的、甚至唯一的道德。随着历史的发展,它的地位逐渐削弱,尤其在西方更是如此,以至于近来女权运动批评西方现代伦理学太偏重男性的"竞争与公正"道德,而忘记了还有建立在家庭亲情上的"关怀"道德。③

实际上,即使在近代西方,这一层仍然十分重要。因为家庭至今仍是"社会细胞"。倘若细胞不稳定,社会机体的正常生存必然要受到威胁,所以社会自然会视其为基层道德而保护之。这一层是所谓"责任

---

① 黑格尔:《法哲学原理》,范扬等译,商务印书馆1961年版,第46页。
② 参看亚里士多德《政治学》,1302a25—34。
③ "关怀伦理"是当代女性主义伦理学的一个重要取向。

层"。尽了自己的责任，不会被称赞为"道德上的好"；未尽责任，则被谴责为道德上的恶。比如一位母亲尽心尽力养育自己的孩子，不会受"表扬"；但倘若她弃婴，则会被谴责为"不道德"。

可以想象，法律会干预这一层的实施。不过这一层还有另外两种实施办法。一种是颇具威力的"社会舆论压力"——千夫所指，无疾而死；另一种是亲情。中国传统较为强调这种亲情的"自然血缘关系"，以为在父母与子女、兄弟姐妹之间，有天然人伦关系，"莫不有应尽之义"，牢不可破。不过这种亲情究竟主要是"自然的"还是"文化的"，还是可以讨论的一个问题。即使在《论语》的那段著名的"宰予问孝"中，孔子主要也是强调父母后天的抚养之恩。① 朋友之间的感情更属于非血缘性的。无论如何，这一层的特点是亲密性、排他性或局部性。也就是说"圈子中"讲道德，圈子外即使要讲，地位也排在后面。如果发生了饥荒，只有少许粮食，按这一层道德的要求，应当是先给亲人和朋友。也许正因为这种局部性和排他性，许多（近代）伦理学思考者怀疑并批判"伦理层"道德，称其为"习俗"（convention）、"保守"，甚至是"前道德"的（参看20世纪初的中国新文化运动及启蒙以来的西方康德式自由主义的批评）。但是儒家十分推崇这层道德，黑格尔亦然。黑格尔认为这一层是道德发展的顶峰，因为道德已不再停留在抽象"应当"的软弱意志中，而是具体地实现在大地之上。②

（三）道德层

如果说"伦理层"的代表是黑格尔，那么"道德层"的维护人便是康德。

这一层指的是主体经过自觉的思考之后，自我决定去积极主动地帮助别人。这里如果有道德批评的话，对象也不是"他者"，而是自己（良心）。它对道德主体的要求（代价）很高，因为这是要求人牺牲自己的利益去帮助并非自己亲友的人。所以，这一层不是"义务"或"责

---

① 见《论语》（阳货篇），17，21。
② C. Taylor, *Hegel*, Cambridge University Press, 1983, p.377.

任"的，也很少有人能达到这一层次。康德与黑格尔都会说这一层的标志性特征是"应当"（ought）而非"实存"（is）。

如果没有这一层，社会基本上还能存在并运行下去（当然，如果有了这一层，社会质量会提高，存在得会更好）。所以，如果一个人没做到这一层道德，往往不会受到（严厉的）谴责。比如一个不太会游泳的人没有救一个陌生的溺水者，不会被人指责为"不道德的"。但假如有人做到了，就会被称赞，被感激，被钦佩为"有道德的"人，比如不会水的人奋不顾身救陌生溺水者。罗尔斯有一段关于"好的行为"（善行）的描述，将我们关于"道德层"的几种主要指标都包括进去了。他认为"好的行为"就是人们可做可不做的——非强制的、无义务或责任，它是为了增加别人的"好"（利益），它会令实行者自己的利益受到损害。所以它是"超责任"的（supererogatory）。①

在超责任行为的顶峰，还有更高一层道德维度，即"普爱"层道德。

（四）普爱层（agapism）

这一层在历史上出现颇迟，而一旦出现，虽然实行者很少，却立即给人类文明史带来质的变化。

这是个人自觉自愿地牺牲自己的生命，献身于全人类的拯救事业。达到这一层，必然相信人的生命——甚至一切生命——自身有无限价值和尊严。这一层的原则如果确立，则奴隶制以及其他欺压人格的制度从理论上便失去存在的合法性论证。

在一些大的世界宗教中，有一些人物达到了这一层，比如马丁·路德·金，耶稣（这只是对耶稣意义的一种理解。在基督信仰中，"耶稣"意义还可以有其他的理解），地藏王菩萨（我不下地狱，谁下地狱？）。弗兰克纳曾指出"爱的伦理学"受到哲学家的普遍忽视，反而是在基督教中得到重视和讨论。②所以，称这一层次为"准宗

---

① Rawls, *A Theory of Justice*, p.438.
② Frankena, *Ethics*, Prentice-Hall, 1963, p.42.

教"层也不无道理。但由于宗教毕竟不同于伦理（神不同于人），况且"宗教"一词在汉语中有太多歧义（如偶像崇拜等），所以我们宁可用"普爱"。

由于"普爱"层在认识上和生命代价上的要求极高，只有极少数人能做到。它不是普遍义务，更不是强制命令，一个社会没有它也能存在下去（当然有了它会美好）。人们做不到这层道德，不会招致批评（为"不道德的"）；倘若做到，会引起深沉的敬仰情感。

在描述了各层道德之后，我们可以总体说几句。第一，各层之间的区分是"模糊"的而非截然有别的。人类社会中大量道德现象都处于某种边缘或过渡带上，而不是正好落入这四大范畴之中。这一点，从我们前面勾画的表格上可以看出，有些指标从低到高的变化没有一个个阶段的专门名字，而只是用箭头的平滑过渡来标示。第二，历史上可以观察到一种由高到低的"下沉"现象，这是由多种原因引起的。首先，当一种道德还没有为社会普遍接受时，少数实施者便是"高德"之人。但当历史进步了，文明发展了，这种道德也许便成为"基本的"了。比如少数族裔的权利曾是美国一些有德之士浴血奋战争取的，但在今天已成了法律保护和社会公认的民权（civil rights）了。另外，如果自觉或不自觉地抬高了"责任线"，也会使高层道德降入基层。比如一些基督徒主动要求自己内心不得"犯罪"；而对于干部，人们显然认为"见义勇为"是其"责任"。第三，哲学家们已经尝试过各种"道德分层"的努力。黑格尔将道德分为三层；"抽象法"，"道德"，"伦理"。康德分为"完全的义务"与"不完全的义务"。哈贝马斯近几年将实践理性划分为"实用的""伦理的"和"道德的"。罗尔斯则区分了"责任"与"超责任"。我们的区分与他们的并不完全相同，有时名同而实异，这是必须注意的。我们相信我们的四层划分能使我们更好地进行伦理学和伦理学史研究，比如希腊早期是"公正"与"伦理"占上风的年代。荷马史诗中大谈抢掠烧杀，十分自然，不觉得有什么不道德的。即使到了城邦时代，"局部伦理"也占主流地位。"人"只推广到"公民"。至于"普爱",在希腊只有一些偶见萌芽。①

四　希腊伦理精神总潮

在对希腊各家伦理思想进行深入分析之前,我们还需要先厘清一个总的历时性线索。前面两节结构性的、共时性的讨论或许使我们在处理时间性的、历史性的主题时也能对事物的纷繁复杂而绝非单调一色之特征加以特别的注意。希腊伦理史上有过血与火的颂歌,有过柏拉图的正义"理想国",有过智者们似乎骇人听闻的"强权即公理"言论,有过伊壁鸠鲁的"不动心之怡然宁静"的推崇……能把它们都归为一个"伦理"概念之下吗?如果这显得勉强——但又似乎多少可以这么做,那么是否应当问问:历史发生过什么?历史为什么要这么发生?

我们将指出,在希腊伦理史长河中,存在着两股潮流,它们时而彼长此消,时而并存并从而产生张力与斗争,结果影响整个希腊伦理精神在推演中呈现出一系列规律性现象。

这两股潮流就是伦理思想的主流与支流(或反主流)。这种区分并非随意,而有翔实根据,并且对我们透彻剖析历史现象具有相当的启迪意义。实际上,每个时代的伦理都不是唯独一种的,而是多种多样的。但是由于其中某一种容易形成库恩讲的"范式"或主流范式,结果与社会力量紧密联结,内部造成一种权威"标准""尺度",凡与此不合者,皆被视为"未入流"的怪物,在当时声音就不太能听见,在后来的"伦理学史"教科书中更被置于边缘地带,落入不讲也不是,讲又讲不出所以然的尴尬局面(从主流范式去看支流,会觉得它在弄些毫无意义的东西,强为其找些意义,也觉得"太少"而令人兴趣索然)。

希腊伦理学的"主流"当然是那些在当时和后来都备受青睐的"名

---

① 请注意我们这里并不卷入哪一层"高",哪一层"低"的争论。任何一层,在其特定生活形式中都是必然的、重要的。人类历史上常常有的一个危险是企图贬低、取消基本层(如"公正"),而代之以"高层"道德,这只会造成不自然,使"高德"不胜其负荷,并带来沉重的社会恶果。

门大派"：苏格拉底—柏拉图—亚里士多德。而"非主流派"则是智者—小苏格拉底派—希腊化时期诸哲学。把希腊各家伦理学思想划分成这么两条潮流，根据何在呢？有什么深层理由？

首先，"主流伦理学"具备四个明显的特征。

第一，这一潮流中的伦理思想无不高扬理性的力量，主张"知即德""欲（情）即恶"，从而压制种种非理性的因素，贬低文学和宗教的地位；认为伦理学的任务就在于寻找以理性克服欲（情）的最佳途径，确立理性不可撼动的至尊地位。对理性的推崇的极端表现是希腊主流伦理学家在"理想生活"的最高目标上，都不约而同地放上了"沉思"型生活，这恐怕是其他时代的一些主流伦理学家所不能完全认同的。

第二，主流派伦理学家都是道德本位的捍卫者。虽然苏格拉底、柏拉图和亚里士多德的思考方式都是目的论的，都从幸福或人生完善上看道德的意义，但终究都没有把道德还原为简单的外在手段或贬低为险恶的斗争工具，而是全力论证道德属于"内在手段"：有道德的生活本身即是幸福——是最大的、真正的充实，从而是唯一应当追求的目的（亚里士多德的立场稍平和些，没有这么极端）。

第三，主流伦理学虽然是道德维护者，但基本上都是局部型（而非普遍型）伦理学。他们维护的都是团体道德，是伦理层（见上一节）或放大了的伦理层。他们的眼界是公民—城邦的、希腊人的。对于国内的奴隶和非希腊的其他民族，伦理言谈要么出现沉默，要么论证不平等待遇的"合理性"。

第四，以上特点归总起来，导向一个有趣的现象：所有主流伦理学者都具有浓厚的"立法家"之角色意识。他们自觉不自觉地，都以维护或改良社会秩序为己任，希望被邀去为城邦立法。倘无现实机会，也以"理想立法者"意象来定位自己在社会体系中的作用与地位。为社会道德的有序化开出良好"方案"，以干预政治为己任，这本来是任何主流伦理学的特点。古希腊有吕库古，近代西方有卢梭（写《社会契约论》的卢梭），中国则有孔孟（想想这二人如何定位自己在社会中的角色与"大任"的）。在下面的具体探讨中我们要注意处于城邦眼界之中的希腊主流伦理学者们的"立法意识"的独特之处。它产生出来的"希腊主流伦理精神",与其他主流伦理思想类型(儒家的,基督教的,等等),既有相同处,也有很大差异。

不过让我们还是先看看当时就与主流希腊伦理精神相差甚大,甚至自觉进入冲突辩驳的另一潮流吧。这就是"反主流派"或非主流伦理学。它们杂多而从没实行联合,有的是在攻击主流的虚伪,有的在"解构道德",有的在思考哲学治疗……但它们都具有四个共同的、与主流伦理学针锋相对的特征:

第一,反对"理性至上"或反对哲学的霸权,寻找其他的生活支点。比如文学(悲剧等)仍在关注激情与欲望,某些著名智者则主张权势欲(参看《高尔吉亚》与《理想国》中描述的"古代的尼采"的谈论),还有些智者则夸大语言力量自身功利性——这实际上是从主流伦理学强调语言—逻辑的倾向中推演开来,反过来又瓦解主流。在怀疑派的推理中这一解构倾向最为极端、系统与明显。最后,针对主流伦理学推崇思辨生活为唯一幸福的生活形式的智性主义主张,小苏格拉底派的享乐派(昔勒尼派)主张享乐生活,而怀疑论坚持"前思考"的日常生活本身,来加以抗衡。

第二,反对"道德本位"而主张种种"还原论"。由于这些还原都是"外在还原",道德的尊贵地位受到极大的贬损。最突出的是智者学派,将道德归结为弱者自我保护的骗局式工具,将"公正"归结为强者的利益(这在"史学家智者"的修昔底德的著作中可以看到大量的、富有雄辩色彩的记载)。

第三,反对"公民本位"与城邦眼界,主张跳出狭窄的希腊(雅典)至上主义,主张普世精神。伊壁鸠鲁派和犬儒派视城邦为异化,在当中感到格格不入,于是或激烈批评,或"出世隐居"。一些犬儒派和斯多亚派(以及智者派)还批评了"奴隶制合理""雅典公民优越"等主流伦理学的基本信念。

第四,归结到反"立法家"角色意识。无论智者中相当一部分人还是小苏格拉底派——更不要说晚期希腊诸派哲学——都不再以立法家自居,都不以捍卫或改进现存社会秩序为己任。他们或以较谦虚的"挣钱教手艺"者面目出现,或者对社会及其意识形态进行一些绝望的抨击,或者感兴趣于个人苦闷的解除、心灵平衡的达到……总之,他们在"一本正经"的伦理大事业之外找到各种自认为很有意思的其他事做。

希腊伦理学史的丰富多样和经久不衰的魅力,正是由于主流与反主流两种潮流的共生与张力。希腊没有出现汉朝独尊儒术和中世纪独尊基督教的真正"范式"霸权局面,所以两种潮流都得到了充分的表现和发展。总体来说,在雅典上升时期,主流伦理学影响大一些,在希腊国运衰颓时,反主流伦理学更为社会所认同。研究历史的人容易重"主流"而轻"支流",这实际上没有很大道理。我们这本书的一个目的就是要证明,随着人的生存境遇、面临的主要问题的改变,相应的"解题方式"也必须改变,从而主流、反主流各有其时代有效性,而没有绝对正确性。

前面所述的雅典主流与非主流诸家伦理思想构成了历史发展的从上升到下降的一个圆环历程。许多伦理学史家还倾向于把前苏格拉底哲学作为雅典诸哲学的准备阶段,划入这个大圆之中。我们认为这是一种容易引起误解的划分法。实际上,历史发展即使在古希腊,也可能已经经历了许多"圆"了。如果不从概念出发,而从具体的时代、地域出发,就应当发现,把比如赫拉克里特和毕达哥拉斯放在"一个大圆"的开始——上升阶段,便很难把握他们伦理思考的基本品格。但是,如果换个思路,试试把他们放入另一个更早的历史圆环(的尾部),许多问题就迎刃而解了。每个城邦国家,每个时代,都有自己的"国运"。各国伦理思考者,首先与之息息相关,同乐同忧。小亚殖民地和大希腊的哲人,当然首先是为自己城邦国家的无法挽回的颓势而忧患,而感喟,而思考处世方法。他们为什么要为阿提卡那个小城邦的"上升"而释怀或兴奋呢?况且,赫拉克里特与毕达哥拉斯毕竟是公元前6世纪人,怎么可能"预见"雅典(学术)在公元前5世纪中叶(之后)的兴起呢?

所以,他们自行构成了"前雅典"某个圆环的后半部分。这个圆环的前半部分(上升阶段)的伦理思想今天已残缺,无法得知。一般的解释是那个时期的哲人只关心"自然哲学"。这或许不错，但或许他们也对人生之事说过不少富于智慧的话而未能保留下来。毕竟泰勒士是"七贤"之一，而阿那克西曼德的"公正残篇"也被公认为极富伦理见地。至于第二个圆圈那是我们今天能完整看到的，这也就是环绕雅典的兴起与衰弱的一系列伦理思考，主流与非主流伦理思想家的接踵出场与言说。所以，本书在用第一章讨论了雅典之前的古代伦理智慧之后，便用其余四章集中讨论以雅典古典时期为轴心的伦理精神演进。先是雅典城邦民主制确立时期（第二章），然后是主流伦理学的柏拉图、亚里士多德的昂然崛起（第三章与第四章），最后是非主流伦理学的广为流行（第五章）。

第一章　前雅典伦理 I

希腊伦理思想的主要舞台当然是公元前5世纪的雅典或"古典时代"。然而在此之前已经有了希腊，有了伦理生活，也有了对于伦理生活的种种观照、思考与言说。[①]其言说（逻各斯）风格与后来雅典时期的并不一样；即使它们之中，差异也甚大，有诗歌，有神话，有诗体式、神谕式的哲学，也有神秘主义的数——音乐。当然它们也拥有某些共同特征，如都是在时间性宇宙论下思考人生，都处于某个时代的后期或下降期，从而都饱经沧桑，对人的命运与人的伦理生活富有智慧洞见，并在不同程度上影响（"教化"）着即将兴起的古典希腊。

第一节　诗性智慧的教化

一　文学与道德

"荷马教化了希腊。"这句名言恐怕在古代就已经流传甚广。希腊最古老的两大史诗《伊利亚特》与《奥德赛》被归于前8世纪盲诗人荷马名下。荷马写前12世纪之事，教化着前6世纪希腊——在前6世纪的雅典，"朗诵荷马"已经被确立为公共仪式。[②]

[①] 本章中将讨论的几大伦理思考者如荷马、赫西阿德、毕达哥拉斯和赫拉克里特，都在雅典以外的希腊各地方生活，其鼎盛期都远在雅典的黄金时代之前。

[②] A. MacIntyre, *After Virtue*, p.121.

然而这句名言之后似乎隐藏着分歧与冲突。一方面，荷马史诗（以及赫西阿德的诗）在古代希腊确实具有异乎寻常的崇高地位，希腊人的生活理想处于其巨大影响笼罩之下。"有教养"的一个标志是能背诵荷马并能恰当引用之（可比较《诗经》在春秋时的地位）。柏拉图对话录中的人物，从苏格拉底到众多对话者，都谙熟荷马并对之充满敬意（参看《伊安》）。色诺芬记载许多人"受教育"就是受了荷马的教导。[①]而且，关键是这种教育被看成是道德上的。普鲁塔克记载道："吕库古发现史诗中包含的政治与纪律的教诲比它提供的欢乐与放纵的刺激毫不逊色，同样值得严肃认真地重视，于是就热切地将它们抄录下来，编排成册，以便带回本国……"，使荷马史诗广为流传开来。[②]

然而，推崇吕库古并重视荷马的柏拉图——以及后来许多人——感到荷马的世界完全是一个"非道德的世界"。在他看来，与其说荷马史诗在进行道德教化，不如说在宣传种种不道德的事迹、性格与人生观。在《理想国》第三卷的开头，柏拉图抱怨说荷马让英雄情感脆弱，遇事恸哭，又不善自我控制，常"狂笑"，而且贪钱财——阿基里斯是为了报酬才容许赫克托的尸体被领回的。这些怎么能用于教导少年？通通应当删去。[③]近代意大利哲学家维柯也反对把荷马看作"哲学家"的一般见解，说这位英雄史诗诗人吟诵的是酷毒野蛮的战争与屠杀，凶恶愚蠢的性情，自私而不顾国家利益的领导人，只能引起村俗之辈的羡慕与乐趣。[④]从更广的眼光看，柏拉图与维柯等对荷马的批评向人们提出了一个一般性的问题：文学能教化道德吗？

我们的看法是，希腊当然存在着说教文学比如道德寓言（如伊索的讽喻故事）等，但荷马史诗显然不是在这个意义上"教化希腊"。它不是"道德剧"，而是文学；不是对当下发生的事做急迫的、功利性的道德褒贬，而是对几百年以前的人类"冒险""战争"进行缓缓讲述与玩

---

① Burns, C.D., *Greek Ideals: A Study in Social Life*, G. Bell and Sons, 1917, pp.88, 93.
② 普鲁塔克：《希腊罗马名人传》，陆永庭等译，商务印书馆1990年版，第90页。
③ 柏拉图：《理想国》，386b—391e。
④ 维柯：《新科学》，朱光潜译，人民文学出版社1986年版，第412—415页。

味；不是采取你死我活式的党派立场，而是不偏任何一方地（"从神的角度"），平等地剖析与思考人性与人的遭遇。荷马并不想写一部"美德希腊人大败邪恶特洛伊国"的颂歌。在他眼里，阿基里斯与赫克托都是英雄，都透射着高贵的光芒，又都有缺点。《伊利亚特》中常常出现的奥林匹亚诸神在云山之巅"观看"人间争斗的景象，[①] 实际上正是史诗的视角和史诗听众的心态。史诗最初是游吟诗人用优美的诗句讲述古老故事的。对于这批人当时的"生活形式"，修昔底德曾记载荷马有诗道："……无论什么时候，有其他旅途中疲乏了的人来到这里，询问你们：'／少女们啊，请告诉我，／所有的流浪歌手中，谁的歌声最甜蜜？／请告诉我，谁的歌声您们最喜欢？'／那时候，您们一定要用您们优雅的言词，众口同声地回答：／'住在开俄斯石岛上的盲歌人'。"[②]

所以，我们不同意哈维罗克（Havelock）关于荷马史诗是一系列道德公式通过"加糖衣"（加上感性外表）而得以传递的"道德寓言诗"的论断。[③] 这显然贬低了史诗，也没有理解史诗。

不过，我们确实认为史诗具有某种伦理教化作用，它们传达了当时的伦理生活的基本方面，也表达了以史诗诗人为代表的对伦理的"诗性智慧"的思索。史诗能教化，因为正如耶格尔所说的，在古代没有"纯文学""纯伦理哲学"等的细密分工，一切智慧都混沌不分。[④] 麦金泰尔则进一步点明了：每个民族在其古代都靠诗性教化——靠"讲故事"为主要的道德教育方式。[⑤]

所以历史上最早的道德言说方式不是哲学论文而是"史诗——说故事"（narrative）。这其实正是"逻各斯"的本义。这种"诗性智慧"具有与后来的"反思智慧"极不相同的一系列特点。最早看出这些特点并明确提出"诗性智慧"概念的人当属维柯。维柯认为荷马是高明无比的

---

① 参看荷马《伊利亚特》，陈中梅译，花城出版社1994年版，第290页。
② 修昔底德：《伯罗奔尼撒战争史》，谢德风译，商务印书馆1960年版，第253页。
③ Havelock, *The Greek Concept of Justice*, Harvard University Press, 1978, pp.121, 190.
④ Jaeger W., *Paedeia: The Ideals of Greek Culture*, Oxford University Press, 1939, Vol. 1, pp.34–36.
⑤ A. MacIntyre, *After Virtue*, p.121.

诗人而绝不是哲学家，因为他生活在记忆力特强、想象力奔放而创造力高明的时代。这时人们"几乎只有肉体而没有反思能力，在看到具体事物时必然浑身都是生动的感觉，用强烈的想象力去领会和放大那些事物，用尖锐的巧智（Wit）把它们归到想象性的类概念中去，用坚强的记忆力把它们保存住。"总之，这是一种激情的、想象的、沉浸于个别具体事物的、有惊人的细节记忆力的智慧。①

虽然我们不同意哈维罗克的"史诗是拿美学愉悦来加深人们对道德的记忆与理解"的片面识见，但我们应当承认他在《希腊的公正概念》一书中将诗性智慧及其与道德教化的关系的研究又推进了一步，使之更为详尽具体，使我们对逻各斯的第一阶段（本原阶段）即"口传传统"（oral tradition）有了更清晰的认识。哈维罗克指出每个古老民族都有一批"盲歌者"，他们负有卫护本民族智慧库（无论是历史的、伦理的，还是法的、宗教的）的重任，而这依靠口传与记忆。这就解释了史诗的言说方式为什么看上去具有独特结构形态而显得"不自然"，因为它不仅内容部分充满节奏、韵律，而且内在地、有机地与歌、舞、乐（器演奏）交织在一起。这不仅能带来生物学意义上的愉悦，从而有助于大段记忆，而且使歌者与听众卷入团体性活动与交流，容易使人身心升至狂喜。②史诗逻各斯的句法是"叙事句法"（narrative syntax），与后来文字的、分析的句法不一样。由于偏好动作、事件、戏剧化的场景和情绪反应，所以大量运用动词，而很少运用后来颇受重视的系动词 to be。古代民族的伦理教导，不是以比如"偷盗是一种违法行为"的抽象原则的形式记载与传递，而是以案例法的形式如"如果他犯了偷盗罪，那他应当受如此这般的惩罚"，或神命令的形式如"你不许偷盗！"传递着，总之是被置于一个事件场景之中，作为一种行动的方面而被论说。③

不仅如此，史诗中人物之间的鼓励、指责、鞭策、警告，如"让我们这么做"或"这是我们必须做的"，也会越出故事的自身进展过程而

---

① 参看维柯《新科学》，第 428—431、216、448 页。
② Havelock, *The Greek Concept of Justice*, pp.39–42.
③ Havelock, *The Greek Concept of Justice*, p.43.

影响到听众的心灵，从而有教化作用。①

哈维罗克还指出史诗的教化方式多是否定性的：不是正面地树立、宣告一系列道德规范，而是描述、揭示人对道德习俗的具体的冒犯及由此招致的严厉惩罚。这样也就生动有效地传达了一个民族的"褒贬"或基本价值态度。②

史诗确实是一种诗性智慧——用亚里士多德的话说，它是比历史还要高（而近于哲学）的智慧。③它道出了古代伦理精神有多种多样的维度。下面我们将首先讨论史诗中的生活价值（一阶之"好"），然后讨论史诗中的道德精神（二阶价值）。

二 史诗中的一阶价值

史诗在讲故事。故事（narrative）的特点是时间的—历史的—目的论式的；一切都被安排在一个追求某种特定价值的生活历程的大框架之中，一切意义由此得到说明。那么，荷马史诗中的目的价值是什么呢？耶格尔说荷马有理想化一切东西的倾向：人是美好的、神是美好的、山是美好的、水是美好的……，避免提到任何卑劣的东西。④这显然是想教化——或者说想高扬一套价值。是什么价值呢？是后人理解的狭义的、专门的成仁成圣的纯道德价值吗？不是。史诗首先传达给听众的，是特定的生活理想——与一定的生活形式相联结的生命态度。

荷马史诗对生活价值给予极大的肯定。死是一切的终结，死后什么也没有。埃及把精力放在建造金字塔上，基督教告诉人们天国高于尘世，但是荷马史诗对"将来生活"毫无兴趣。人死了，就是死了。无论你是阿基里斯还是阿伽门农，都不会升天变神，而是变成影子一般软弱无力的阴魂。⑤所以史诗中葬礼方式与同样看重现世的犹太民族的一样，

---

① Havelock, *The Greek Concept of Justice*, p.49.
② Havelock, *The Greek Concept of Justice*, p.53, 109.
③ 参看亚里士多德《诗学》，罗念生译，人民文学出版社1982年版，第29页。
④ W. Jaeger, *Paedeia*, Vol. 1, p.42.
⑤ 荷马：《奥德赛》第6卷。

是火葬。①

　　为什么生命如此珍贵？因为那是一个人类创造力尚未受到专制君主政治和拜金主义经济扭曲的时代。人类在初步跨入文明的门槛时，惊喜自己在工艺、农业、航海、战争、言论中的非凡创造力量，对人类在现世中的创造力和现世创造性人格本身的巨大成就都加以热切的歌颂与肯定。《伊利亚特》虽然描写残酷的战争，但并不妨碍荷马用大段大段的描述津津乐道新铸的阿基里斯盾牌上的人民生活：从星空宇宙到人间城池，从渔民到牧人，从婚礼的欢快场面到民事审判的热闹，从耕夫在田头休息饮酒到葡萄园中姑娘与小伙纯真迷人的歌声，"演唱念悼夏日的挽歌／，优美动听；众人随声附和，高歌欢叫／，迈出轻快的舞步，踏出齐整的节奏。"②

　　"好"（good，ἀγαθός）是伦理学的核心概念（尤其是当它译为"善"时）。然而在荷马史诗中，"好"首先是生活的、一阶的价值。是活得优秀、出众、杰出。男子（"英雄"）的杰出是勇敢与骄傲，是相对独立的英雄贵族首领的自由自主与豪爽气派（注意这两个概念——liberty 与 magnificence——后来仍然是亚里士多德"优秀品性"的核心组成部分。③ 也许，这也是荷马教化了希腊人的一个例子吧），女子的杰出是美丽与娴静。④ 这些都不是道德性的。一个人即使道德上的"好"已受质疑，也并不妨碍他的非道德"好"（优秀、杰出）的依然存在。当阿伽门农想夺去阿基里斯的一份战礼时，奈斯托耳阻止说："你，阿伽门农，尽管十分杰出（ἀγαθός），也不能这么做。"⑤

　　史诗英雄由于清楚地知道生命有限，死后什么也不复存在，而此世苦难又居多，所以对生命价值有无比珍惜（所谓"史诗的高贵忧郁"）。也许今天可以指责这种生命没有深度，仍是外在的，批评这种忧郁不够

---

① A. Lang, *The World of Homer*, Longmans, Green, and Co., 1910, pp.107–108, 127.
② 荷马：《伊利亚特》，第 449—454 页。
③ 亚里士多德：《尼各马可伦理学》，1123b20。
④ A. MacIntyre, *After Virtue*, p.127.
⑤ 荷马：《伊利亚特》，第 11 页。

沉重，是青少年式的感伤。然而，不可抹杀的是那种尚未被庞大的政治机器与货币体系贬抑为渺小的齿轮，被太多的功利计算、太多的趋同思虑、太多的压抑束缚、太多的安全需求平庸化了的人类青春时代的真诚、敢想敢做、不丑陋阴险而气派宏伟、情感热烈而生命力饱满旺盛的美好，那种少年志气昂扬，豪情激越，全无"文明人"之萎靡的即使死也死得像落日一样光辉悲壮的岁月。正如马克思所说：一个成人不能再变成儿童，否则就变得稚气了。但是，儿童的天真不使他感到愉快吗？他自己不该努力在一个更高的阶梯上把自己的真实再现出来吗？在每一个时代，它的固有性格不是在儿童的天性中纯真地复活着吗？为什么历史上的人类童年时代，在它发展得最完美的地方，不该作为永不复返的阶段而显示出永久的魅力呢？

需要注意的是，荷马的"自由英雄"远远不是近代的"原子式个人"。在这一点上麦金泰尔正确地指出了尼采从古希腊贵族英雄中找寻他的"超人"是找错了地方。[①] 在荷马史诗中，团体与个人是一体，即使奥林匹斯诸神也生活在团体生活中，更何况人。荷马十分推崇家庭、部族和友谊的价值。一个优秀人（άγαθός）、也就是一个优秀的父亲、优秀的君主、优秀的丈夫、优秀的妻子、优秀的朋友。家庭是当时整个伦理生活的关键所在。《伊利亚特》中以特洛伊王族为背景描写了优秀（好）家庭。普里阿摩斯是一个好父亲，心疼儿子，关心家族利益，不惜冒生命危险去暴怒的阿基里斯那里下跪求情，企图赎回儿子的尸体。赫克托尔是典型的好儿子，好丈夫和好父亲。他与妻儿的城楼告别一幕，成为西方文学史中令人难以忘怀的篇章，体现了对妻子命运的关怀和对儿子的爱与期望。《奥德赛》中则描写了好妻子的重要性。学者早已注意到荷马塑造了一系列优秀母亲与妻子的典型形象。他重视婚姻的作用，从不写妓女，对女性十分尊重。相比之下，后来的悲剧诗人对女性的描写便颇为不客气了。据推测可能他们的材料来源不是荷马，而取自别一源头——公元前750—前650年的"演义诗人"（Cyclic

---

① A. MacIntyre, *After Virtue*, pp.258–259.

Poets)。①

友谊（战友、亲友……）在古代的价值与地位也远远高于今天。阿基里斯在帕特罗克洛斯战死后痛不欲生；"……这一切于我又有什么欢乐可言？我亲爱的伴友已不在人间。"朋友是自己的另一半，使生命具有了欢乐与意义。阿基里斯即使知道自己如果出战必死，也义无反顾地拼命为朋友报仇。

对生活价值的珍视必然会导致伦理层面的出现。

三 叙事体二阶价值

伦理道德规范及其价值是二阶的——是对一阶（生活）价值的某种操作。荷马既然向人们呈现了生活理想，就必然展现古代人环绕这些价值的得与失的道德行为与态度。不少研究者在讨论荷马史诗中的道德态度时，常常觉得"找不到"，或者零碎地搜罗一些片言只语。实际上，两大史诗都是环绕古代伦理生活的大原则被侵犯而展开的。《伊利亚特》也可以称为"阿基里斯的愤怒"；《奥德赛》从一个角度看，也是"奥德修斯的愤怒"。我们在导言第三节中曾指出，"愤怒"是基本层次（"公正"）道德领域受侵害时的特有道德情感。在"荷马的世界"中，有一系列基本秩序，如果受到破坏，则社会会不稳；所以，感到不安的社会必将用种种方式加以维护。在《伊利亚特》中，受威胁的是族内利益（"战礼"）分配原则，在《奥德赛》中，受威胁的是家庭。在史诗中，还有一系列较小的古代伦理原则，也是推动故事发展的动力，比如《奥德赛》中"好客原则"——求婚者自取灭亡的过程不仅是由于他们侵逼别人家庭，也是由于他们一再违反宙斯所保护的"好客原则"而粗暴对待化了装的奥德修斯。《伊利亚特》中的"虔敬原则"——整个事情的起因在于阿伽门农侵犯了阿波罗神的一位祭司的利益，结果导致"金射手"给希腊军队带来大瘟疫，阿基里斯于是建议开会，要求阿伽门农改正；以及"友谊原则"——伊利亚特后半部分阿基里斯重新参战的动因

---

① A. Lang, *The World of Homer*, p.34.

及此后一系列事件如侮辱和归还赫克托尸体背后的基础。

"诗性智慧的教化"往往不是靠"宣布"一些一般性的原则，而是具体地写出这些原则在何种事件中被威胁、被破坏，带来何种惨痛后果，最后是怎样解决的，使人在震惊与感叹中深切明白生活流程中的规矩方圆。《伊利亚特》不是一部从头记到尾的"特洛伊远征记"，而是一部从中间切入，截取几件大事围绕一个主题展开的艺术品。① 它的主题与其说是"希腊人大胜异邦人"，不如说是"希腊人的一次内部不公正差点毁了自己"。史诗的教化意义在于它发掘人类对公正侵犯的原因，将其昭明为人的种种激情：爱（情欲），贪，傲慢。史诗让愤怒的受害者谴责这些激情与邪行。阿基里斯怒斥阿伽门农：

无耻，彻头彻尾的无耻！你贪得无厌，你利欲熏心！
凭着如此德性，你怎能让阿开亚战勇心甘情愿地听从你的号令，为你出海，或全力以赴地杀敌？②

阿基里斯还指出，在征战中阿伽门农总是自己独占"战礼"的大头，而且夺取别人辛辛苦苦得来的份子。总有一天，"人们会出于公愤，群起而攻之"③。

其他首领也批评阿伽门农"被高傲与狂怒蒙住了双眼……夺走了他的战礼，占为己有"④。

征战是古代"生活形式"的主要一种，如果这种"团体实践"要想顺利进行，这里面的游戏规则（如"战礼分配"的公道）便不能遭到破坏。所以史诗的听众完全能领会和认同诗中这方面的伦理教导。

公正被侵犯后，必然会带来可怕的后果。作为公共道德域中的而非仅仅个人之间的伤害，它的特点是不仅对个人，而且对集体的利益都会

---

① 参看 W. Jaeger, *Paedeia*（Ⅰ）, p.46.
② 荷马：《伊利亚特》，第 7 页。
③ 荷马：《伊利亚特》，第 203 页。
④ 荷马：《伊利亚特》，第 195 页。

造成巨大伤害。阿基里斯的不出战，使希腊军队节节败退，几乎全军覆没。从特洛伊一方讲，赫克托常常指责自己的弟弟由于爱（情欲）而破坏了好客与信任原则，拐走海伦的帕里斯，预感他终将给整个家族带来灭顶之灾。① 古代人对公正的信念是与对宇宙秩序（神）紧密结合起来的。或者说后者是前者的坚强护卫（参看导论"三"）。种种"自然"灾害都被解释成神在恢复宇宙秩序而惩罚破坏公正者。不仅《伊利亚特》开头时对希腊军队中的瘟疫解释如此，《旧约圣经》中对大洪水、火山爆发和瘟疫的解释也是如此。

哈维罗克指出，史诗中对公正被破坏后的"补偿"有仔细的描写，不仅描述了补偿数量的巨大（阿伽门农除了要归还阿基里斯的战礼外，还要"招其为婿，不要聘礼"，"我还要陪送一份嫁妆……七座人丁兴旺的城堡。"②），而且特别重要的是这种补偿必须是一种公开的仪式。公正既然关乎公众的、社会的原则，对其破坏就直接间接地伤害到了所有人的利益，对其纠正就必须让所有人都知道并认可。③

除了实质公正方面的吟诵，在形式公正方面，荷马史诗中还对古代希腊的一整套公正护卫程序进行了讨论。《伊利亚特》中的首领会议和《奥德赛》中的公民大会，申诉者与主持公道者等，都给我们揭示了西方古代"程序公正"运作的细节图景。④

虽然"公正"无疑是一大主题，然而，我们仍须注意，史诗式的"道德教化"并非简单地"主持公正"，号召报应，而毋宁是花了大量精力强调："公正的反应"很容易过头，从而常常带来更大的灾害。人们劝说阿基里斯"息怒吧……狂暴的盛怒折服过了不起的英雄"，"不要让激情把你推上歧路"，"把高傲的心志推向狂暴"。⑤ 古代人深切感受到激情——即使是有道理的——的无法为人控制的、盲目的破坏力量。他们

---

① 荷马：《伊利亚特》，第 142—144 页。
② 荷马：《伊利亚特》，第 196 页。
③ 荷马：《伊利亚特》，第 461 页。
④ Havelock, *The Greek Concept of Justice*, p.179.
⑤ 荷马：《伊利亚特》，第 214 页。

常常将其归为神力所为，不是个体人所能左右的。埃阿斯对阿基里斯叹气摇头："你，神明已在你心中引发了狂虐的、不可平息的盛怒，仅仅是为了一个姑娘！"阿伽门农也在检讨自己时很方便地把自己以前的错误归于"受了迷骗，被宙斯夺走了心智"[①]。史诗的种种言说，或批评或感叹，或严词指责或惋惜心痛，或指出人类一切行为的愚蠢，或指出从大尺度时间角度看一切都将转眼成空，不正是在苦心孤诣地用逻各斯——言说的力量治疗着、教化着这人性深处的盲目力量——激烈情感的力量吗？要注意距"英雄时代"已有数百年之遥的荷马的视野并不与史诗故事中"英雄"们的视野完全等同，他负有的是诗性教化的任务而不是攻打特洛伊的任务。

最后，我们在分别讨论了史诗中的生活价值和伦理价值之后，必须指出这两种价值，一阶的与二阶的，在史诗智慧中并没截然区分开来，而是常常混在一起的。"公正"是否受到伤害，不是抽象哲学原则层面上的事，而是活生生的个体的荣誉受到侵损的问题。阿基里斯总是把自己受到的不公正待遇感受为像自己这样一位神的后代的英雄怎能受如此奇耻大辱；[②]而作为整个特洛伊战争的夸张了的理由——海伦被拐走——也并非首先被希腊人看作对原则的破坏，而是视为对阿伽门农家族的侮辱，从而成为希腊的耻辱。

这一看法自然使人想到学者们常说到的两个概念：希腊是一个荣誉感（耻感）文化，而不是一个罪感文化。当然，这一归类尚有争论。我们先来看看这种归类的真正意义。希腊（荷马时期）的个人不是"抽象个人"，而必然生活于一定的社会团体中，与一定的社会角色合一。近代人所害怕的那种"与社会角色同一"，所追求的"保持个体本真存在"，在英雄年代毫无社会基础从而是毫无意义的观念。在那个时代，人的价值就在于实现自己的社会角色，发挥自己特有的社会功能，从而成为"优秀的人"（前面说过，*arete* 是每种特定功能的最佳实现），优

---

① 荷马：《伊利亚特》，第 459—460 页。

② 荷马：《伊利亚特》，第 205 页。

秀的战士，优秀的父亲，优秀的妻子，等等。社会由于各功能部件的优秀发挥作用得以正常运转，便会授予"荣誉"作为肯定。所以荣誉是一个人的生命——一个人的价值与意义就在这种社会功能与社会肯定之中。如果一个人被剥夺了社会功能或社会荣誉，他就是零——什么都不是。①

英雄们由于受到社会的尊重（从财富到名声），也有责任领导战争，保卫社会。在《伊利亚特》第十二章中，面对特洛伊人的进攻，希腊首领萨耳裴冬对另一个首领格劳科斯喊道：

> 格劳科斯，在鲁基亚，人们为什么特别敬重你我，/让我们荣坐体面的席位，享用肥美的肉块，满杯的醇酒，/而所有的人们都像仰视神明地看着我俩？/我们又何以能拥有大片的土地，在珊索斯河畔，/肥沃的葡萄园和盛产麦子的良田？这一切表明：我们负有责任，眼下要站在鲁基亚人的/前面，经受战火的炙烤。这样，/某个身披重甲的鲁基亚战士便会如此说道：/"他们确实非同一般，这些个统治着鲁基亚，/统治着我们的王者，没有白吃肥嫩的羊肉，/白喝醇香的美酒——他们的确勇力过人，/战斗在鲁基亚人的前列。"②

英雄时代最大的荣誉是归属于"勇敢"这一优秀品性的。勇敢是英雄为了家庭、朋友、自己的名声而冒险厮杀，也是英雄接受自己命运时的豪迈（史诗的"豪迈气概"教育）。萨耳裴冬在说了上述这番话后接着又鼓励说，既然人并不能长生不死，为什么要退缩躲避呢？不如冲上去为荣誉而战。赫克托和阿基里斯也都知道自己必死的命运，但都选择宁愿急速上升至英雄光荣的顶峰而早死，也不选择和平而乏味的多活几十年。③

---

① 参看 A. Lang, *The World of Homer*, p.247.
② 荷马：《伊利亚特》，第283页。
③ 参看荷马《伊利亚特》，第470、526页。

总结起来，希腊最早的伦理逻各斯是史诗。之所以如此，是因为当时的社会生活形式本身是"叙事性的""诗性的"，这正如后来的散文式—哲学推理式伦理逻各斯与后来的散文式生活形式有内在联系一样。所谓"叙事性—故事性"的生活形式是有着内在目的、内在价值，在一定历史时段中完成着公认意义的人类活动历程。个体没有离开这一历程的另外"自在之在"。人只存在于这一活动中，直接地接受其中的价值，接受共同目的，接受自己活动成败而带来的社会褒贬，并因此而清楚自己的统一连贯自我。相比之下，近代社会之所以不可能有"史诗"，在于近代生活中个人已经竭尽全力从各种社会关系中抽身，以避免被看作社会评价的"奴隶"。而且，他们不认同长时段的、共同的目的，只坚执片断、瞬间的自我选择（存在主义的小说透彻地反映了这种心态与这种生存方式）。

所以，英雄时代的人们毫不反思地接受社会价值，在外在的战争、历险、奋斗、进取中寻求成为优秀的人（反平庸的人）。这是一种竞争与荣誉的文化。即使在战友的葬礼上，英雄们还不忘热烈地投身于种种体育竞技中，为奖品和"第一名"而激烈比试。其优点是生气蓬勃，自由无羁，其局限是较为单向度和表面化（后来哲人推出的新理想都轻看"力之显现"或"战礼荣耀"）。至于诗性智慧中的道德水准，则主要处于"以恶还恶"式的公正与局部主义的伦理层次：对于本族、家庭、朋友，负有保护之责，对于外族人则十分残酷。① 修昔底德曾记载古希腊的海盗民族以海上掠劫为共同职业："他们作海盗的动机是为着自己的利益，同时也是为了扶助他们同族中的弱者。……在那个时候，这种职业完全不认为是可耻的，反而当作光荣的。"② 维柯也指出，最古老的战争法律的原则就是英雄时代的各族人民对外方人不以礼宾相待，因为他们把外方

---

① 尼采曾较为深刻地剖析过希腊古代的"残忍文化"。不仅荷马史诗认可、观赏血腥战争，而且雕塑绘画主题对此津律乐道，甚至赫西阿德的《工作与时令》中所推崇的"好 Eris"神，也是人反对人的"妒忌"与"恼怒"的化身。直至亚里士多德伦理学，这种思想都没中断过。
② 修昔底德：《伯罗奔尼撒战争史》，第 4 页。

人看成永久的仇敌。[1] 普爱层的道德此时并没觉醒，这不仅体现在对外族人的残酷烧杀劫夺视为天经地义上，而且体现在族内也有用亲子献祭的习俗。也就是说，生命自身的无比尊严并没有被意识到。我们在史诗中听到的都是贵族的逻各斯（言说），但听不到平民的，更不要说奴隶的声音。《伊利亚特》第二卷的奥德修斯用权杖毒打敢于批评阿伽门农的霸道横行的士兵塞尔西忒斯的一幕是有深刻含义的：史诗体现贵族的逻各斯，来自底层的声音必须被封死。实际上，同样内容的道德批评来自同阶层的贵族如阿基里斯和奈斯托尔，"王者"就得倾听或接受。

由于缺少人性的光辉，再加上没有道德神的信仰支持，人们普遍感到无法把握自己，无法与滚滚而去的时间之流抗衡。这就是反映在史诗中的命运忧伤感的原因。史诗智慧与中国的老子智慧属于同一类型，由于站在较大尺度时间的角度下看一个没有永恒的世界，深谙胜负不常，强弱转化迅速。（注意，道德觉醒后，会明白人格的力量可以冲破时间的侵蚀而成为永恒。而某些纯本体论哲学和道德神的信仰者，也能在种种"绝对本体"中找到跳出时间流的东西）而且，说到底人间的一切胜者与败者在命运（死亡）面前统统是败者。故事在时间中进行着，但故事终究要讲完，终有完结。

第二节　与神共存

一　宗教之为一种生活形式与伦理逻各斯

在讨论古代人的伦理生活时，不可能不谈到宗教的作用，希腊也是一样。在古代希腊世界中，宗教不是我们现在意义上的"一种生活形式"，似乎与其他生活形式可以割裂，可以独立互不相干地并存。在古代，人的生活是一个整体，[2] 相互渗透未分。而希腊人的种种生命历程，种种生活层面，都深深烙着"神圣领域"的痕迹。贝克特（W. Burkert）

---

[1] 维柯：《新科学》，第328页。
[2] W.D. Boer, *Private Morality in Greece and Rome*, Brill, 1979, p.13.

在他的《希腊宗教》中提请人们注意这样一个物质现实："整体说来，希腊文化被称作庙堂文化，因为是在庙宇建筑中，而不是在宫殿、剧院或浴室中，希腊建筑及艺术臻于完善之境。"① 确乎，从现在希腊留存的古代遗址看，当时人们的心血不花在民居、坟墓和宫殿上，而是投入一座座神殿与庙宇的塑形之上。人们的生活主要说来并不是"私下的"、各居其室的，而是大部分地环绕着神殿（及前面的广场）进行。人的生活的各个方面都围绕着诸神这个生活的真正主角而重组过、重新编码过，从而活出了新的生命意义。不仅个人成长的各个关键转折期（crisis）都受到宗教仪式（如成年礼与葬礼）的支持，而且民族的生活节奏也由种种宗教节庆日所规定。据说希腊一年中有近七十种节日，② 重大的有奥林匹亚竞技节，泛雅典娜节，酒神庆典，猎神节等。诸多狂热浓烈的节日使自然界的运转（如春夏秋冬）得到文化上的重新阐释（被视为"神的死与再生"），而人群在对这些节庆的全身心投入中，也感到参与到神圣者的"生命史"的伟大节奏律动中（集体心理学），这样，便使平凡世俗的生活不断被纳入"神圣域"之中来进行。

在这种密织如网的"与神共存"世界中，伦理的逻各斯在很大程度上就是宗教性的逻各斯，便是十分自然的事了，因为一定的语言游戏总是一定的生活形式的内在组成部分。诗性教化者如荷马与赫西阿德都自觉自己在传达神的声音，③ 叙述神的事（以及在众神目光之下的人的生活）。神的逻各斯（言说，道出），在古代伦理中至关重要。在哲学家出场用各种理性方式解释和论证道德之前，伦理原则基本上呈现为宗教"义务论"型的（是神的"命令"，而不需要一大套理性论证来"说服"人接受），这一点在希腊也毫不例外。布尔（W. D. Boer）在《希腊罗

---

① W. Burkert, *Greek Religion*, Harvard University Press, p.88.
② W. Burkert, *Greek Religion*, Harvard University Press, pp.225,226.
③ 见荷马《伊利亚特》与赫西阿德《工作与时令》二诗之开头部分，并参看柏拉图《伊安》中苏格拉底的话："神对于诗人们象对于占卜家和预言家一样，夺去他们的平常理智，用他们作代言人，正因为要使听众知道，诗人并非借自己的力量在无知无觉中说出那些珍贵的辞句，而是由神凭附着来向人说话。"朱光潜译《柏拉图文艺对话录》，人民文学出版社1983年版，第9页。

马的私人伦理》中指出，规范人际关系的法律很早就被视为是神圣的。古代"法律"一词是 ῥήτρα，意即"说出""宣称"。犹太传统中也是一样，神的"话"立下了宇宙秩序。实际上，不仅狭义上的成文法是神的命令（言说），而且整个伦理生活的各个阶段都充满神之言说的规范。首先，一件行为是否应当做，人们求问"神谕"。神通过种种自然"迹象"言道他的裁定；从鸟飞的轨迹到阿波罗祭坛下烟火的模样，无一不表示着神对人的道德警告，维柯说："最初的人类都用符号说话，自然相信电光箭弩和雷声轰鸣都是天神向人们所作的一种姿势或记号……自然界就是天帝的语言。各异教民族普遍相信这种语言的学问是占卜，希腊人把它称为神学，意思也就是神的语言的学问。"[①] 伦理生活的一个重大方面是不断在任何稍大一点的决策事务上向神圣领域求得逻各斯，这也可以解释"预言者"（以及占卜者 seer）在决策活动中的广泛作用。其次，一件事情，一个行为如果已经做了，但触犯了道德规范，神的表示愤怒的逻各斯也首先体现为"诅咒"——发话予以惩罚。而自然界中的种种灾难都是这种诅咒逻各斯的具体表现。希腊人从不把它们看成是"自然事件"，毋宁视为神的发怒与斥责——神在裁定此事的违法性。

二 宗教与伦理生活的复杂关系

也许人们还有疑问：以上所说一般来讲不错，但是能适用于希腊宗教吗？希腊宗教源远流长（可能"远"到亚洲其他国家的宗教），然而归纳成型并影响后世者，当属荷马与赫西阿德，[②] 这也许是所谓"诗性智慧教化希腊"的又一层意义。可是，诗人中神的世界似乎无法与"道德"挂钩。学者注意到荷马在描写人（如女性）的时候往往不惜笔墨赞扬种种美好品性（如贤妻、良母的举止高贵优雅），可是在描写神（比如女神）时，缺点就都出来了（赫拉、雅典娜等的吵闹骂街）。[③] 当海伦认出美神阿芙罗底忒时，毫不客气地责备道："疯了吗，我的女神！如

[①] 维柯：《新科学》，第 165 页。
[②] 参看 W. Burkert, *Greek Religion*, p.123.
[③] A. Lang, *The World of Homer*, pp.120–121.

此处心积虑地诱惑，用意何在？……"而女神也破口呵斥："不要挑逗我，给脸不要脸的姑娘，……"① 前一节我们已指出，希腊英雄毫不犹豫地把自己的错误统统归于抻。阿伽门农在向阿基里斯道歉时说："阿开亚人常常以此事相责，／咒骂我的不是；其实，我并没有什么过错——／错在宙斯、命运和穿走迷雾的复仇女神，／他们用粗蛮的痴狂抓住我的心灵，／……"② 至于赫西阿德"神谱"中记载的诸神一次次砍伤和推翻自己父亲的故事，似乎也很难用来进行"道德教育"。

古代人已开始怀疑诗人神话的道德意义。"诗人多谎"在梭伦时代可能是一句社会共识的流行看法，色诺芬批评说："荷马与赫西阿德把人当中受批评与责辱的东西全都用在神身上：偷盗，通奸和互相欺骗。"欧里披得斯的悲剧和柏拉图的对话录都从道德的角度怀疑所谓"诗人的宗教"。近代人在受过基督教精神的洗礼后，更会尖锐地感受到自己价值体系与"古代宗教"之间存在的深深沟痕。罗素说："必须承认，荷马史诗中的宗教并不很具有宗教气味。神祇们完全是人性的，与人不同的只在于他们不死，并具有超人的威力。在道德上，他们没有什么值得称述的，而且也很难看出他们怎么能够激起人们很多的敬畏。"他还引了吉尔伯特·穆莱的一段生动评论：

"大多数民族的神都自命曾经创造过世界，奥林匹克的神并不自命如此，他们所做的，主要是征服世界。……当他们已经征服了王国之后，他们又干什么呢？他们关心政治吗？他们促进农业吗？他们从事商业和工业吗？一点都不。他们为什么要从事任何老实的工作呢？依靠租税并对不纳税的人大发雷霆，在他们看来倒是更为舒适的生活。他们都是些嗜好征服的首领，是些海盗之王。他们既打仗，又宴饮，又游玩，又作乐；他们开怀痛饮，并大声嘲笑那伺候着他们的瘸铁匠。他们只知怕自己的王，从来不惧怕别的。除了在恋爱和战争中外，他们从来不说谎。"③

---

① 荷马：《伊利亚特》，第74页。
② 荷马：《伊利亚特》，第458页。
③ 罗素：《西方哲学史》(上)，第34页。

然而，这段话虽然精彩，但并不完全正确，而且无法解释奥林匹亚诸神系统在希腊确实是民族崇拜的宗教，无法解释"诗人们"的言说是当时的宗教必修课。

许多学者企图解释这令人困惑的"希腊宗教与伦理道德关系的问题"。我们的基本立场是，避免只运用一种宗教理论，避免只去寻找一种宗教。各种各样宗教理论，从马克思的到费尔巴哈的，从杜克海姆的到弗洛伊德的，从社会学的到心理学、民俗学的，都应当加以考虑。同时，在希腊起着积极作用的宗教不止一种。20世纪的研究指出荷马的神系统是上层的、贵族的，"开明人士的"；而在广大民间还存在着与原始巫术和非理性仪式密不可分的"黑暗的"宗教。比如，在荷马史诗中人们看不到在悲剧传统中十分重要的（宗教）污染（pollution）观念，看不到活人祭，也看不到巫师作法。[①] 而且，即使是同一套奥林匹斯神系统，也可以完成不同的功能。它既可以作为宗教畏拜的对象，也可以作为人们观赏甚至调侃的对象。同一批听众用两种态度对待同一批神，难道不会感到矛盾和不舒服吗？也许会，但也许不会。这我们只要想想中国农民既可以去庙宇里虔敬地礼拜三清，又可以聚在说书人四周听"太上老君在孙悟空戏弄下丢丑记"而开怀大笑，就明白了。人对于"神圣者"是要敬拜的（杜克海姆），但这妨碍他们有时在容许的渠道中"发泄"一下他们对"神圣者"的别的情绪吗？[②]

所以，宗教与伦理生活的关系远非某种一刀切的理论想象得那么简单。下面我们只从"生活理想"与"道德保护"两个方面探讨一下希腊宗教与希腊伦理生活的关系。

"生活理想"主要是取著名的费尔巴哈的"神是人的本质的投射——自我意识"的看法。每个时代把什么视为本质，就会有什么样的神。人在神当中观照自己，是因为人本质是对象化的，只能从某种镜像——意识形态——中想象自己；而且这必然是夸张了的（理想化

---

① A. Lang, *The World of Homer*, pp.128–133.
② 弗洛伊德的宗教思想还值得再思与深化。

了的）。荷马史诗对"几百年前"的人的描写本身就已经夸张——亦即理想化了，赫西阿德对"远古几代希腊人递演"的描写更是如此（"金族"、"银族"、"铜族"）①。神更是人在夸张的、自由的形式中观照自己。荷马的神实际是充满自信的人。这些神生活在明朗的个体世界中，生活在云层、"山顶"，而非恒星层（那儿太远，应当是哲学家如泰勒斯昂首注视之处）。他们并不像黑格尔说的那么安详"静穆"，而是活力充沛地生活在外在的功业之中。人既然都是自由的（在没有压抑型超我出现之前），神为什么不可以更自由无羁？人既然在生命中充满成功与失败，优点与缺点，神为什么不能一样具有丰满真实、起伏多变的生命？

诗歌中还通过诸神生活展示了人间团体生活的各个方面。亚里士多德就曾说过："古先的人既一般地受治于君主……，有些人就推想群神也得由一个君主（大神）来管理。人们原来用人的模样塑造着神的形象，那么凭人类生活来设想群神的社会组织也就极为自然了。"② 荷马描绘了一个有血有肉的丈夫与父亲——宙斯，一个好妒的妻子——赫拉，好战的女儿——雅典娜，爱玩的宝贝——阿芙罗底式，并描写了这个"大家庭"中并非总是平安的感情生活（赫拉作为一个凶狠的后母，宙斯作为一个抚慰大家但又不免动怒的大家长……）。③

更深层地讲，人还抽象地外投自己的本质意象。比如阅读赫西阿德《神谱》可以发现，对于古代希腊人，天和地的关系，自然界的每年枯荣，都是在人类早期的生殖隐喻中被表象的。这种"集体隐喻"往往是无意识的，但是它们也许更为古老，更为根深蒂固地内化于人类的思考框架中。这种古老思维坚信：绝对同一是贫乏不产生任何东西的；只有"分离"，才有万千变化的可能空间的出现。但"分离"意味着残酷的、"血淋淋"的斗争。而分离之后"爱"（Eros）的力量又使分离者渴求恢

---

① Hesiod, *Works and Days*, in H.G.E. White, *Hesiod, the Homeric Hymns, and Homerica*, Loeb Classical Library, 1977, 127–201.
② 参看亚里士多德《政治学》，1252b25。
③ 参看 W. Burkert, *Greek Religion*, pp.133, 218–219.

复同一，这带来了丰饶，带来了大地上万物欣欣向荣的生长……①

神圣家族不仅集中地映射着人间生活世界，而且是这个世界道德秩序的保护者。宙斯在诗人笔下虽然有令人忍俊不禁和令人诧异之处，但他的主要特点，是他的无比威力——积聚乌云与发射雷电摧毁一切。一切神集合在一起，也别想撼动他的位子。雷电是自然灾害的象征，但是宙斯和奥林匹斯诸神虽然拥有种种自然力量如雷电、地震、瘟疫甚至激情，却已超出了简单的自然力人格化的老神系统，他们的首要意义在于用这种力保护种种人间伦理道德秩序。

在导言第三节中我们指出，为了维护不同层级的道德秩序，一个社会可以启用不同的"贯彻系统"，如良知系统，社会舆论系统，情感系统，暴力机构系统，以及宗教威慑系统等。在古代，既然良知系统尚未形成，其他系统便发挥主要作用。宗教威慑系统在无神论者看来也许是很"虚"而无力的系统，但是它在一定的社会现实条件和社会集体心理状况下，与自然力结合（被"解释"）在一起，能起到甚至连暴力机构系统也无法起到的全方位的威慑作用。所以古代人都认为诸德皆始于"虔诚"之德。维柯说："诗性伦理从虔敬开始，虔敬是由天意安排来创建各民族的，因为在一切民族中，虔敬是一切伦理的、经济的和民政的德行之母……只有宗教才使人有实践德行的力量，而哲学却毋宁说较适宜于讨论德行。虔敬起于宗教，宗教就恰恰是敬畏神祇。"② 敬畏宙斯，不要使他发怒，这是虔敬亦即整个古希腊伦理的基本原则。"神的愤怒"之所以可怕，在于这种愤怒实际上凝聚着全社会的道德义愤情感——而且又在意识形态中得到了放大化。

我们可以拿赫西阿德的《工作与时令》做一个典型来分析。在这篇诗体格言录中，有对"公正"的集中的大段讨论，这在古希腊伦理逻各斯中并不多见，或许要到柏拉图的《普罗泰戈那》中才有一个遥遥的呼应。在赫西阿德的诗中，宙斯的形象显然是公正的神圣卫护者。用哈维

---

① 参看埃斯居罗斯残篇，44。
② 维柯：《新科学》，第236页。

罗克的话说："整个《工作与时令》可以被看成是一首'宙斯诗篇'，因为它不断把人类的生活和行为表现为在他的监管之下，听从他的至高目的。"① 那么宙斯保护的公正究竟有哪些内容呢？首先，是分配公正。《工作与时令》是以赫西阿德批评与警告他的兄弟帕西斯为线索而展开的。父亲去世后，在分配家产中，帕西斯通过贿赂法官而分得了超出应有权益的一大份。后来他不仅不勤奋工作，浪费了家产，还想再侵占赫西阿德的一份产业。赫西阿德的批评体现出了一个更广的古代"公正"主题：所谓公正，就是在分配中公平地得到自己的一份（Moira），并从而形成各方的一个界域。超出自己一方的领域而去侵犯别人的领域，就是"不公正"。希腊人在分配份地时，以尺、竿等量器为准绳。"尺度"于是是"分配公正"的象征。认清自己而勿越出自己的限度，是公正者的标志。前面说过，"尺度"正是"逻各斯"的基本含义之一。至于这种被分配物的初始来源，与当时的生活形式紧密相关，首先可能是战争的结果（"战礼"），不仅贵族能获得一大份，士兵也有自己的份地。另外，几代之后，遗产在族内的分配，显然也是牵动人们之间经济关系的大事。

在《神谱》与荷马的《伊利亚特》中，都记载着这种"分配公正"在神的领域中的一次原初操作。当宙斯率诸神推翻了克罗洛斯的统治后，有过一次对"战果"的大规模分配：宙斯分到了天，波塞冬分到了大海，而哈迪斯分到了冥土。至于大地，是大家共享的。在《伊利亚特》第十五卷中，当波塞冬听到宙斯传来的对他的威吓时，怒不可遏，嚷道：

真是横蛮至极！虽然他很了不起，但他的话语近乎强暴！／他打算强行改变我的意志，不是吗？——我，一位和他一般尊荣的神仙。／我们弟兄三个，克罗洛斯的儿子，全由雷亚所生，／宙斯，我，还有三弟哈迪斯，冥界的王者。／宇宙一分为三，我们兄弟各

---

① Havelock, *The Greek Concept of Justice*, p.209.

得一份。／当摇起阄拈，我抽得灰蓝色的海洋，作为永久的家居；／哈迪斯抽得幽浑、黑暗的冥府，／而宙斯获得广阔的天穹，云朵和透亮的空气。／……所以我没有理由唯宙斯的意志是从！让他满足于自己的份子，／……把这些狂暴和恐吓留给他的那些儿女们去吧。①

在赫西阿德的描述中，宙斯起的作用却正是镇压任何侵犯分配公正的狂傲之人（outrage，*hubris*）。古人认为，侵占不应有之"域"的企图往往源于"狂傲"，源于贪心和恃强。宙斯是不会容许这种侵犯得逞的。后来，这种观念——宇宙道德秩序及其被破坏与重建——渗入到希腊哲学的基本信念中，如阿那克西曼德的名言："万物自其产生者，也是万物所毁灭而归入者，这是由命运安排的。因为在时间秩序中，万物各由于自己的不公正而相互付出公正与补偿"（DK12A30）。我们前面已指出，"公正"的角度与一般私人交往事务不同，直接间接地牵涉到整个社会的基本利益，所以它有公开性、深刻性与强制性等其他层级道德（如"普爱"）所不具备的品质，即使人间社会暂时不能贯彻它，人们在意识形态观念中必认为神或宇宙的必然过程（在时间中……）一定会贯彻它的。若无此信念撑托，则人类社会可能会趋于瓦解。贪婪与相互侵犯会毁掉一个社会存在的基础。赫西阿德告诫帕西斯说：宙斯让其他动物互相吞食，却不容许人类有吃人现象，这是有其深刻道理的。②

更重要的是神对分配公正的第二层保护。我们知道，人间法律系统即民政国家本来负有保护公正的责任（"公正层"也即"准法层"。）但是法律系统本身可能由于受到贿赂而失去其"中立、公正裁决者"的形象。（亚里士多德曾强调卷入利益争端者与仲裁者的两种公正及不公，并将其归为个人品德，也许便是想到了赫西阿德的例子。或许，这是因为亚里士多德与赫西阿德一样，都对希腊经济秩序的日常运作十分重视）在这种"公正"机构本身蜕化的情况面前，更加需要神出场保

---

① 荷马：《伊利亚特》，第 348—349 页。
② Hesiod, *Works and Days*, 275–280.

护。赫西阿德警告袒护帕西斯的"大人王公"们：宙斯在人间派有许许多多人们无法看见的监督之灵——他们是古老"金族"的灵魂，专门监视人间不公之事。宙斯必然纠正"不公正的公正"（pervert judgement, crook sentence）[①]。这一层"公正"更清晰地体现了公正作为保护弱者从而维护整个社会完整性的意义。

实际上，宗教保护着整个希腊民族的完整性。我们知道，希腊分成许多小邦国，方言也不同一。"希腊人"的身份感多来自他们崇拜同一种神，遵守同一套礼仪和习俗，接受同一个神话系统。一个民族（古代的）之魂往往是其民族神；神若不倒，则该民族即使暂时受挫折，也还能够忍受，可以怀着在将来复兴的希望。而如果神倒了，或是改信别的民族的神了，则一个民族从文化上讲就完全消失。希腊人很明白宗教对社会的凝聚力，他们即使走出国土，第一件事也是上岸立坛，安好神与崇拜之处。城邦国家的护神是宙斯，在埃斯居罗斯的《七雄攻忒拜》中，处于敌人围攻中的忒拜王向宙斯求告："啊宙斯，大地！……别把她（城邦）交于敌手，／被连根拔起，被粉碎，家园与神坛被推翻于尘土中！／别让这自由国土受奴役，……帮助我们吧。我们的共同事业为我们呼唤：为一个尊敬众神的繁荣土地！"[②]战乱的频繁使古希腊人感到人的力量之弱小，他们自然求助于神，用神灵佑护鼓舞众人和自己的信心。

一个国家的内部伦理规范也受到神圣领域的严密保护。据记载，希腊法律在宣布时，前面都要加上"众神……"的字样。法律保护着家族伦常，制止血族互杀。克罗洛斯砍杀其父后，其父血滴洒落之处，便产生了三个复仇女神（Furies），其责任专门是追究谋杀亲人之罪，非要把罪犯追迫至死方肯罢休。古代社会对于它的基本细胞当然要运用最可怖的从而最强有力的威慑系统保护着。亚里士多德批评柏拉图的"毁家共产"理想倡议的一个主要忧虑便是：杀害、杀人、吵架和诽谤之罪

[①] Hesiod, *Works and Days*, 109–126. 第二个"公正", 亦译为"判决"。
[②] Aeschylus: *Promethus Bound and other Plays*, translated by Philip Vellacott, Penguin Books, 1961, 90.

如果发生在非亲属之间，人们就会看得较轻，但如果加到父母和近亲上，就成了伤天害理的罪恶。而在柏拉图方案中，"人们由于不知道相互的亲属关系，这种罪恶就容易发生，而且在犯了这种罪后，由于这个社会将没有伦常，礼法也就不能以逆伦（渎神）来加重科罚"。[1] 赫西阿德在他的《工作与时令》中列举了会招致宙斯愤怒与沉重责罚的古希腊伦常关系，它们包括："恶待求告人或客人，乱伦，欺负孤儿，侮辱老父等等。"[2] 最后，神的威慑力还在于防止家族内部或国家内部争斗——即使开始时是出于合理报复的动机——走得太远，以至于团体本身全面瓦解。奥底甫斯杀父后，忒拜长久瘟疫不止；阿尔克迈翁杀母之后，荒年接踵而来。神庙的神圣不可侵犯性也源出于此功能：任何在竞争中失败者，如果逃入神庙，就享有神圣避难权，不得被抓走。雅典的库伦党人在前7世纪时政变失败而逃入神庙，追兵诱其出来，或在神殿中杀之。这些违反宗教法规而杀人的人及其后裔（主要是阿克密尼德族，其首领麦加克利斯是当时的执政官）便被称为"女神的罪人和被诅咒者"，被雅典人驱逐出邦。[3] 众人之所以反对"被诅咒者"，因为遭到神诅咒的人不仅会给自己，而且往往会给整个社会带来可怕的灾难。在古代希腊，有一整套的祓除仪式是用来清洗这种"血污"，使被扰乱的社会进程再度恢复常轨。

赫西阿德的诗总结了他那个时代中的普遍伦理心态。在他生活的年代里，社会不公正显然成了大问题，或许下降圈中特有的混乱无序（chaos）成了对穷苦无助者的现实威胁，这从他大谈公正和他讲的"潘多拉之盒"与"历史退化论"（寓言故事）中就可以看出。但赫西阿德并不富有，并非祭司阶级，还需要自己放羊，所以他不可能寻找"隐退出世"这类的安慰。作为山地农民，他必须勤奋劳动，从土地中刨食，所以他只能期望存在着一个维护社会公正的神，只能期盼长远地讲，公正会带来更大利益，而不公正带来的是更大灾害；长远地讲，公正会战胜暴力；

---

[1] 亚里士多德：《政治学》，1262a29—31。
[2] Hesiod, *Works and Days*, 325–335.
[3] 修昔底德：《伯罗奔尼撒战争史》，第88、93页。

那些对客人和本地人公正审判的人，那些不偏离公正的人，他们的城市繁荣，人们幸福：养育儿童的和平遍布其土，全知的宙斯从不让残酷的战争落在他们头上。饥荒与灾害从不追缠公正的人；他们轻松地照料自己管辖的土地。大地丰足地提供食粮，山岭上的橡树上，顶上结满果子，蜜蜂环绕其间。他们的羊披满羊毛，他们的妇女生的孩子都像父母。他们永远满足在美好事物中，不用登船出航，因为产粮的大地为他们提供了果实。

但是对于那些滥用暴力和干残酷事的人，全知的宙斯——克罗洛斯之子——则下令惩罚之。常常一个人犯罪或是图谋狂傲之举，会给整个城市带来祸害。克罗洛斯之子使他们大大受难，饥荒连带着瘟疫，男人死光，女人生不出孩子，房屋锐减……宙斯摧毁他们的广大军队壁垒，或是让他们的船在海上沉没。[①]

可以看出，神所佑护的都属于使一个社会基本生存秩序得以能进行的伦理规则，这些规则只企图解决"内部问题"（使人守秩序，使人有饭吃，使人有安全感，使社会生活的常态得到尊重）。它们看上去平淡无奇，既没有"革命造反"的激烈大志，也不提出"为了道德不顾个人利益考虑"的哲人理想口号。但是这些基本伦理规则所提出的一阶价值目标及对此目标采取的论证框架，却自有其普遍性意义，将在后来的伦理思想史中（有时改换一下外貌）一再出现。

三　命运、时间与战争

在赫西阿德的诗中，还有或许诗人自己都没意识到的另一层伦理生活思考，然而它汇总了哲学伦理学出现之前人们对宇宙和人类的更大尺度时间下的认识，所以值得专门考察。

康福德早已指出，在希腊宗教中，最高的力量不握在人格化了的神手中，而位于无人格的"命运"力量之处。无论是在荷马还是在赫西阿德的诗中，命运与神的关系往往有两种不同的表述，一种是神也受制于

[①] Hesiod, *Words and Days*, 225–247.

命运；另一种是把神（宙斯）看作分配命运者。① 这两种表述何者更根本尚可争议，但无论如何，前一种看法是确实存在的。它虽然很难为现代宗教观念所理解，但真实地反映了当时希腊人的神观。神无法救活一个注定要死的人，他"不敢推翻命运的命令"。神甚至对自己的"命运"也无法把握，十分害怕。克罗洛斯由于知道命中注定被自己的孩子推翻，便吞下妻子生下的每个孩子，但最终还是没避开被宙斯推翻的结局。宙斯登位后，也"注定"被推翻，结果惊恐不已，企图逼迫有预言能力的普罗米修斯说出是谁。普罗米修斯不讲，并满怀信心地宣布："他（宙斯）也逃不了命运的力量。"②

"命运感"使整个荷马史诗有了深度，使欢乐生命与自由无羁不流于肤浅乐观主义。但是"命运"在伦理思考上的意义何在？康福德认为它主要是空间式的，主要代表着前面说的"公正分配道德观"：古代人将宇宙秩序道德化，从而将"应当"化为"必须"。③ 然而，我们认为，这种看法太容易地将阿那克西曼德"命运"名言的"在时间秩序中"的强调句解释掉了，太忽视了古代智慧在"内部"伦理问题之上，还有对"外部"伦理问题的反思。我们认为，"命运"主要是一种时间感悟。在没有"永恒"观念的希腊人那里，一切生命都是时间中的生命——都是时间生命。《神谱》体现了一种站在更大尺度下思考历史、思考时间变迁流逝的人的生活和生活的意义。神也许不死，但神并非永恒；他们有产生的历史，而且有兴旺衰败的历史——他们也生活在时间中。在时间中者，难以把握自己的命运。

这种大历史进程中的命运难定、荣辱不常观念的现实基础是什么呢？是人类文明诞生初期的战争。在时间中，没有谁是永远高高在上者，谁是永远在下者。短时期看，也许一个社会中上下有别、有序；但是能参悟大时间尺度的人，就会发现一再爆发的战争，一代代人的计谋与勇气，会冲破固有的秩序，而使王者成奴，位卑者高升。宙斯可以说

---

① F.M. Cornford, *From Religion to Philosophy*, Princeton University Press, 1991, pp.12-13.
② Aeschylus, *Promethus Bound and other Plays*, p.518.
③ Cornford, *From Religion to Philosophy*, p.21.

是"反叛者英雄"的典范，他用计谋与勇气率领新神推翻了老的宇宙秩序，将原先高高在上的老神打入了地狱，并在激战中打败了巨人族的挑战，创立了新的世界利益格局。这种"战争辩证法"也算"伦理智慧"吗？人们也许不禁会疑问。可是为什么不呢？难道"伦理"只与"做工得报偿""忍辱自制"之类信念有关吗？伦理生活与伦理思想涉及的是人类利益冲突时的解决方案。方案不可能只有一种。在不同的处境之中贯彻唯一一种解题方法，反而可能不自然与荒谬可笑。纵观人类历史，也确实有过多种"方案"的贯彻实施。外部批判的、彻底推翻原先秩序的、激烈质疑的伦理方案也许比内部自抑的、在秩序框架中动作的、温和顺从的方案少见些；但是如果放眼历史大尺度时间，则立见其频繁，而且此类方案虽然有时偏颇，有时效用却颇显著。我们在第四节讲到赫拉克里特时，将会看到从哲学高度更完整与深刻地对古人这一层次伦理智慧的思辨性总结。

第三节 毕达哥拉斯：新生活形式理想

一 时代定位

希腊哲学并非起源于毕达哥拉斯——或许起源于小亚的泰勒斯（盛年约在前6世纪初），但希腊伦理哲学确实开始于毕达哥拉斯（主要活动在南意大利，盛年约为前532年）。亚里士多德在《大伦理学》中说："毕达哥拉斯是第一个企图说明德性的人，虽然其说明并不正确。"[①] 许多研究毕达哥拉斯学派者，只着重其"科学"一面，很难把这种思想的独特品格与当时（稍前）的伊奥尼亚学派自然哲学区分开来。杨布利柯可谓对毕达哥拉斯派下过相当气力者，他看出毕达哥拉斯学派开始了一个全新哲学方向，无论从目的上和教义上以及组织机构上，都与前人

---

① 亚里士多德：《大伦理学》，1182a11。

不同。①

然而什么是毕达哥拉斯派的新东西呢？他们在伦理学上作出了什么开创性贡献？是"金言"之类的格言警句吗？杨布利柯的《毕达哥拉斯生平》中引了这一派的一些最深奥的秘传教义；"最公正的事物是什么？祭品。最聪明的事物是什么？数；再次是给事物命名的人，我们能力中最有智慧的是什么？知识。最美好的事物是什么？幸福。我们说过的话中最真实的是什么？人是邪恶的。（KRS277）"。这些格言无不富于深义，然而其意义只有在我们讨论完毕后才会自然显出。倘若仅仅以目前这种"格言"式面目摆出，只会显得零散、突兀而无论证。而且当人们看到毕达哥拉斯派对伦理范畴如德性、公正等的具体的、"根据数论的"论证时，又总是感到牵强和不能成立。

我们的总看法是，要了解毕达哥拉斯派在伦理学上的贡献，必须首先跳出现存残篇的具体细节，而从宏观的学者与时代的关系上来审视。从这个视角看，毕达哥拉斯的伦理意义在于一个特定时代中的哲人对时代的回应——有的哲人不回应时代（不少回应来自武人、诗人、占卜之人），——并由此提出而且实践了两种全新的生活形式。这一点，柏拉图早已敏锐感受到，他在《理想国》（600b）中指责荷马时曾说：

> 我们听说过荷马活着时曾为什么人当过教育上的导师吗？有人把他当老师那样敬慕吗？有人向后世传授过一种荷马式生活方式——像毕达哥拉斯的情况那样？——毕达哥拉斯在这方面受到特别的敬慕，他的追随者直至今日还由于他们所称作的毕达哥拉斯式生活方式而在众人中显得与众不同。

从荷马史诗和其他诗性智慧（如赫西阿德）中，我们已经识别出一种典型的"希腊式"或广而言之"西方式"生活形式理想，以及与之相应的伦理价值和伦理逻各斯。这是一种以"竞争"（荷马的战争，赫西

---

① Guthrie W. K. C., *A History of Greek Philosophy*, Vol.1 Cambridge University Press, 1977, pp.146, 182.

阿德的"积极竞争")为基本导向，以外在事功和有关优秀品格为主要价值，以荣誉为生命的生活形式。其伦理逻各斯是"叙事逻辑"与"神谕"。毕达哥拉斯一派虽然还具有"诗性智慧"的许多特征，但已经提出了崭新的生活形式理想。这理想一经提出，便进入世界史，与其他生活形式并存，从而根本上改观了"希腊"或"西方"文化的基本内涵。使人们再也不能简单地、笼统而不加区别地言说"西方文化"这个词，更不能把它仅仅归为"进取的或攫取的文化"。说到这里，我们自然而然地要提出毕达哥拉斯对人生的著名"竞赛场比喻"了：

> 他将生活和竞技场作比，在那里，有些人是来争夺奖赏的，有些人是来卖东西的，但最好的人是在沉思（凝视）的观众；同样，在生活中，有些人出于卑劣的天性追求名和利，只有哲学家才寻求真理。①

这段话现代人可能都不能理解和认同，更不要说当时的希腊人了。"不能理解"恰恰表明站在不同的生活形式中不能领会另一种新的、截然不同的生活形式。而我们要理解毕达哥拉斯的种种具体伦理要求、格言、论证、组织、戒律、生活，也必须首先理解这"新生活形式"。

为了便于理解，我们不妨暂且把毕达哥拉斯提出的新生活形式再细分为两种，分别称为"哲人在时代将颓而又未全颓之际"的"出世"与"入世"生存取向。我们知道，毕达哥拉斯"数论"撇去其具体的、勉强的、烦琐的推演，实际上是一种对宇宙中"二元对立"而又达到统一和谐的一种悟见。把握住这一点，则不会流失于这一学派的零散不全面又矛盾不一致的各种细节理论中。而且，把握住这一点，则其具体推演即使在今天科学体系看来如何站不住脚，也不妨碍毕达哥拉斯是一个有深刻见地的哲学家。这种见地告诉人们，宇宙是多元的——体现为多种二元对立与张力，每一种要素与

---

① 第欧根尼·拉尔修：《著名哲学家的生平和学说》第 8 卷第 8 节，下面简称"D. L."。

力量，都对创造整体有不可替代的帮助。不要试图搞单色化，不要片面夸大"有限""奇""一""雄""明""善"等，而企图抹杀"无限""偶""多""雌""暗""恶"等等。另一方面，二元要素又在对立中构成和谐的整体而非无序的杂碎。这和谐整体本身，便会呈现出"有限"（有规定）、"一"（单纯）、"光明"和"善"等特征。

毕达哥拉斯的伦理思想渗透着二元（多元）之中的和谐这一深刻见地。首先，他提出的两种生活形式——哲人入世与出世——便是如此，他不希望走极端而只取其中一种，但又希望这两种生活形式能构成一个完整的和谐生活。在导言中我们已经指出，本书不同意泛泛而论整个希腊及其伦理哲学的"产生—鼎盛—衰亡"的一大圆圈发展线条。这种从概念、从思辨出发的框框只会导致像汤姆逊那样把毕达哥拉斯派归为代表着"一个新兴的中间阶级走上坡路"那样的错误看法。[①] 如果人们不是从抽象的理论教条出发，而是从具体的时间、地点、处境入手，就可以辨认出在希腊伦理史中至少有过两次大的上升——下降的圆圈。毕达哥拉斯与赫拉克里特都属于第一圆圈中人，都处于第一波哲学潮的尾声阶段；在深层心态上，都具有"圆圈末"（广义"世纪末"）类型哲学通常的特点：饱经沧桑后对人生的深刻见解；对世事不抱肤浅乐观态度，而是深晓人间的种种苦难及人的本体意义上的"恶"。在对世界的激烈抨击中透出刻骨的失望或绝望，在指责现存伦理体制解决"内部问题"之失败时眼光开始从内部问题移开，而转向其他维度的生命问题。这类哲学在历史中还会不断引起同类哲学的共鸣，比如在希腊第二波哲学的尾段纷纷出现的"新毕达哥拉斯学派"与"新赫拉克里特学派"（比如斯多亚派）。

相比之下，毕达哥拉斯所处的时代、地域以及处境比赫拉克里特要稍好。毕达哥拉斯出生于公元前570年的萨摩斯（Samos），该城邦僭主波利克拉提斯（Polycrates）在外在事功方面显然做得很出色，使萨摩斯的权力与技术成就达到前所未有的高度。然而毕达哥拉斯决定移居

[①] 汤姆逊：《古代哲学家》，何子恒译，生活·读书·新知三联书店1963年版，第299页。

意大利的克罗同（KRS266）。可见哲人不会惑于一时的外在功业，而能深入感受到暴政之下的残酷，而且能感受更大范围（据记载他早年曾长期逗留于亚非诸国）中的人类命运。所以，沉重与悲观已经成了他的哲学基调之一。不过，克罗同毕竟还比较正常与发达，又没受到波斯的侵略威胁，所以毕达哥拉斯没有赫拉克里特那么绝望，那么完全"出世"。如果说赫拉克里特与斯多亚哲学更相近，那么毕达哥拉斯哲学则与斯多亚哲学前面的柏拉图哲学更有共通之处——其所处时代相似，其对生活的态度也相似，都是既对现实有了一定的失望，有相当的"出世"倾向，但又都还未完全放弃此世界，还在企图用哲学干预现世政治。（由于毕达哥拉斯的材料公认奇缺，不成系统，所以后来哲学史家无不在研究中或明或暗地运用了"推测"。然而我们与其凭靠生活在几千年之后的、大不一样的社会形态中的人的心态去推测，不如依靠时代相近、社会形态相近，有共鸣而且极可能有第一手资料的柏拉图去推测。这将是我们研究中的一个原则）两种倾向共存，形成毕达哥拉斯伦理生活形式理想的丰富复杂性。

我们首先讨论其"入世"一面。

二　政治和谐

政治生活一直是希腊生活的重要领域，但是过去多掌握在武人之手，其原则就不可能有很强的伦理意识。毕达哥拉斯派开始了哲学家以自觉的伦理智慧干预现实政治的西方学术传统。据说他在意大利为不少城邦立法，而且相当成功；"他在那里为意大利的希腊人立法，他和他的门徒获得极大的尊崇；他们几乎有三百人，出色地治理着城邦，把他们的政制搞成真正的贵族政治。"[①]

"到意大利进行贤哲立法"是如此之成功，以至于到了柏拉图那里都还是一个（潜意识之中？）如此具有吸引力的理想。然而这种立法的性质究竟如何呢？是"世袭贵族"式的？显然不可能，因为从外邦跑来

---

① 　D. L. Ⅷ, 3.

的人不会去倡导这种对自己的身份十分不利的政体。是"新兴工商阶级"？这是汤姆逊在其《古代哲学家》中提出的看法，并且得到后来英国的格思里和我国的杨适先生的赞同。汤姆逊的主要根据是赛尔特曼（Seltman）在《希腊铸币一览》中的一段话："居住于萨摩斯的宝石雕刻家内撒库斯生有一位赫赫有名的儿子毕达哥拉斯。他擅长金属工艺、数学和音乐，又是一位深沉的思想家。他大约是在公元前535年离开本乡前往克罗同的，在那儿他设计了一种铸币。"同时代有些其他城邦中也出现了和克罗同性格相同而与其他希腊货币的铸币的面貌不同的铸币。汤姆逊由此得出结论：毕达哥拉斯既然铸币，肯定积极参与以发展商品生产为目的的政治斗争。[①] 格思里又加上了阿里斯多克森（Aristoxenus）的记载作证据：毕达哥拉斯赞美和推动数的研究超过了任何人，并将它从商业活动中扭转开，将一切与数比拟。[②] 杨适先生进一步从商品交换关系和货币关系与人的抽象能力的发展（从而产生以"数"为本原的哲学）出发论证了这一看法。其实我们还可以再加上亚里士多德的一些论述，比如在谈到几种公正时，亚氏举出毕达哥拉斯派为例，说有一种"回报"公正（reciprocity）；而这种公正在亚里士多德的阐释中，乃是商品交换中的等价交换原则及货币的必要性。[③]

然而，我们还是觉得说毕达哥拉斯"代表新兴之富有工商阶级"的论点值得商榷。首先，有关论据全是推测性的，比如这货币究竟是不是毕达哥拉斯铸的呢？据推测应该是。推测的根据是他是宝石匠的儿子，擅长工艺。这位思想者擅长技艺也许确实是历史事实。但是总体来说，毕达哥拉斯是怎样定位自己的基本社会角色的？擅长工艺者？绝不是。外人显然也不是这么看的，否则菲罗斯的僭主不会在初次遭遇毕达哥拉斯时对其"职业"感到没把握，而问他"是什么人"。毕氏的回答也很有意思：是"一个哲学家"。这种回答在当时显然不像报出其他社会角色的回答那样令人明白（make sense），结果他便不得不用我们前

---

① 汤姆逊：《古代哲学家》，第283页。
② Guthrie, *A History of Greek Philosophy*（Ⅰ），p.177.
③ 杨适：《哲学的童年》，中国社会科学出版社1987年版，第120—125页。

面提到的"竞技场三种人"比喻来解释。孔子（以及经他改造而出现的"儒"阶层）也被人问过类似问题。虽然孔子由于"少也贱"而学会了多种技艺，但他并没将自己认同于传统的社会功能——技艺者角色，并感到很难将自己所代表阶层的新社会角色意义向旧的社会框架中人解释清楚（"吾何执？执御乎？执射乎？……"）。①

所以哲人与工商业的联系，也许并非"积极促进"，而只不过是作为工商业的研究者、旁观者，在其中发现"数字"关系的强大作用。（更可能是找到了在其他领域如音乐和医学中发现的真理的旁证）要注意在阿里斯多克森的上述引文中有一句"把数的研究从商业活动中扭转开"的话。这句话的意义不容轻视，其含义在普罗克洛斯（Proclus）的一段论述中有很好注脚：

> 我们将从对理论提供更有利的领域和有助于整个哲学之处开始，并模仿毕达哥拉斯派——他们有句名言："一个形状立下一个基础，而不是一个形状获得一份利润"，意思是值得研究的几何学是每条定理都为进一步研究打下基础，升华灵魂而不让它堕至感觉物体以满足人们日常需要的境地，不让它在此类追逐中忘却了灵魂转向更高事物（things above）的活动。②

实际上，在毕达哥拉斯的"竞技场三种人"比喻中已将商业阶级（第二种人）提出来加以批评了，而这与毕达哥拉斯哲学追求"定限"是相吻合的。商业原则即货币追求有一个最大特点，是在同质事物（货币）上进行无止境的追求。我们实在找不出还有什么人类活动的例子比此种生活形式更能说明毕达哥拉斯所批评的"恶无限"或无规定。在货币中找不到质和"结构—和谐"之美——那只有在被商品交换所必然忽视的使用价值中才能找到（有规定之量，有质之数）。

最后，如果克罗同等城邦在毕达哥拉斯时代是靠重视商业而发达

---

① 《论语》，9.2。
② Proclus, in Euclid, p.84.

的——靠毕达哥拉斯派的政策,则这种外部可见事迹应当为史家津津乐道地加以报道。史家不知道内部精微之事(尤其是毕达哥拉斯社团严禁外人了解其内部秘密),但对物质进程常常看得很清楚。然而我们并没有史家这方面的记载。

我们认为,既然毕达哥拉斯派的特点是用其哲学指导政治,那么,要了解其政治倾向,就必须首先弄清楚这种哲学的基本精神。毕达哥拉斯的"数论哲学"的本义究竟为何,历来是最争议不休的一个哲学史问题。仔细分析起来,在中、外早期思想史上都出现过的古人特有的"数的宇宙观"可以走几条路子,一种是以数作"神秘象征",比如"4象征公正";另一种则是算术以几何方式演化宇宙而创世,这在弄不清数与数之物体之区别的古代思维中完全可以理解。还有一种是数之比例构成了事物的本质——当下结构、秩序。这几条路,毕氏走的是哪一条?从我们现有材料看,恐怕已经很难弄清。而且,从各家记载的纷杂不同来推测,毕达哥拉斯及其学派也许各条路都尝试过。然而我们以为更为重要的,是上面说过的毕达哥拉斯数论哲学的基本精神——二元对立与和谐——这往往被表述为本原的本原,数后面的数:

  万物的本原是单一(单元,单位,monad),从这个单一产生了"不定的二"作为这个单一的质料,而单一是原因。从单一和不定的二产生出各种数……①

  数的要素是偶与奇,前者即无限,后者是有限。"一"(the one)由二者组成(因为一既是偶数又是奇数),而数由一产生;数则正如我说的,构成整个宇宙。②

  ……对于毕达哥拉斯派,有限者与无限者,以及"一"是万物的真实本体,而非仅仅属性。③

---

① D. L. 第8卷,第25—26节。
② 亚里士多德:《形而上学》,I,5。
③ 亚里士多德:《形而上学》,I,5。

这种哲学见解有几层意思。首先,"一""有限""规定"是事物的本质。任何一事物如果要成为与别的事物有区别的一个事物,必须要有其独特的规定——虽属性成分颇多而仍不失为"一个x"(自身同一性),即必须形成一个个体,一个单元,一个"一"。宇宙中有诸多历历有别之事物,便有许多的"一"。如果没有本质规定,则混为一片,陷入"不定"。"抓规定"或"把握有限",巴门尼德思想中已有。但毕达哥拉斯不同于巴门尼德极端化了的"空一",而讲有内容、有差别、有"多"的自身同一性。这些内容、差别与多便是具体事物一定的量,因为任何事物无不具有一定大小的量或比值("在一般经验中,不可能找到一种东西是不参与数的。")。然而此事物之所以是此事物,又是一个"一"。数也一样。据塞克斯都·恩披里克记载,毕达哥拉斯派认为"一切数都归于一,因为二是一个二,三也是一个三,连十也是一个最高的数,因此毕达哥拉斯断言万有的原则是一,因为每一个事物之称为一,是由于有了一"。①

如果与柏拉图的"相"作个比较,我们就更能理解"一"的真正内涵。毕达哥拉斯数论实际上也可以说是在寻找"相",或事物之本质规定。②所不同者,在于柏拉图在"本质定义"中找灵感,毕达哥拉斯则在"数"(公式、比例)中找根据。比如在回答"什么是宇宙"(本质规定)时,毕达哥拉斯可能会说:宇宙是"十",又是"一"。因为它有十个星球,然而这十个星球之"十"又不是十个分散孤立数的叠加,而是就是十、是一个十。③

两种本质规定理论,柏拉图的就显得空洞而未增加新信息,容易遭到亚里士多德的"只不过增添又一批同名者(x是x)"的批评。而数论却相当于说:x是y,从而有新内容,有解释力量。这也许可以解释为什么柏拉图的相论在晚年走入绝境后,又想起了毕达哥拉斯:

---

① 塞克斯都:《反对理论家》,10,260—261。
② "一"是形成或雄性的本原,它作用于"二"即质料或雌性的本原。参看汪子嵩等《希腊哲学史》(Ⅰ),人民出版社1988年版,第282页。
③ 参看汪子嵩等《希腊哲学史》(Ⅰ),第317页。

……那些比我们更靠近神的优秀的古人，传下了这个传统，即，无论什么存在的东西都是由"一"和"多"组成的，其中都有"有规定者"和"无规定者"……①

一般来说，"入世的"或想积极帮助政治改善的哲人，都会站在"有规定"方面（而不是像绝望于此世的人往往认同于宇宙之混曚无限），都企图用哲学智慧规范已经紊乱、失序的现实政治，主张用"礼""度"之类的有序规则和纪律驯服不安分的欲望与冲动，以恢复团体的凝聚力与活力。毕达哥拉斯处于入世与出世之间，还有"用哲学指导生活"这一方面，所以我们可以想见他的政治主张是社会有机统一体式的，而恐怕不会是工商阶级平民民主式的。

另一方面，毕达哥拉斯的"一"不是霸道的"空一"，而是宽容的、容纳多种力量的——仅仅企图在多元中寻找平衡点或"和谐"。这种政治思想有其深刻性，而且非常现实。人类社会不可能不存在各种势力集团，如果一切消归于大一，道德的使命也就终止。道德的意义正在于处理各种势力与要求的利益冲突之中。毕达哥拉斯派中有很强的医学背景："我们能力中最有智慧的是什么？医术。"他们常常把医学中得到的智慧运用于政治中。费罗劳斯（Philolaus）在论及宇宙和谐的条件时说：

既然诸第一原则既不相似，也不相同，那么必须要先有某种和谐，才可能使之构成一个宇宙秩序（cosmos）。事物倘若相似或相同，那就不需要和谐；但事物如果既不相似，又不相同，又不属于同等级别的，就必须以这样一种和谐联结在一起——如果它们要成为一个宇宙秩序体的部分的话。②

要构成一个政治秩序体（cosmos，而非杂乱聚居），也必须是各种

---

① 柏拉图：《菲丽布》，16C。
② Stotaeus Ecl. phys. i. 21，7d（DK44B6）。

政治力量共存——即使这些力量相互对立。因为只要比例与分寸得当，反而会像高音与低音共存、身体中各种体液共存时那样产生一个和谐的整体。因此可以推断，毕达哥拉斯是会容许商业经济存在与发展的，甚至可能通过引入度量衡之类的活动帮助它。但另一方面，他在政治上主张"优秀贤人"（aristocracy 的本义）体制，而不让工商经济生活因素渗入。① 甚至还用"公正"（反不平等）理论来压抑商品经济天生的不平等倾向。② 这样，便可以在社会各种因素中搞"平衡"与"和谐"。我们这个结论还可以从十分钦佩（并企图模仿？）毕达哥拉斯方案的柏拉图政治哲学理想（既不像斯巴达那样消灭商业，也不像雅典那样太纵容金钱的力量。在二者之间搞某种平衡）中得到印证，也可以从当这种努力失败时毕达哥拉斯是两面都不讨好、受到贵族派与民主派两种势力的激烈攻击中进一步推演出。

三 生命和谐

如果说毕达哥拉斯的"哲学指导政治"理念已经是在倡导相当反传统的生活形式，从而受到世人忌恨，那么他的另一方面、另一种新生活形式——完全出世的"神秘的"学说与实践——就更不能为当时希腊人理解与见容了。从物质形态上看，毕达哥拉斯"盟会"形成了老的生活世界中的一块格格不入并被众人猜疑、误解、讥笑、丑化的飞地。从后人（特别是我国传统研究者）评价看，这一方面的毕达哥拉斯是最受贬低的："迷信"、"荒谬"（居然相信"灵魂转世！"）。所以，我们也许需要多花点精力弄清这个新生活形式的真实原义与伦理后果。

学者常抱怨毕达哥拉斯派严守其学说秘密尤其"神秘内学"秘密的规则，因为这给今人研究带来麻烦。然而，实际上，"秘而不宣"的毕达哥拉斯教义已经或多或少地"泄密"了，比如古代就有人讲道：

---

① 盟会财产公有和共同生活，这本质上与商业型"生活形式"是对立的。（参看杨布里柯《毕达哥拉斯传》，第29—30节。）
② "他们认为相互义务和相等性是公正的特征，并发现这种特征存在于数中……"《亚里士多德残篇选》，第141—142页。

毕达哥拉斯对他的门徒们讲过些什么，没有一个人能够肯定地说出来，因为门徒们保持一种异乎寻常的缄默。可是，以下几点是众所周知的：首先，他认为灵魂是不朽的；其次，灵魂能够移居到其他生物体中去，而且循环往复出现，以致没有一件绝对新的东西；最后，因此可以说一切有生命的东西都是血缘相通的。[①]

对人的灵魂的终极关怀是毕达哥拉斯超出内部问题伦理学的标志点。关切人生，关切生死，关切生命的根本问题，这使得这种伦理学甚至已经突破了"伦理学"界限，而进入到准宗教或疗法哲学的领域。医学与音乐是毕达哥拉斯派的两大支柱。如何医治人的身心与灵魂，使之达到和谐与新生命，是这类哲学的根本目的。

然而从伦理学上讲，重要的是在毕达哥拉斯的这一层面上出现了"普爱层"伦理的迹象。由于这一层伦理和当时整个希腊所达到的道德水准差距太大，结果反而在不能理解中被丑化成各种"逸事"。比如毕达哥拉斯相信灵魂转世，有一次当有一只遭到痛打的狗逃过时，他就充满怜悯地喊叫道："住手！不要打它。它是我的一个朋友的灵魂；我听到它吠声时就认出了他"（KR268）。我不知道有多少人在读到这段故事时嘴边没浮起微笑，但我们应当同意所有微笑的人（至少在那一刻）没有达到毕达哥拉斯的道德境界。在此，不妨回顾一下荷马在《伊利亚特》中特意记载的一场"痛打"场景，只不过被打者是一个士兵塞尔西忒斯。他由于批评了长官而被"狠揍脊背和双肩"，"豆大的泪珠顺着脸颊滴淌，嵌金的王杖打出一条带血的隆起的条痕"。众士兵看了，"全都高兴得咧嘴哄笑"。[②] 我想，受过近代平等思想洗礼和"普爱"道德熏陶的读者不会跟着咧嘴哄笑。因为他们已无法认同这个场景背后的希腊古代伦理观念（上下有序，士兵怎可批评王爷）；他们甚至感到厌恶。同理，如果接受了"敬畏生命"的道德层次的人，则会赞许、至少理解毕达哥拉斯视一切动物为亲人（ὁμογενής）的信念了。毕达哥拉斯派是禁

---

① 波菲利：《毕达哥拉斯传》，第18节。
② 荷马：《伊利亚特》，第35页。

杀生的，在他们看来，杀生与杀人、吃人没有什么差别——同是一种生命灵魂运动，只不过此时附着形式不同。① 倘如此，则我们也能理解和同情毕达哥拉斯之死的故事。据传说记载，毕达哥拉斯之所以被杀，是由于他在追兵赶杀时，不肯践踏豆子而被抓住处死。② 不许吃"豆子"是毕达哥拉斯诸禁忌中重要的一种，其原因不明，有各种解释。但其中较合理的解释是：豆荚类似人；也即是说，是"生命"的象征。③ 生命普在于一切生物之中；不仅人如此，而且动物、植物亦如此；这原本是奥尔菲教信念。那么，毕达哥拉斯为了不违背自己敬畏生命的原则而死，就是可以理解并值得尊重的了。这正像我们应当理解而且尊敬一个不肯为逃命而一路踩死鸽子的真正佛教徒一样。

哲学史上的逸事不仅仅是逸事，它们往往集中表现出由于同时代人不能理解而加了问号（嘲弄地）的新原则。学者都同意毕达哥拉斯关心灵魂的轮回与向更高生命领域净化前进是由于哲人感受、传达了时代中（下层人民）对这个世界的失望与放弃。只有关切个体之生命和人生之苦难的人，才是这样意义的哲人（或宗教家）。他的价值取向不是哪位"王爷"的"战礼"、"荣誉"（名又如何？一将成名万骨枯），而是为传统贵族所不屑一顾的大众的生命。一切生命都是平等的，都是尊贵的，经过一定的净化努力，可以接近于神。这也是从奥尔菲教义中来的、以"苦难与再生"为基本思路的、从而与传统希腊信念格格不入的新东西。

毕达哥拉斯是如何引导苦难的、病态的灵魂走出苦难，走向和谐的呢？是通过一种与通常生活形式迥然不同的新生命之道。求名（战争与竞技中的"优秀"、"出众"）与求利（商业中对"更多货币"的追逐）容易使灵魂陷于失调、浮躁、焦虑、"不幸福"、无"一"、无"定"，涣散于外在忙碌之中。所以毕达哥拉斯社团对入门者的第一步训练是静默和种种律宗式的禁令训练。人们喜欢猜测那些禁忌的意思，并指出其与古老"禁忌"（taboo）的关系。不过我们认为，在毕达哥拉斯伦理治疗

---

① 据说毕达哥拉斯也对动物"讲道"。参看 Cornford, *From Religion to philosophy*, pp.201-202.
② D. L., Ⅷ 39，40。
③ 参看 Guthrie, *A History of Greek Philosophy*（Ⅰ），p.164.

体系中，这些禁令的基本目的是在用与现世生活相冲突（人世认为适宜，偏偏认为不宜）的禁令收回涣散不和谐（病态）之灵魂，使其逐渐有规范，有限度，有自身同一性。

既然一切"多"都是从"一"当中分离出去的，那么应当做的是重新环绕"一"或神或宇宙本体集拢诸"散多"。"神"不是传统的偶像崇拜，而是大光明（"火"），大和谐（数），大生命（和谐即生命即灵魂）、大宇宙天体。① 在哲学生活（毕达哥拉斯第一个将其定义为"爱智"——这意味着哲学不仅是理论学习，也是充满情绪力量的生存方式本身）当中，灵魂能接近最高宇宙境界。既然宇宙（神）是由诸天体按一定数比而组成的伟大和谐，那么当广漠浩瀚的天宇中亿万颗星星在缓缓、庄严地运行时，它怎能不会传送出最为宏伟、肃穆、壮美、安祥的音乐呢？天体运行中，"有的快些，有的慢些，运动得慢些的发出深厚的音调，快些的发出高昂的音调；由于它们之间的和谐的比率就产生了和谐的音乐"——"宇宙在歌唱"。②

在浸润入这种"天地有大美"的神秘而激动的天籁（天之逻各斯）之后，人们还会看重"角斗"或"买卖"吗？在明白了灵魂历经了千百年多少种低下生物形体苦难历程而终于一旦在哲学追求中跳出轮回、恢复大自由与大和谐之后，还会对一时的政治成败在意吗？

总结起来，毕达哥拉斯在伦理学上的意义在于对"西方进取"式现世激情第一次提出了系统的、激烈的批评，指出"无限度"（激情和欲望的特征）是恶，有限度（灵魂和谐）是善；提出了新的以追求真理为"好"（good）的哲学生活形式。这是一种忧患意识。并不是说新生活形式一经提出就取代了（或应该取代）老的生活形式，而是说它丰富、加深了原有的生活形式，使人知道在此世生活之外还有超越的一维值得追

---

① 格思里称毕达哥拉斯将"宇宙中心"从地球移开，置于"中心火"，是当时最为令人吃惊的创举（参看 Guthrie, *A History of Greek Philosophy*（Ⅰ），p.282）。
② 有关"宇宙音乐"的材料可参看 Guthrie, *A History of Greek Philosophy*（Ⅰ），pp.297–298。

求,从而使希腊精神避免了"单向度的人"的危险。[①]

不过,毕达哥拉斯还是尽力在"哲学指导生活"与"哲学本身即生活"这两种取向之间保持张力与和谐的。这种张力共存的两种新生活形式也相互影响:超时间之宇宙真理同时就是指导政治理想的依据(对立与和谐……),而反过来,毕达哥拉斯的未完全绝望与相当的现世关怀,又使他的超越"神学"虽然弥散着奥尔菲教义精神,却终究不归结为酒神式、迷狂式的,而以"有限度"、科学式、秩序式(日神的)等特征为基本质素。

毕达哥拉斯尚在"入世"与"出世"之间,而赫拉克里特走得更远了。

第四节 赫拉克里特之道

在哲学史长河中,赫拉克里特(盛年约为前500年)令人无法忘怀。与先秦庄子相似,他思想深奥,孤标傲世,言道之中透出一股独特的感染力:

> 女巫西比亚用她宣布神谕之口,说出了单调朴实的话。然而由于代神而言,她的声音响彻千古。(D. 92)
> 不要听我的,而要听道;智慧在于同意一切是一。(D. 50)

无疑,"道"乃赫拉克里特哲学的核心。(道即"逻各斯"λογος之意译。[②] 本节换用意译并不是要取代音译。无论音译与意译哲学术语都有其优点又有其弊病,所以,让读者知道所有译法而自行理会贯通,可能不失为一种补救)但是逻各斯—道究竟为何?哲人努力想向我们言

[①] 格思里指出:在毕达哥拉斯那里,"自我"已不像英雄时代那样仅仅等同于"外身"。(参看 Guthrie, *A History of Greek Philosophy*(Ⅰ), p.196)

[②] "道"或译为"逻各斯"(logos)。据学者研究,其义多达十余种(参看 Guthrie, *A History of Greek Philosophy*(Ⅰ), pp.419-434),大致归为两类:言说与真理。熔二义于一词,正好与老子之"道"相通。

道、传达何种真知？本节将阐明：赫拉克里特之道虽然常常贬低前此或同时其他道（逻各斯），实际上它从思辨高度汇总了我们已经讨论过的前苏格拉底伦理精神的精华；它既具备史诗对战争与大尺度时间的领悟及英雄高贵气派，又让人深切感受到神谕传统特有的那种对更高存在维度的敬畏，还包括了毕达哥拉斯的不少哲学洞见，如时间周期和新生活形式理想。然而，它又确实是一种全新的逻各斯——道，是一种无论在视野的广度还是在思考的深度上都远远超出前人的大智慧，是一种源源不断影响后来伦理思想的"响彻千古的声音"。所以，研究赫拉克里特的"伦理思想"不应当只去注意其一、两条提及人事的专门残篇，而应当把握与揭示赫氏哲学中所凝聚与升华了的古代型伦理智慧之总体世界观基础。

两千年来，震撼于道者纷纷赞叹与认同，评价之高，出人意料。[①] 但是各人所解读的，又多大相径庭，莫衷一是；似乎是在一次次验证这位"爱菲斯的晦涩哲人"的失望："这道虽常在（永存），人们在听到它之前与听到它时却总不能理解……"（D1）。"科学派"学者如科克、巴恩斯等视赫拉克里特为爱奥尼亚自然哲学之一员，"神秘派"释家如罗素、康福德和格思里却说赫氏正是这一传统的反动！不过，有一点是中外学者都同意的：赫拉克里特之道是"辩证法的典型"。

哲学问题起于常人共识所止之处。说赫氏之"道"描述了辩证法性，这是什么意思？进一步：世界为什么（可能）是"辩证"的？西方现代哲学主流感到"对立面的同一"（不是仅仅的"统一"）实在无法通过逻辑检查，所以根本拒斥辩证法。在我国正相反，由于过多闲谈（海德格尔义），辩证法成了耳熟能详的"自明"常识，人们不觉有忤——当然也不觉其对常识的巨大批判性与创新性。然而，枚举归纳不算论证，非辩证的"宣布"更没解决根基性问题。真正有意义的与其说是过早下全称判断："一切都……"，不如说是先逐个领域作艰苦而缜密的辩

[①] 骄傲的苏格拉底在谈到赫拉克里特时却小心翼翼："我所理解的部分是优美的。我敢说，我不理解的部分无疑也是优美的，但需要像一个潜水探宝者那样去追根究底"（D. L., Ⅱ 22）。推崇者还包括对立哲学流派的诸多大师级代表人物如黑格尔、尼采以及马克思、恩格斯和列宁。

证探索（如《精神现象学》之于精神史，《资本论》之于商品发展），对历史上辩证法大师一一作具体剖析，看看"辩证法"到底是什么，有几种（当然最终可能只是一种），从而逼近对辩证法是否可能的回答。本节解剖赫拉克里特之"道"，也是为了在讨论古代伦理智慧的深层世界观背景的哲学总结中，展示对辩证法的可能性有一种特殊的时间论和生命论的论证。

一 晦涩神秘——道非常道

最先为人瞩目的赫氏特点大概是他的独特逻各斯—言道之风格：句法矛盾，词法多义，充满隐喻、象征、双关、悖论，而且多处言及神与神谕。许多人惋惜说这表明人类思维初级阶段的"简陋"、"未摆脱宗教神秘之纠缠"。然而，一再激起各种哲学流派巨匠共鸣者，何陋之有？为什么不换个角度从逻各斯的本质想想：也许"神秘晦涩"的言道方式恰是解读赫氏之道的最佳入口？

哲学上的"神秘主义"往往意味着：（1）哲人通过非常规方法；（2）进入到超日常视角或超此世界层级的境界。[①]由于新尺度的巨大反常识性和质的截然不同，令洞见者惊愕无比，而不由地呼之以"神"。文风的"晦涩"则多反映了向日常世界道出此道（之领悟）的艰难。难道而强道之，首先要打破人对日常视角根深蒂固的自满，指出人的尺度并非自足、自然、唯一，还存在着其他角度、尺度与视野。这构成了赫拉克里特第一类"辩证法"——视角相对性：

猎㺄宁可在泥沼中而不愿在净水中嬉戏，鸡们却都浴于尘中。（D. 13）

海水既是最洁净的又是最肮脏的：对于鱼来说它可以饮用而且是维系生命之本，对于人，它不仅不能饮用而且会危及生命。（D. 61）

---

① 赫氏多次强调自己并非按常规方法研究哲学，不是任何人的学生，是从自身习得一切的。

医生竭力用各种法子割、灼、折磨其病人，并抱怨得不到应有的酬赏。……（D. 58）

然而由于常人太熟悉当下世界尺度了——人类身与心的本体构造就是适应于"这一个"视野下的整个思维模式的（参看柏拉图的"洞喻"），要震松或冲开人们的日常之道几乎不可能。为了启发人们理解人的尺度与更高尺度的深刻差异与莫大距离，赫拉克里特常常用一种三项依次类比的方法：①

在神看来，人是愚蠢的，正像在人看来，小孩是愚蠢的一样。（D. 79）
人的意见，只配给儿童当玩具。（K. 70）
最聪明的人与神相比只是一只猴子，犹如最漂亮的猴子与人相比也是最丑陋的一样。（D. 82）
不要像睡梦中的人那样行事和说话。（D. 73；参见 D. 71）

正像弗兰克尔指出的，这里有一个共同的公式，即 A/B=B/C，或者说：神／人＝人／小孩（动物），神之睡—人之醒—人之睡。一般人都理解 B/C，即与人相比，小孩、动物是公认的愚蠢低下的。赫拉克里特以此人人皆熟悉的对比关系为基础，上跃一级，指出我们人之上，更有层次，从那一层次看我们，则一切可敬可佩的、有"智慧"的公民们无不愚不可堪，正如我们看下一层存在物一样。②

必须注意的一点是，虽主张多层论，赫拉克里特却与庄子相同，是相对主义中的绝对主义，怀疑论后的真理论。其结论并不停在"各尺度

---

① 参看 Frankel 的分析，见 Mourelatos, ed., *The Pre-Socratics*, Princeton University Press, 1994, p.214ff.
② 封闭的人心大多仍难被震开。此道在日常耳朵听来必觉奇怪、可笑。不笑不足以为道。反之，从"神"的角度观人的思维行事，亦可笑。佛微笑，德谟克利特亦别号"笑"者。这笑含悲怆、含痛心，故赫拉克里特别号为"悲者"。所谓赫拉克里特的"贵族式傲慢"，当从这种众醉独醒、不胜孤独的激愤而非阶级立场中理解。

皆真、同无差别"上,而是深信"神"的视角是真理所在:

  最大的德行与智慧是正确之思:说出真理并按真理行事,按事物的本性认识它们。(D. 112)
  人类的本性没有智慧,只有神的本性才有。(D. 78)

二　河与火,圆与螺旋线——时间意象群

赫拉克里特领悟到的这种超出日常角度的"道"究竟是什么呢?让我们先来看看他的一句名言:

  这一普适于一切的[宇宙]秩序,既非神也非人创造的,过去一直是,现在是,将来也永远是:一团永恒的活火,在一定分寸上燃烧,在一定分寸上熄灭。(D. 30)

正如科克所说的:"这是一篇庄严的、精心推敲过的、令人肃然起敬的宣言,它以英雄史诗般的语言显示出它的来历不凡,这种纪念碑式的风格表明它很可能被赫拉克里特视为自己最重要观点的表达"。[1] 与"道"有内在紧密联系的"火"是赫氏残篇中的一个重要关键词。然而什么是"火"?不少学者如策勒、伯奈持认为它是实写,即赫氏之火是一种米利都学派式的宇宙始基或元素。但学者们又对为什么赫拉克里特要作这种缺乏经验证据支持的选择而感到困惑。我想,这些学者恐怕忘记了赫氏文体的刻意运用象征—神谕的特点,从而导致系统误读。如果严格遵循赫氏本人运思言道的特点,我们将发现"火"主要的是虚写,是一种象征意象。不仅"火",而且赫氏思想中的许多激动人心而又一直未得到令人满意的解释的意象,如"河""螺旋线""圆"等,都不应当理解为纯

---

[1] G. S. & J. E. Raven & Schofield, *The Presocratic Philosophers*: *A Critical History with a Selection of Texts*, Cambridge University Press, 1983, p.311;中译文引自杨适《哲学的童年》,中国社会科学出版社1987年版,第180页。

粹概念，而是象征。它们象征什么？什么东西无法言道而必须象征？是时间，是对时间的一种特殊领悟：超日常尺度的大一宇宙生命时间流。

先看一般时间，在我们习惯的空间—视觉思维模式中，时间确实"神秘"、陌生和难以理解。如果说存在者中有"辩证的"（对立面居然同一）的东西的话，时间当之无愧是一种：它将正相对立的东西同一起来。它是质的相融（合一、消逝）与相分（对立、区别）的同一、周期与非周期的同一、流逝与回归（可逆与不可逆）的同一。对这种神秘特征的把握，构成了赫氏"辩证法言道"中的第二类。

时间一维消逝，吞噬万物，令 A 不断变成非 A。亚里士多德说：时间首先是"毁灭"。①"河"也许是其最普遍象征，子在川上曰：逝者如斯夫。赫拉克里特也以其大量"河"喻著称：

事物的总体却像河水一样长流。

人不能两次踏入同一条河，人也不能真正稳固地把握任何有死的事物。事物既散开又聚拢，形成又消失，过来又离去。（D.91）

我们踏入又不踏入同一条河，我们存在又不存在。（D.81）

与时间的消逝性共存的，却是其奇特的"不消逝性"或自身回归性。时间必有周期。昼—夜—昼，夏—冬—夏，植物死去，下一代又以同一形态出现；星体运转，至其极端又复归……，似乎无不呈现出一种 A—$\overline{A}$—A 的回到自己。无此则无时间意识。古人对这一点感受特别强烈，其时间观多为"循环论"式的。古希腊人认为时间是一环形物：是一条蛇，一条环宇宙的大河，时间历程也就是一种环大地的圆形运动。埃及人古画中的人手持咬尾之蛇，也是表示时间的循环往复性。在东方，道家的"反者道之动"与佛家的"轮"，无不与对时间的这一特征的暗示紧密相关。赫拉克里特残篇中的暗示亦不少，最明白的一句当然是第 103 条残篇：

---

① 亚里士多德：《物理学》，张竹明译，商务印书馆1982年版，第130、134页。

在圆周上，起点和终点是共同的。（D.103）

如果说"河"主要是一种直线（"川"）式意象，象征时间的流逝性、自身相离性，非周期性等等，①那么"圆"则象征着时间的周期性与自身回归性。这两种意象的叠合，便是"螺旋线"（或"绳状"），是时间的自身等同又分离，周期中的非周期、流逝中的不断回归等"辩证性"的最好象征。我认为这正是久为人猜不透"谜底"所在的赫拉克里特这两条残篇的意蕴所在：

漂流器上直和曲的纹路是同一的。（D.59）
写下的句子是圆与直线的统一。②

"火"则更加以生动、有机的意象象征了时间的这种辩证性质：它既以焚毁万物的势不可当气派传达了时间的一维流逝，又以"在一定分寸上燃烧，在一定分寸上熄灭"的周期变化表征着时间不断回归自身的节律。

"太阳"在古人看来是火的集中代表：一团大火。而且太阳在天穹上的循环往复，又勾勒着时间的各种周期。日落、日升，这是"日"的划分原则；黄道运动中的冬至、夏至、春分、秋分，又是"季节"的决定者。这些在赫氏以及许多古希腊人看来，都是由于太阳这团大火燃（白天、夏日）与熄（黑夜、冬天）的有规则更替："太阳每日都是新的"（D.6）。"太阳在过去熄灭过，后来又点燃了"（M.58C）。"时间……在具有尺度、限度和周期之中运动，太阳是时间周期的管理者和监护者，因为它建立、管理、规定和揭示出变动和产生一切的季节……这样，太阳就成了至高无上的神的帮手了"。（D.100）

---

① "河"也还可以象征自身同一性；这同一条河，"环地大河"，等等。赫拉克里特还有许多其他"谜语"也指向时间，如捉虱童问盲荷马：何为我们看见并抓住的，我们却丢在身后；我们既没看见又没抓住的，却时时带着走？（D.56）
② 按科克与格思里，此句亦属残篇59。

赫氏在此已直接用"时间"一词了。但他为什么更多的是使用象征意象？这是因为日常"时间"概念已被空间化思维扭曲为与事物分离的"空框"。而赫氏所领悟把捉到的，却更是本然的、活生生的事物时间性，换句话说，就是事物（生命）自身——及其运动节律。①

三　自道观之——时间压缩——辩证法

时间的生命性、内容性与事物自身性决定了时间不止一种。有多少种存在，就有多少种时间节律，也就有多少种时间。不存在绝对、唯一的基准时间尺。比如，什么是"秒"？不同存在自然会由于自己的本体生存尺度而视某种节律为基本时间单位（"秒"），从而有不同的时间流系统。有"小年"，也有"大年"；有宏观时，也有微观时，还有宇观时。人参照太阳年以及自己的一呼一吸、一生一死，自然形成了人的"日"、"年"、"季"、"辈"时间单位以及甚感"正常"的时间流。极小节律（某些微生物的一生）与极大节律（宇宙的燃—熄—燃）所形成的时间系统必然是我们极难真正理解、把握与认同的。然而我们有什么理由否认那些也是"时间"呢？卡恩认为莱茵哈特(Reinhart)根据赫氏残篇 D. A. 19 与 D. A. 13 而分析出的由于不同时间单位的选择而得出不同"时间"的看法是很有意思的：

1. 一年——诸季节的一个循环周期。共有三个季节，每季 4 个月，每月 30 天，于是：$3 \times 4 \times 30 = 360$ 天。

2. 一代——由 30 年组成。这可看成一个"大月"，因为这个"月"的每一"天"都是一年。

3. "大年"——（Magnus Annus）它的每一"天"就人的一代，因为"大年"由 $30 \times 360 = 10800$ 个太阳年构成。②

---

① 学者指出：希腊罗马人的时间并非同质的——白天与黑夜，春夏与秋冬，都各有独自品质和生命。参看 Onians, , *The Origins of European Thought*, Cambridge University Press, 1954, p.413；维柯：《新科学》，第 182 页。

② 参看 Kahn, C. H., *The Art and Thought of Heraclitus*, Cambridge University Press, 1981, p.155；参看 D. 100，D. 28A（"想象的力量"）。

佛家与庄子也早已悟到由于本体尺度的不同，存在着不同的"秒"（以及"年"），从而不同的"时"。庄子云："朝菌不知晦朔，蟪蛄不知春秋，此小年也。楚之南有冥灵者，以五百岁为春，以五百岁为秋；上古有大椿者，以八千岁为春，以八千岁为秋。"（《大宗师》）

不同的"时"相互之间难以沟通。当不同的存在物处于各自的时系之中时，会感到（而且确实就是）"流速"正常，天经地义。正如费尔巴哈说的：每个存在者都满足于自身，没有一个存在者对于自身来说是有限的；存在者的尺度，也就是其理智的尺度："蜉蝣的生命，比起活得较长的动物来虽然显得特别短暂，但是，对于蜉蝣自身来说，这个短暂的生命已经很长了。"① 虽然"时"有多种，但赫拉克里特以大一宇宙时为本（一元论者）；一旦进入这一大尺度时间系，反观人世时系，就会顿感其加快与"收缩"。从而时间的流逝、吞噬本性便突然凸显出来。②

日常世界万物之所以历历在目，清晰可辨，有相对稳定的质，皆系参照一定的时系衡量——皆须在一定种类的物质律动周期（"时间单位"）中占有"一份"（moira）。比如"这房子两年没变"。而如果时间"加速"了，则本来间隔开的时间单位就会被"挤压"在一起，直线变成点，"年"就成"日"甚至变成"一瞬"。转眼间 A 已成非 A，岭已成谷，方生方死，方死方生；事物之间质的区别便会土崩瓦解，相反者会互渗乃至齐一，先后递起的状态也会"同时"（同一），这就是赫拉克里特"辩证法"之道的第三种：

> 大多数人的导师是赫西阿德，他们以为他最有智慧。其实他连白日与黑夜都不懂——它们实为一。（D. 57）
>
> 在我们身上，生和死，醒和睡，少和老都是同一的，因为这个变成那个，那个又再变成这个。（D. 88）

---

① 费尔巴哈：《费尔巴哈哲学著作选集》（下），生活·读书·新知三联书店 1962 年版，第 33 页。
② 棋（大时系中）未竟而柯（小时系中）已烂，即此类领悟。佛家亦深谙此道，故在劝人放弃此世之执着时常用"劫"（时间大叠加）效应来振聋发聩。

冷变热，热变冷，湿变干，干变湿。（D. 126）

当代分析实证哲学一派中研究赫拉克里特的著名学者巴恩斯，指责赫拉克里特对自己辩证法的论证不成立：相继者就等于"同一者"（醒睡相继，故醒睡一也），这是什么逻辑？对立面怎么会无差别（湿就是干）？巴恩斯认为赫拉克里特之所以会犯下这种"错误"，主要是在推论过程中有意无意地悄悄去掉了时间限定词，即赫拉克里特的推论逻辑等于是：由 x 在某时刻有某性质与 x 在另一时刻有另一性质，推出 x 既有某性质也有另一性质（即使它们是正相反对的性质）①：

$$Fx(t_1) \wedge F'x(t_2) \rightarrow Fx \wedge F'x$$

实证主义代表日常思维。然而赫氏所讲的恰恰不是日常角度的事。辩证法并非常识。②日常感性世界可以说是"反辩证法的"、质的稳定占上风的世界（"灵魂若异在，眼与耳就是坏的见证"。D. 107）。此世生活中，时间单位确实是逐一摆开，互不相涉。从而不同时段中发生的事必然与一定的"时间限定词"内在关联。但是，如果从大尺度时间反观人的时间，则后者顿时呈压缩、互渗与齐一之势。在这种视野中，"时间限定词"自然可以而且应当"去掉"。

永恒大火的生命十分贴切地象征这种辩证法洞见。首先，熊熊烈焰迅速摇曳，焚毁一切落入其手者，体现出在时间加快和压为一刹那的瞬息万变及对质的区别（日常万物秩序）的瓦解。而大火的熄灭，日常世界（水、土……）的出现，与其说是在讲自然元素的相互转化，不如说是在象征视野的退化，时间感的消失，以及固定不变式的此世界思维框架的形成。③

稳固的世界又将被大火烧掉。宇宙于是形成了一个"火→非火（世

---

① Barns J., *The Presocratic Philosophers*, Routledge, 1983, pp.63，76.
② 科克争辩说赫氏并不反常识。这虽属好心，然亦俗见。参看 Kirk, G. S. & J. E. Raven & Schofield, *The Presocratic Philosophers*, pp.195–200.
③ 参看残篇 D.36，D.117，D.95，D.11，D.96。与"自然哲学"不同，赫氏"宇宙论残篇"渗透着价值评判："上升的路（高贵、金子）"——火、生命、智慧、闪闪发光；"下降的路（坠落、下贱）"——土、尸体、愚呆、阴暗潮湿。

界、水、土）→火"的两级转化之律动。① 此种不断循环的周期，构成了宇观时间的基本单位：大秒（或"大年"）。② 一次大秒"跳动"在人看来固是极慢与恒久（在宇观时本身是"正常"，不快不慢），但在更巨大的时间流（须知整个存在自身是无限）反观之下，立即缩为一瞬。于是 ↘↗变为↘↗，即是："上升的路与下降的路是同一的"。（D. 60）这是更为宏观壮伟的时间意识，更大尺度下的对立同一，更为熊熊的漫天大火。

四 道与闻道——听的现象学

赫拉克里特所道为何？我们已分析了三种辩证法：视角相对性，时间的对立同一，以及"时间压缩效应"。三者紧密相连而又共同系之于"道"——逻各斯。既是视角的进与退，又并非只是主观呈象，而有客观的本体尺度之根据。所以，这种"道"应视为对辩证法的一种较为严整透彻的体悟与论证。

此道难道，我们的分析比赫氏的"神谕"恐怕好不了多少。如"进入"、"反观"、"层级"甚至"时间"，都是在日常使用中已受磨损之词，而且渗透着对象化、空间化思维框架的暗涵，与其说有助于道之道出，不如说同时在遮蔽道。也许，可尝试"构字法"？则"道"应是"火（一般的）——灵性生命（的）——公正（的）——时间（或）——宇宙大道"，也许，对道（出）的听（闻）更为重要，因为赫拉克里特之道凝聚着一种生存方式的态度，一种伦理生命的取向。赫氏极强调"听"，其残篇中提到过十几次。我们将试析其主要内容。

听首先是"倾听"。这表明道（真理）并不在我们，而在另一尺度。我们没有智慧，应当谦卑地开放自己去倾听，而不应像"狗对自己不识的一切都乱吠"。（D. 97）"智慧是一：认识贯穿一切、统治一切的计

---

① 这种律动是"时间"的"生—死—生"。当然，自人与此世界观之，是"死—生—死"："不死的是有死的，有死的是不死的，这些的生就是另一些的死，另一些的死也就是这些的生"（D. 62；参看 D. 717）。
② 参看残篇 D. 31，D. 36，D. 90。不少学者如卡恩已注意到与米利都学派讲"稀""浓"不同，赫氏更讲"转化"，而这与太阳运行的"至点"及转折有关。

划"。（D. 41）有机的大一时间是本体、本位所在之处，是唯一自足和绝对者。人只是大火中崩出的几点火星，而且又作为"隐火"内蕴于一元本体之中，并没自足与独立。

人们不禁要用"神"来称呼大一时间本体。然而，"唯有智慧是一，它既不愿意又愿意被人称为宙斯"。（D. 32）之所以愿意，是由于它"随心所欲普在一切而充盈——比充盈还更甚之"（D. 114），"是白天也是黑夜，是冬也是夏，是战也是和……"（D. 67）；之所以不愿意，是赫氏决不想与流行的偶像崇拜及游吟诗人智慧传统中的受制于命的"诸神"混为一谈，否则成了时间之中的多元论。也许，虽有构成成分而又超越其上而有更伟大独立生命的音乐旋律（时间艺术），才是这种一元论的更好象征（音乐辩证法无疑是赫氏偏爱的一个主题——参看 D. 51，D. 54）。音乐—诗—诗哲之语（道），是一种有机把握。科克与海德格尔皆指出"道"（Logos）在希腊词源中有"收集"义，然而这应当是有机的，自上而下的"集一"：

把握住（"合一"）：整体与非整体，合与分，和谐与不和谐，从一切生一，从一生一切。（D. 10）

这种"一"之道也就是"正义"（公正）：神圣的尺度、和谐和规律。在这一点上我们应该注意赫拉克里特与同讲"尺度"、"正义"的阿那克西曼德及毕达哥拉斯有别，后者说的更是日常世界的质的区别、规定性、勿相侵，前者讲的恰恰是对这些区分、规定的破坏与超出、贯一与打通：

对于神来说，万物都是好的，善的和公正的，而人们却认为有些东西不公正，有些东西公正。（D. 102）
世界上的最佳秩序也不过是一堆偶然堆积的垃圾而已。（D. 124）
隐藏的和谐比明显的和谐更好（更有力）。（D. 54）

这种隐藏（"自然爱隐藏自己"）的公正，由于它不顾人的意愿喜好而自行挟雷霆万钧横扫一切，似"不合理"，令人无法预知，在古代被此世界中的人恐惧、敬畏地体验为"命"（而不是神）、"时"、"流年"、"大化"、"大运"：

> 生命时间是个玩跳棋的儿童，王权执掌在儿童手中。（D.52）

人们企图躲避其"审判"，但"人怎能躲过永无止息的东西呢？"（D.16），个体必然受其制裁、控制："一切爬行的东西都被击打、驱赶到牧场"。（D.11）

个体欲获自由，就应当倾听"道"。而且，更重要的是善于思考、善于倾听，听道而能闻道。这是"听"的第二层含义。

这又有两层意思，根据道（说）之两种来区分。一是人的道说，二是自然自身在言道。人之道有日常的乃至"贤人、智者、诗人"的大量言说，固然不足道，甚而伤害"道"。西方思维一直偏于空间型，也许直至现代哲学与科学才稍有改观。赫拉克里特不断地愤怒警告："蠢人一听到什么道就兴奋"。（D.87）"那些觅金者掘土甚多而获金甚微"。（D.22）即使对赫氏言道，也不可照字面全盘接受，而应努力思索、体悟、得鱼忘筌："智慧在于不要听我的道，而要听其中共同的道……"。（D.50）

再者，与其沉溺于人籁，不如转向天籁。自然时时在"言说"，半隐半显地言说。一切日升日落，斗转星移，夏去冬来，万物荣衰，世事兴亡，"……既不公开说出，也没隐瞒，而是象征"。① 然而大多数人由于固滞于日常尺度，失去时间感和整一感，"不知道如何听……"（D.19），"对他们与之最常打交道的东西格格不入"。（D.71）"虽然此道永在，人们却永远理解不了它……尽管万物都根据此道生成，但人们像毫

---

① D.93。参看维柯《新科学》，第165页："自然界就是天帝的语言……"子曰："天何言哉，四时生焉，万物成焉……"占卜企图解读之，实则不占而已矣：闻道。

无经验过一样"。（D.1）

最后，"听"是"听从"，是闻道而能涉，整个生命大转换。这是生存论意义上的听，而非抽象的"听说、听课"。可惜许多人不明此义，听后即忘，生命不改："醒时是一，睡时又各归自己"。（D.89）而"人的性格就是人的命运"。如此性格，其命运将如何，自然可想而知。

耶格尔说赫氏是第一个关心生活的哲人。人生大事为生死，国家大事为兴亡。从大尺度时间反观，人世中一切均加快，对立感加强——"荣辱只在一瞬间"，时间转折点（对立面的交汇冲突点）即战争频频落入视野。对于旧事物这是毁，对于新事物这却是成。小毁小成，大毁大成。① 宇宙在不断衰败，也在不断更新自己。

令赫拉克里特悲哀的是，虽然当时国运已处于"下降的路"的最低点，虽然亚洲的希腊殖民城邦的鼎盛期已经逝去，其存在也将在波斯大军压迫下而不保。世界重心不久将向西移（往希腊本土）。可赫氏的同胞们却似乎失去了时间感和历史意识，沉溺于颓废享受之中，好像人不会死亡，历史不会转折，战火不会发生一样。② 绝望的赫拉克里特已经没有毕达哥拉斯的"入世改革"兴趣，认为现世无可救药，应统统"扔掉"。他本人则坚决辞位"出世"，与儿童"玩骰子"——但实又不能完全忘世，而不时用种种象征来警告世人，用种种近于公案式的道说来唤醒，唤上来世人与道偕行，在革故创新的大火中获得真正的永生。③

---

① 残篇 D.2S，D.8，D.80。
② 残篇 D.20："他们降生了，就希望活，紧紧抓住自己那份命。""命"（portions，moroi）有"生命时间""时段""命运""死亡"等义。注意这里赫氏充分运用希腊字的双关与多指。生命之事亦可参看庄子《大宗师》："人耳，人耳"！
③ 残篇 D.29，D.24，D.27，D.63。

第二章　城邦道德 I

公元前 6 世纪以降，当希腊海外殖民地在波斯帝国侵略的威胁下纷纷走入"下降的半圆"中时，希腊本土的文明却开始节节上升，并很快升至又一个历史新高峰。这个圆圈虽然与前一阶段有种种联系，但无论在政治体制、伦理精神、哲学视野上都具备与以氏族贵族社会为现实基础的前一波伦理精神截然有别的新特点，形成西方文化的又一个里程碑，被称为"古典"（classic）希腊。

这个时期的主要伦理舞台是"城邦"；无须赘言，其典型代表当然是公元前 5 世纪的雅典民主制城邦。环绕着这一核心，密织着多种多样的新的生命理想与道德逻各斯。希腊的两大潮流伦理哲学（主流——非主流）也正是在雅典的深刻社会斗争背景和深厚社会教养环境中展开的。本章将从四个方面切入，分析、考察雅典城邦的伦理精神：雅典内部的政治经济道德（公民本位）；雅典道德之从宏观角度中看（国际公正）；哲学对雅典式城邦道德的反思、维护与质疑（智者运动）；文学在城邦道德逻各斯中的作用（悲剧意义）。

第一节　公民本位

这一节的问题是：如何看待雅典城邦民主制的"道德"？

一般来说，"伦理学"容易让人联想到个人品德的修养，良心的造就，理性与情感的关系的合理处理等等。然而道德行为和评价的主体并不一定仅仅局限于个体人，也可以是团体。团体多种多样，有大有小，而"国家"（政体）是其中颇有特色也颇为重要的一种。有关国家的道德问题也就是政治伦理学的问题。一个体制为什么要取民主而不取专制？民主是否可以代议还是一定要直接参与？在各种集团利益冲突时如何行事方为"公正"？为什么评价一个政体为"好"（善），为什么抨击一个政体为"恶"？这些无不是道德的、价值的问题；这些道德问题的重要性毫不逊于个人层次的道德问题。实际上，国家（政治）道德主体的行事后果往往比个人道德主体的行事后果影响面要大得多。

所以，伦理学家自然要关心与个人道德不尽相同的国家（政体）道德。雅典城邦民主制为我们提供了一个分析和评价城邦国家层次上的道德意义的很好对象。这种国家政体的道德内涵，我们概括为"公民本位"。随着我们分析的展开，人们还将看到这个概念不仅指称一种政体（的道德），而且标志着一种全新的生活形式，一种占据古希腊人生活主要兴奋点的生存方式——"政治人"生活。

亚里士多德对"公民"有过精要的、正面的、政治权利性的定义：

全称的公民是"凡得参加司法事务和治权机构的人们……"

公民的普遍性质……是：（一）凡有权参加议事和审判职能的人，我们就可说他是那一城邦的公民；（二）城邦的一般含义就是为了要维持自给生活而具有足够人数的一个公民集团。

亚里士多德进一步指出，这一定义"对于民主政体最为合适"[①]，也就是说，对于雅典式城邦政体最为合适。我们不妨再加上一系列否定式的限定词，明确我们这里所用概念的基本内涵。所谓"公民本位"，就是：不是官本位，也不是奴隶本位，也不是外邦人本位，也不是个人本位。至于这些限定词究竟是什么意思，在我们下面的讨论中会逐渐明晰起来。

---

① 亚里士多德：《政治学》，1275a21，1275b5。

一 民主的可操作性

讨论雅典民主制的精神，就不能不想到著名的伯里克利的"葬礼致辞"。让我们先引其中一段话：

> 我们的制度是别人的模范，而不是我们模仿任何其他人的。我们的制度之所以被称为民主政治，因为政权是在全体公民手中，而不是在少数人手中。解决私人争端时，每个人在法律上都是平等的；让一个人负担公职优先于他人的时候，所考虑的不是某一个特殊阶级的成员，而是他们有真正才能。任何人，只要他能够对国家有所贡献，绝对不会因为贫穷而在政治上湮没无闻。[①]

雅典民主制是用成文法（对一切公民公开的法）确立下来的公民本位政治，它包含两重意义：（一）公民在政治地位上完全平等，共同自主决定社会共同体的方针大策（立法民主）；（二）公民参与行政管理工作（直接民主）。"民主"不一定非要同时包括这两层内容（如代议民主），但雅典是"全方位"式的公民本位制，两个方面一起存在。

这种民主制是雅典经历了公元前6至前5世纪的一系列政治改革完成的。从梭伦改革（前594—前591年）到克里斯提尼改革（前509年）、阿比泰德改革和伯里克利改革（前461年），各自出台的一系列措施都可以看作围绕这两层"民主"含义在展开。首先是逐步抬高公民的地位，限制"官本位"（往往由传统氏族贵族为代表）。比如梭伦的"解负令"使公民至少不至于由于经济竞争中的失败而坠出政治主权者范围而掉入奴隶阶级中。克里斯提尼改革确立官员由选举产生，执政官不得连任，只能任期一年，并且制定"贝壳放逐法"，将权势过大、有可能实行独裁从而威胁民主体制的"杰出人物"流放出国十年。[②]粉碎"官本位"之根深蒂固的观念后，方有可能顺利实施公民本位政治。由梭伦开

---

① 修昔底德：《伯罗奔尼撒战争史》，第130页。
② 参看亚里士多德《雅典政制》，22，i，3—4。

创的公民大会权力日益增长，一切立法、决策大事，都必须在公民大会上通过辩论和讨论进行。修昔底德的史书记载了大量这类大会决策。往往是两个彼此对立的建议提出来，在辩论中影响着公民的意见，意见不一定统一，最后举手表决，获票数多者通过。[①] 司法事务上，原告与被告都必须在"公正"方（法庭）面前论证（justify）自己的合理性，而不能靠武力解决或是由被告者自己充当裁判者。

公民不仅议政，而且直接参政，通过抽签轮流或通过选举担任诸如陪审员、市场监督员等等行政工作。[②] 阿里斯托芬所戏谑化描写的"在市场上生活"，夸张地把握住了一种新出现的生活形式——公民本位生活。人人皆政治家地生活着，整个城邦充满各种"声音"（逻各斯），大家都在说话：法庭辩论天天开席，公民大会上常有争论与表决，市场上相遇为相互关心的国家大事争得面红耳赤。所谓"大家都在说"，一方面是说政治问题要靠"说理"（而非暴力和阴谋）、理性、程序来解决，另一方面是"大家"都可以说，而不是只有宫廷、密室中有声音（有决策力量的声音），而整个社会却陷入"大沉默"。《伊利亚特》中奥德修斯鞭打士兵塞尔西忒斯的一幕与此恰成对比，含义深远。那个时候，那种社会体制下，只有"贵族"可以说（逻各斯）——合法（合伦理）地说。大众稍有发声企图，立刻被镇压于寂静。我们在诗性伦理智慧传统中，听不到民声。

所以我们现在所面对的，是与荷马价值体系完全不同的新道德。从老贵族道德标准看，新道德恰恰是不道德。麦加拉的狄奥格尼斯（Theognis）与名诗人品达（Pindar）的诗中充满这类悲叹。[③] 但是从新道德尺度看，这无疑是进步的，是合道德的，甚至是理想的。

有意思的是，"理想"的公民本位的最初动因却不是什么由哲学论证完备的道德理想，而是历史的现实境遇。梭伦改革前的雅典，贫富两极分化达到极端。几乎所有平民都负了富人的债，这意味着他们的前途

---

① 参看修昔底德《伯罗奔尼撒战争史》，第 215 页。
② 参看亚里士多德《雅典政制》，47，51。
③ 狄奥格尼斯：《遗诗》，291，53，847，699，425。参看汤姆逊《古代哲学家》，第 249 页。

是或被卖掉（奴隶），或者当下变成债主的终身劳役者（还是奴隶）。大规模的以重新分配利益格局（"公正"）为目标的暴乱迫在眉睫。

这种暴乱不能由武力镇压，因为公元前6世纪的作战方式发生了一场革命性变化。过去那种驾战车决胜负的荷马式个人贵族英雄已经被集体的重装兵方阵所取代了。新的装备不像过去的战骑式那样耗资昂贵，大量平民也可以承受；新的战术（方阵）需要大众的集体力量，平民的地位自然就提高了——不可能说谁想"镇压"就能镇压掉；新的作战方式使整个国家的总体身份感（identity）也随之加强——并肩作战的重装兵们，无论是贵族还是平民，自然会觉得相互是血肉相关之同胞。

不仅新作战方法抬高了平民的地位（从而使他们不能满足于受压迫地位而坚持自己的一份要求），新的商品生产方式的流行也使得致富的机会即获得权势位置的机会在原则上对一切人开放，而不是仅仅限制于出身（土地贵族）了。在殖民与贸易中获得的财富量正在超过平原上经营农业的地主们手中的财富量，这股货币力量能不在政治上提出自己的要求吗？

最后，历史有如此大形势，自然也会有个人"野心家"（从僭主到甚至伯里克利）出来顺势提高人民的地位，以借助同时达到自己个人在权力进取上的目的。①

我们必须注意的是，虽然民主改革的动力源于平民对贵族压迫的反抗，但是改革的结果并不是"平民大胜，消灭贵族"。在雅典，即使在其民主水准最高的公元前5世纪中、下叶，也从来不是一个单色的社会。各种势力集团从未被抹掉，各种政治俱乐部在斗争着，各种党派在交易着。平民固然掌握了许多权力，可是一开始震惊但后来很快适应局势的贵族也毫不逊色地加入新的民主政治游戏，而且由于财产和教养，玩得颇为出色。雅典公民本位的民主从更深的分析（利益集团分析）看，是一种"公正"，即各利益集团之间的张力平衡。雅典的民主改革之父梭伦是一个华盛顿式的世界史人物，他为民立法后坚决拒绝要他当

---

① 参看亚里士多德《雅典政制》，16，6—7。

僭主的请求，出国游历，从而使雅典走向民主与法治。[①] 他的改革措施以"中道"著称，曾受到当时不少人的责难和后来许多理想主义者的轻视。然而"中庸之道"可能正是民主真谛之一。一个社会中如果存在着多种利益集团，相互冲突，怎么办？办法无非两类，一类是彻底消灭一批集团，并在余下的集团中推广"大家庭……爱"原则，从而从根本上消除冲突。这类办法我们称为"理想主义"。另一类是承认利益冲突之不可避免性，只是在各集团之中寻找限制冲突过于激化的平衡点，这可称作"现实主义"。两类办法都以"公正"的名义在历史上被提出，被实践过。现在我们的任务不是评说哪一种是"正确的"，因为也许只能说哪一种办法在针对特定历史时期的特殊问题时是"有效的"。但无论如何，"现实主义"的公正不失为一种可行道德方案，如果面临的问题不宜用理想主义方法解决——或是认为那么做太残酷（代价太大），或是认为在一定的物质与认识发展阶段上利益集团之间的差异乃至对立消灭不掉（第二天又会有新对立出现）。从这个角度看民主，则"民主"不仅仅是简单的"大众当家"。谁是"大众"？这是一个没有经过阶级分析的肤浅概念。在一定历史阶段上，大众或公民必然由各种利益集团组成。从而，民主在政治上讲，就是让各种集团的声音（逻各斯）都有被听见的机会。不能让少数人独裁，也不能让大多数人的暴政扼杀少数人的说话机会。让各派声音都进入光天化日之下（透明），然后由"理性"根据各自的"理由"来决定取舍。我们前面提到的那段伯里克利致辞的下面接着是："我们雅典人自己决定我们的政策，或者把决议提交适当的讨论；因为我们认为言论和行动之间没有矛盾；最坏的是没适当地讨论其后果，就贸然行动。"[②]

行政官员职位既不是只对富人开放，也不是只对穷人开放，而是对一切公民开放——对"才能"开放。

从政治背后的集团势力分析看，梭伦改革是企图让各种力量得到表

---

① 参看普鲁塔克《希腊罗马名人传》，商务印书馆1990年版，第181页。
② 修昔底德：《伯罗奔尼撒战争史》，第132页。

达（平民——公民大会，贵族——元老院，中产阶级——四百人院）并达成一种均衡。用亚里士多德的话说："在他所创立的政体中，各个因素都被融合起来而各得其所——元老院保全了寡头作用（尚富政治），'执政人员的选举规程'着重才德标准（尚贤政治），而'公审法庭'则代表大众的意志（民主政治）。"① 过去的雅典是不均衡的，经济上贫富极端两极分化和氏族贵族政治使民众一方损伤过大，违反了"公正"，使社会机体有激剧震荡并出现瓦解之势；或者说，使宙斯愤怒。所以"民主改革"主要地便是在"大众"一方添加砝码，预阻恶性政治冲突爆发。梭伦有诗云：

> 人们总想用不正当的行为来发财致富；他们彼此明抢暗偷，甚至对于神圣的或公共的财产也不放过，并且没有防备给"公正"女神（Dike）找到可怕的把柄——她对于一切正在发生和已经发生的罪行总是默默加以注意，并且及时地、丝毫不爽地加以报应。那时整个城邦就会遭到一种不治之症的降临，不久便会丧失自由，诱发战争和自相残杀的斗争，而使许许多多的人毁灭于他们的青春时代。②

然而即使是梭伦，在抬高民众力量的同时，也没忘了加上元老院来搞平衡，"坚定地持盾于二派之间"（阻挡其互相残杀），③ 并设立了"四百人院"加以制约。他想，城邦有了这两个会议，它就好像下了两个锚，就比较不会受到巨浪的震撼，民众也就会大大地安静下来。④

所以，雅典主流伦理生活之公民本位民主，其实质正是"中道"。这一点，后来作为主流伦理学集大成者的亚里士多德十分清楚，并在哲学上给予了系统阐述。这种中道民主是一种十分现实的政治方案，同时

---

① 亚里士多德：《政治学》，1273b36—41。
② 《梭伦残篇》，3，11—20。
③ 参看《梭伦残篇》，5。
④ 参看普鲁塔克《希腊罗马名人传》，第186页。

也是（比理想主义方法）较为困难的方法。梭伦说过："要看出那唯一维持事物界限的智慧尺度，多么困难啊！"①在雅典民主的真正高峰时期，不仅个人与社会之间存在着张力和谐，而且在穷人与富人之间，也保持着一种既斗争又平衡的创造性局面，没有陷入哪一方过分增长的毁坏性格局。总之，是公民本位，而不是穷人本位或富人本位。

至此，"公民本位"的政治含义已初步阐明。我们在继续阐述公民本位的全部积极含义之前，必须首先明了它的负面含义。

二 民主的代价

全方位的公民政治生活形式需要强大的经济的、时间上的保障。黑格尔与马克思都认为劳动的许多必要部分是痛苦的、制约人的自由的、使人性的正常全面发展受损害的。"政治人"生活则由于它是人的自由自主的公共活动而被视为合乎人的本性。②希腊人也视劳作（toil 或 ponos）为人类的缺憾，是劳动者不得不为之的，是有死的人的命运。③在雅典城邦鼎盛期，公民们大部分时间都花在广场上进行"公共政治活动"，他们不得不承担的必要劳动负担怎么办？进一步说，私有经济必然导致两极分化，在雅典，经济竞争中的失败者不至于丧失公民身份和生活，那么是谁承受了失败？

危机被转嫁了。首先承受此被转移来的危机的，是奴隶。梭伦改革的最紧迫危机是"解除负担"，"解除危机"（seisachtheia）。从外表物质象征上说，就是要把插遍阿提卡地区的债权碑移去。梭伦做到了这一点，他很自傲：

> 他拔除了到处都竖着的债权碑；
> 以前土地是被束缚着的，现在她自由了。

---

① 参看《梭伦残篇》，16。梭伦是古希腊"七贤"之一，是智慧之士。
② 参看马克思《政治经济学批判》，第368页。
③ 参看阿伦特《人的境况》，王寅丽译，上海人民出版社2017年版，第3章。

因为债务而人身被押收，被卖出国为奴隶的雅典公民，也被梭伦解放了：

> 在他们如此漫长而遥远的颠沛流离之中，
> 说的已不再是阿提卡的语言，
> 由他从外国赎了回来，
> 而有的还留在这本乡本土，
> 被束缚在可耻的奴役的地位。
> （他说也把他们解放了）。①

雅典公民从此再也没有由于债务难偿而被卖为奴隶。雅典公民的本位地位被稳固建立起来，过上了全面发展的人性生活（政治的、文化的……）。其全面发展性，令近现代许多思想家感到叹为观止。相比之下，今日人们多束缚于片面的货币追求或在单调劳作的流水线上当零件，反而成了残缺之人——半人半非人。

但是，这种古典理想的"全人"之得以出现和持存，恰恰建立在另一大部分人的全部非人化之上。这些"非人"就是奴隶。从奴隶的标准定义中这一点显示得清清楚楚：奴隶等于"会说话的工具"。关于雅典自由民的生活是否建立在奴隶劳动之上，这是学者多少年来争论未休之事。然而从种种历史记载如希罗多德的《历史》、修昔底德的《伯罗奔尼撒战争史》、阿里斯托芬的喜剧、陶德的《希腊历史铭文》等中可以看到自由民基本上都拥有奴隶。奴隶被用于垦植、开矿、手艺及公共建筑等劳动中。②

从伦理逻各斯的角度上说，奴隶与其被定义为"会说话的工具"，不如定义为"不许说话的人"。为了让一批"自由公民"生活在说话与讲理性（逻各斯）的世界中，另一大批人就必须沉入完全的寂静之中。如果说语言、理性、政治发言权是人的本性，那么失去这种本性的人便

---

① 《梭伦残篇》，36。
② 参看汤姆逊《古代哲学家》，第219—225页。杨适，《哲学的童年》，第378页。

物化了，成了"人足"（andrapodon，有人之足，无人之首）。于是，便不是人。

危机不仅被转嫁在外族人奴隶上，而且被直接转嫁至海外。马克思曾对希腊海外移民运动在转嫁本族危机方面的意义作过分析：

> 在古代国家中，那就是希腊和罗马，以周期性地建立殖民地为形式的、强迫性的向外移民，构成社会结构当中的一个经常出现的环节。那些国家的整个制度建立在一定限制的人口数目上面，超过了这些限度就不能不危害到古代文明本身的存在条件。为什么呢？因为那时候人们完全不知道科学对于物质生产条件的运用。因此要保持文明的生活，人数就得逗留在少量的水平上面。否则，他们就免不了要遭受迫使自由公民变成奴隶的那种苦役的折磨。①

避免将本国人民逼为奴隶的办法不仅有海外殖民，在雅典国运（民主制）最盛时期中，还直接建立了准"帝国"，从各盟邦交纳的贡税中获得雅典公民脱离直接劳动生产而全身心地投入公民大会、陪审法庭、剧场与竞技场、节庆文化等富于人性的生存活动所必需的财力保证（"津贴"）。雅典的公民本位并不是全希腊本位，其道德眼界是有局限的。

三　代价付出之后

历史总是在支付代价的痛苦之中进行的。理想主义的伦理学（史）家倾向于设想一旦实施了他们精心设计的方案（"大同"、"市场"……），则一切皆大欢喜，人间天堂豁然出现。然而现实主义的看法是：一切（注意：不是一些）美好的进步都要付出代价。所以在伦理学中不应当问：为什么这事要付代价？或，有什么事可以不付代价？而是：付出代价后，换来的是什么？换来的是道德上值得的还是不值得的

---

① 马克思：《强迫移民》，《马克思恩格斯全集》第 8 卷，人民出版社 1979 年版，第 617 页。

东西？

在人类历史上的许多时期中，常常是沉痛的代价付出了，比如一批人整个一生以非人形式（受剥削、压迫）度过，然而换来的却是极端卑鄙、野蛮、非人性、不道德的东西。大量的财富曾经从人血中榨出来，只不过换形为少数人挥霍享受满足荒唐欲望的资本。或许有些作为固形物如宫殿建筑还可留给后人作美学观赏乃至门票收入？但是也还有皇帝如尼禄之辈为了满足自己私人刺激而一把火给烧掉了的。换句话说，历史常看到的是以社会中一部分人非人的代价，换来的还是另一批人为非人。（盖行尸走肉仍非完整意义上的人，仍是非人——只是方式不一样而已。这一点，马克思在论压迫者与被压迫者同为"异化"时分析得甚详尽。[①]）

雅典的公民本位民主制在伦理史上之所以值得肯定，在道德上当得起"好"（善）之评价，不是由于它没有付出过代价。实际上，它以许许多多的人从来都没有作为人而生活过的残酷机制，付出过沉痛的代价。然而它在付出代价之后，换来了有意义的、有价值的结果。一部分人的全部非人，确实让另一部分人成为全人。（对比之下，尼采类型的一些思想家不满意近代政体，是由于现在没有完全非人了，但也没有全人。）

所谓"全人"不是四肢齐全，而是指以属人的方式生活，指人的本质（如社会性、理性、自由、审美、全面发挥自己的能力等）得以充分实现。

首先，从个人与国家的关系讲，这里有一种难得的和谐。个人并非城邦的简单附属物，像在东方专制国家或斯巴达那里。公民是本位所在地，公民的"幸福"（其内容定义可以不同）是城邦活动的目的。雅典城邦在政治上是平等的，但在社会上仍然存在差异。有穷人，也有富人，有势利心理。但是，城邦没有让社会差异导致政治差异：一切公民在政治上是完全平等的。同时，城邦还运用政治力量在经济上适当平抑

---

① 参看马克思《1844年经济学哲学手稿》，人民出版社2000年版。

两极分化，尤其是使用国家津贴保证贫穷公民能够参政。富人有大量的奉献义务，或交给国家金钱，或直接承担"公共工作"，如支付节日中的歌队费用或负担海军的一条军舰。富人们不少是主动积极地参加公益事业的。后来由于内战失败，雅典人不是那么富有了，人们便试图使负担的分配更公平，规定1200名最富有的公民逐年支付军舰费用。[1]

反过来说，公民也不视城邦为外在的约束或异化的压迫，而是视为自己价值实现的唯一的、自然的领域。"城邦"不仅是一个地理概念，而且是一个精神实体。独立自由的公民为城邦工作也就是在为自己工作。希罗多德在分析雅典民主制的强大力量的原因时说：

> 雅典的实力就这样强大起来了。权利的平等不是在一个实例上，而是在许多例子上都证明是一件绝好的事情。因为当雅典人是在僭主统治下时，他们并不比任何邻人高明，可是一旦摆脱了僭主的桎梏，就远远超越了他们的邻人。这一点表明：当他们受着压迫的时候就好像是为主人作工的人一样，他们是宁可作胆小鬼的，但当他们被解放以后，每一个人便尽心竭力地为自己做事情了。[2]

公民本位并不是个人本位，它意味着人们的主要生活形式是政治的，是环绕着自己的国家的种种决策与贯彻而进行的。他们当然还有私的生活，但那是第二位的、不重要的、非本质的。伯里克利在"葬礼致辞"中这么概括：

> 在我们这里，每一个人所关心的，不仅是他自己的事务，而且也关心国家的事务：就是那些最忙于他们自己事务的人，对于一般政治也是很熟悉的——这是我们的特点：一个不关心政治的人，我们不说他是一个注意自己事务的人，而说他根本没有事务。[3]

---

[1] Rhodes, *The Greek City States*, Cambridge University Press, 2007, p.135.
[2] 希罗多德：《历史》，王嘉隽译，商务印书馆1959年版，第5卷，第78页。
[3] 修昔底德：《伯罗奔尼撒战争史》，第132页。

公民与城邦的认同的最高体现是他们为了国家的利益与荣耀会英勇奋战，不惜献出生命。"勇敢"这一古老品德现在已经由个人英雄主义的显现转变为一种集体——城邦的生存前提了。这不是强迫训练的结果，而是民主城邦生活方式中自然产生的。① "这就是这些人为它慷慨而战、慷慨而死的一个城邦，因为他们只要想到丧失了这个城邦，就不寒而栗"。② 国家对英勇战死的公民也报以很高荣誉，奉为民族英雄，并抚养其子女，这些勇士遗孤受国家教育，并在剧场上穿戴甲胄列队行进，接受人民祝福。

不仅在政治上，而且在生活的各个领域中，雅典城邦都以发展优秀公民为目的，使人作为人的生存质量得以提高。以塑造人为目的的教育课目包括音乐、体育、文法、数学、军事训练等等。我们读柏拉图的《对话录》，在哪儿遇上苏格拉底呢？他总是正要去练身房、竞技场，或是要去参加节庆，或是赶到哪儿去听新来的外邦哲学家、智术大师的讲学，或是赴庆贺得奖悲剧作家的会饮，并在酒后一起探讨什么是"美"的本质。这是整个雅典公民生活的生动写照。"美"（καλός）曾是贵族的特权，美与高贵不可分（而普通士兵是丑的）。但现在雅典人在身体与心灵上热心地刻意追求"美"，追求优秀，追求 arete。对自己整个身——心生命居然能上升至如此高峰而惊喜，欢欣，在戏剧、建筑、雕塑等等当中十分"自恋"地反复自我观照：

> 奇异的事情虽然多，却没有哪一件比人更奇异。他能在狂暴的南风下渡过灰色的海，在汹涌的波浪间冒险航行。对那不疲不倦的大地——最高的女神，他也要去搅扰她，用变种的马（骡子）耕地，犁头年年来回犁土。他用多眼的网兜捕那快乐的飞鸟、凶猛的走兽，驯服了鬃毛蓬松的马，使它们引颈受轭。他还学会了语言和像风一样快速的思想，知道怎样养成社会生活的习性，怎样在不利于露宿的时候躲避霜和雨。什么事情他都有办法对付，对未来的事

---

① W. Jaeger, *Paideia*（Ⅰ）, pp.105–107.
② 修昔底德:《伯罗奔尼撒战争史》, 第133页。

情也样样有办法；……①

这种全民族的多才多艺和文化教养，这种社会性的对"优秀"、"认识自己"的推崇而非仅仅沉溺于外在权势物欲的追求，加上政治宽容和学术自由的良好空气（"在私人生活中，我们是自由的和宽容的"②），使小城雅典成为即将出现辉煌的伦理思辨哲学大体系的温床。

最后我们想强调一下，雅典公民本位的民主政体是一个法治政体。"自由"不是随心所欲，恰恰是自己立法，自己遵守。荷马时期那种"无法无天"的王者现在已毫无可能存在。"王"在雅典改革中早已被逐步削权而最终消失。贵族们也必须接受法律的约束。"无法治"在当时希腊人听来是一个耻辱，就好像这个国家是由僭主在统治一样。雅典在法上面的认真，为西方"公正"层道德的发达，开了一个良好的头。

"普爱层"道德在雅典并没有出现。雅典虽然已经冲破了氏族部落的局限，但是还是自觉不自觉地把道德主体（及客体）的范围局限在几万公民之内。有无"公民身份"因此至关重要，是当时人们争论与采取立法调控的一个主题。③没此身份就是外邦人或奴隶；有，就是享有全权的公民。与这种"人观"相适应，当时"个人"（纯个体生命）意识并没觉醒。伯里克利在"葬礼致辞"的最后对死者家属安慰时，说的居然是"希望更多生一些儿女。在你们自己的家庭中，这些新生的儿女们会使你们忘记那些死者，他们也会帮助城邦填补死者的空位和保证它的安全。"④这完全是从功能角度看生命的意义。也许，除了社会性"荣誉"之外，这位雅典民主城邦伟大领袖并不知道人还有什么其他重要层面了。

---

① 索福克勒斯：《安提戈涅》，第335—373行。
② 修昔底德：《伯罗奔尼撒战争史》，第130页。
③ Rhodes, *The Greek City States*, pp.100–111.
④ 修昔底德：《伯罗奔尼撒战争史》，第136页。

第二节 国际公正

一幅完整的道德生活图景，不仅要包括个人层次的道德行为，而且要包括国家政体层次，甚至要超出国家而进入国际范围。国家作为道德主体，不仅在于其内部的、与个人之间的公正关系，而且在于它在国际社会中的表现。雅典并非全部希腊；"古典希腊"是由几百个城邦组成的、基本上是以雅典和斯巴达为两大领袖（海上帝国与大陆地国）的、与周边国家（如东方的波斯和后来北方的马其顿）发生着错综复杂的交往的国际社会大系统。这个层面上发生的道德活动本身就十分重要，有自身独特之处；而且，它会反过来影响一个城邦（如雅典）内部的道德品格。希腊丰富多样的伦理逻各斯（如智者的、史家的和柏拉图的）离开了这个层面中生存方式的影响，也是无法思议的。

这是一个十分值得深入探究的领域，本节将从国际社会道德行为的特色，"盟邦"与"霸权"的道德，以及"雅典／斯巴达"的对立与互补等三个方面入手做些纲要式分析。

一 在城邦之间

一般来说，讨论伦理学的人——甚至讨论政治伦理学的人——都容易忽视国际关系中的道德问题，忽视国家关系对国家内部道德的影响。具体说来，希腊主流伦理学在个人品德以及城邦公正上不厌其烦地反复辩难，详细考察，但一越出这界限，就或沉默寡语或惜墨如金了。苏格拉底把终生精力花在市场上与人讨论道德问题，揭露对方思虑不周详，劝告众人关心灵魂的完善。但他讨论的诸德性基本上是个人、家庭、宗教和城邦的，对国际之间的战争没表态。他能做到宁死不违背原则而放弃讨论道德问题或逃狱伤害法律。但他从没考虑是不是应该不参加伯罗奔尼撒战役，也没考虑这场战争的性质。柏拉图关于城邦公正提出了一个精致的三阶层"分工合作"的诠释，却没说过国际公正应当怎么办？是"国际分工"吗？亚里士多德可能是主流伦理学中对国际公正谈得最清楚、最多的了。他批评霸业国策，说"作为一个政治家而竟不顾他人的意愿，专心于制服并统治邻邦的策划，这是很可诧异的。这种统治实际是不合法的，一个政治家或立法家怎能设想到非法的事情？掌握了权力就不顾正义，这种不问是非（义或不义）的强迫统治总是非法的……人们对于他人（异族异邦的人），往往采取在自己人之间认为不义或不宜的手段而不以为耻。他们在自己人之间，处理内部事情的权威总要求以正义为依据，逢到自己以外的人们，他们就不讲正义了。这样的行径是荒谬的。"① 不过总的来说，亚里士多德在开了这样一个良好的头之后就停住了，没有像他分析公民和城邦道德那样地辟出大量篇幅来分析讨论宏观领域中道德的复杂情况，而且他有些话似乎还暗示对"非希腊人"扩张是有合理性的。②

忽视整体对部分的内在影响，本来是近现代哲学的一个通病。密尔顿·费斯克（Milton Fisk）曾指出从笛卡尔到分析哲学都有一种共同趋向，即认为部分可以而且应当先于整体加以考察研究；至于整体，由部分加以"堆合"即可。马克思主义与新马克思主义的政治理论也相似，多集中注意力于单个国家的分析上。③ 除了认识论模式上的局限之外，我们还可以想象一个评价论上的原因：人们往往认为国家内部存在着道德，是法治状态。至于国际领域，是霍布斯式的"一切人对一切人的战争"式的"自然状态"，没有法庭，没有仲裁者，不可能有道德。雅典的民主派领袖克里昂便对打算把宽容与怜悯之道德感情用于国际交往中的雅典群众痛加批评，要他们认识清楚这样一个"铁的事实"：存在着两个截然不同的领域，在国内是公民本位，平等、公开、道德主持一切；在国际上只能实行强权统治和阴谋，毫无道德可言：

> 因为在你们彼此之间的日常关系中，不受恐惧和阴谋的影响，你们就认为和你们同盟者的关系也是这样的。……你们不知道，你

---

① 亚里士多德：《政治学》，1324b24—40。
② 亚里士多德：《政治学》，1255a25—40。
③ 参看 M. Fisk, *State and Justice*, Cambridge University Press 1989, pp.221–222.

们的帝国是一个对属民统治的暴君统治；这些属民不喜欢它，总是阴谋反对你们的；你们不会牺牲你们自己的利益而给他们以恩惠，使他们服从你们；你们的领导权依靠你们自己的优越势力，而不是依靠他们对你们的好感。[①]

这种观点无疑抓住了希腊城邦之际关系的某些特点。"一体感"是道德的基础，而"共同目标"是对行为作道德评价的衡量标准。在荷马史诗描写的那个时代里，氏族内部是一体，氏族成员之间有道德可讲，对于外族人就失去了这个基础。在某些宗教或哲学如毕达哥拉斯的宇宙观中，整个生物界皆是一体，所以杀生是道德罪过，是被严令禁止的。在古典希腊的公民本位暨城邦本位的政治背景下，显然不存在希腊一体或世界一体。各个国家首先考虑自己的利益，并不觉得有把"共同利益"放在首位的道德义务。修昔底德记述了在伯罗奔尼撒战争爆发前伯里克利对斯巴达盟国的心态分析：

……他们没有一个慎重考虑的中央政权可以作出迅速果决的行动，因为他们都有平等的代表权，他们来自各个不同的国家，每个国家只关心它自己的利益——其结果，往往是一事无成，因为有些国家特别急于为它们自己报复一个敌人，而其他的国家并不那么焦急，以免自己受到损害。只有经过很长的间隔时期后，他们才举行会议；就是在会议中，他们也只花费一小部分的时间来考虑他们的共同利益，大部分的时间都花费在处理他们个别的事件上。[②]

盟国之间尚且如此，非盟国之间呢？雅典与斯巴达之间的关系似乎十分符合现代微观经济学中的"囚徒两难"困境——相互猜忌，难以真诚合作。它们各自外交政策就在于扩大自己的相对优势，避免让对方超过。假如均衡被打破，则不惜诉诸武力，摧毁对方势力，以战争来确保

[①] 修昔底德：《伯罗奔尼撒战争史》，第205页。
[②] 修昔底德：《伯罗奔尼撒战争史》，第101页。

本国的安全感（security）。

"道德"在希腊各国之间所起的作用确乎不如它在国家内部中所起的那样大。不过，如果认为它不起任何作用，也是片面之词。由于共同的地域、宗教、语言和习俗而形成的"希腊民族"，是一个虽然不像国家那么强有力但也具有相当约束力的邦际"一体"框架。在共同外敌（如波斯）的入侵威胁时，这种一体感尤其强烈地突现出来。斯巴达的温泉关壮举与雅典的萨拉米海战英雄业绩都是为全希腊存亡而战的著名古代美德典例。在希腊各城邦之间，"客人"、"求援者"（suppliants）是受保护的。这是高悬于宙斯名字下面的道德规范。奥德修斯在历险时，常常以自己所到之处的人们对待客人的态度来判定那儿有没有文明人的道德。像把客人吃掉的独眼巨人，显然属于野蛮民族了。在埃斯居罗斯的《求告人》一戏中，大量场景描述受迫害逃到外邦的人诉诸宙斯的公正——保护求告援助者——来请求当地国王加以保护。而国王由于害怕宙斯的愤怒也不顾危险答应了她们的请求。①

即使在国家间利益剧烈冲突时，也不是简单地采取"出兵消灭"方式。种种诉诸神和传统国际道德规范的言与行仍然在起作用。公元前431年，当伯罗奔尼撒战争拉开序幕时，斯巴达军队进攻普拉提亚，普拉提亚人派代表来提醒斯巴达人：当年斯巴达人曾在普拉提亚市场上在宙斯神前举行祭祀，保证不进攻普拉提亚，因此"我们向那些作誓言见证的神祇们，向你们祖先的神祇们，向我们本国的神祇们呼吁"，让诸神阻止斯巴达人破坏誓言的行动。斯巴达人在证明自己行动的合道德性时也诉之于神："普拉提亚地方的神祇们和英雄们，请你们为我作见证：从开始的时候起，我们就不是来侵略的，不过因为普拉提亚人首先破坏了他们和我们所订的条约，我们才侵入这个地方……"②。

国际行为的道德准则不仅受到神圣领域的保护，也由于国际社会舆论和习惯法的压力而确实在起着一定效用；各国决策者并不能对之完全

---

① 埃斯居罗斯：《求告人》，行391—647。
② 修昔底德：《伯罗奔尼撒战争史》，第155—157页。

忽略不顾。伯罗奔尼撒战争进行了四年之后，公元前 427 年，普拉提亚人投降。斯巴达人并没有立即搞种族灭绝，而是派审判官来听取他们的申诉。在普拉提亚人的长篇申诉词中，道德的因素被强调地提到：

> ……你们可以取我们的生命于俄顷之间，但是你们这种行动的恶名将永久不能被人忘记。我们不是你们所应当处罚的敌人，而是被迫和你们作战的朋友。因此，饶恕我们的生命才是正当的判决；你们也应当考虑到，我们是自愿向你们投降的，我们作为求告人的身份向你们伸出手来，希腊的法律是禁止在这种情况下杀害人的；同时，你们也应当考虑到，在我们整个历史中，我们是帮助过你们的。请你们看看你们父辈的坟墓，他们是被波斯人杀害而埋葬在我们的国土上的，我们每年以公费致祭他们，呈献衣裳和一切适当的祭品，把我国四季一切出产的第一批果实贡献给他们，……①

也许有人会说，"国际法"是软弱无力的，许多国家都在破坏它。在伯罗奔尼撒战争中（尤其后期），不少战胜的一方不顾传统惯例而杀死希腊俘虏或将其卖为奴隶。这些确实是事实。但是我们必须明了的是：道德毕竟不是法，即使是"准法层"（公正层）道德也还是道德。在国家内部范围中，它一般容易受到体制化的暴力机构保护，但也不是必然受到这种保护。道德特有的舆论与良心机制还是主导的维护与贯彻机制，而这种机制不能保障现实个体行为的一贯性。如果说在国际交往中有对惯例的破坏，有例外，那么难道在个人道德领域中就没有对规范的破坏和例外、就没有恶人残暴与放纵？在个人交往中，难道"道德"约束力就很大？

我们在看清国际领域中的道德作用后，可以进一步指出，由于我们前面所讲的缺乏"国家"意义上的希腊一体，国际道德的具体运作确乎要在各独立城邦的国家利益的框架中进行。也就是说，几乎每种国际行

---

① 修昔底德：《伯罗奔尼撒战争史》，第 222 页。

动都可以视为两种因素（功能的——为了国家利益，合法化的——为了能在国际社会上长久立足）的复杂交互作用的结果。如果仅仅顾到功能一面（functionalism），而完全不顾合法化（legitimatization），那么一国或可暂时获取相当利益，但长久地讲，必然失败。所以，深谙国际关系运作者，易于将道德的本质理解为十分现实的"长远利益"或"共同利益"（"公平地对待一个平等的国家比急于抓着一个表面上似乎有利而实际上很危险的便宜是更会得到真正的安全的"①），而不是理想化了的"高尚情操"。克里昂在批评雅典群众的国际政策态度时说得很冷酷："有怜悯之感，迷恋于巧妙的辩论因而误入迷途，宽大为怀，不念旧恶——这三个事情对于一个统治的国家都是十分有害的"。他还嘲讽地点明事情的实质：如果你们想博得"仁慈"的美名，"唯一的办法是放弃你们的帝国"。②

"帝国"是雅典城邦的政治经济繁荣的命脉所系之处，公民们当然不会想到放弃它。

二　盟约、霸权与公正

"帝国"在希腊的含义与近代的不尽相同，它主要指在国家水平之上，但又没形成标准国家的一种盟约共同体。这是一种介于"政府"与"无政府状态"之间的政治形式。它有"盟主"，但盟中各个城邦仍然是平等独立的国家。具体说来，在古典希腊时期曾有过两大主要联盟霸权——雅典帝国和斯巴达集团。

同盟之间、同盟内部的关系与交往体现了国际道德与国家利益的冲突与合作的各个方面。同盟当然是盟主的帝国霸权利益的工具。盟主从各同盟国中征收贡税（经济），接受赞美（荣誉），主持联合作战（政治）。然而，要维持"盟"的存在，就不能无限制地剥削加盟小国，就要对同盟小国的牺牲亦即盟主的获益加以一定的限制——这就是"公

---

① 修昔底德：《伯罗奔尼撒战争史》，第 85 页。
② 修昔底德：《伯罗奔尼撒战争史》，第 208—209 页。

正"。这种公正虽然不能彻底消除不满，但能在相当程度上缓解不满，从而使霸权统治得到合法化证明，持续下去。（卢梭说过，纯粹靠暴力无法形成真正的政治社会。）这种"自我限制"的形式是多种多样的，比如大国有时应当不惜牺牲自己的公民的生命作战而保证小国的和平与安全。当然，这种牺牲能带来很大的光荣和骄傲，而荣誉不失为一种更高（二阶的）"好"（good），所以盟主国也得到了相应补偿。

雅典同盟起始于斯巴达退出波斯战争的领导权后。当时，雅典挑起了领导希腊各国与波斯侵略者浴血奋战、解放所有被占领希腊城邦的战争重任。这是雅典帝国的道德合法性辩护："我们不是利用暴力取得这个帝国的，它是在你们（斯巴达人）不愿意和波斯人作战到底的时候，才归我们的。那个时候，我们的同盟者都自愿跑到我们这一边来，请求我们领导。"①

但是后来雅典没有处理好国家利益与盟内公正的关系，使得同盟离心力骤然增加。感到利益受到损害太大的同盟国控诉道："同盟的目的是解放希腊人，使他们免受波斯人的压迫，而不是要雅典来奴役希腊人。只要雅典人在领导的时候尊重我们的独立，我们是热心跟随他们的。但是当我们看见他们对于波斯的敌视愈来愈少，而关心奴役他们自己的同盟者愈来愈多，我们便开始恐惧了。"②

结果斯巴达同盟反而以公正的旗帜为号召（"消灭雅典帝国的奴役威胁！"）来组织各国与雅典作战。其时，"舆论的情感大致是倾向于斯巴达一方面的，尤其是因为他们宣布了他们的目的就是解放希腊。……一般的情绪都对雅典人感到气愤，无论那些想逃避他们的控制的人们也好，或者那些恐怕受到他们吞并的人们也好，……"③但是以冷静科学地寻找原因著称的史家修昔底德知道得很清楚，大国之间的利益均势的破坏，对战争的爆发起了很大作用："……这次战争的真正原因，照我看来，常常被争执的言辞掩盖了。使战争不可避免的真正原因是雅典势力

---

① 修昔底德：《伯罗奔尼撒战争史》，第68页。
② 修昔底德：《伯罗奔尼撒战争史》，第188页。
③ 修昔底德：《伯罗奔尼撒战争史》，第111页。

的增长和因而引起的斯巴达的恐惧。"①

三 斯巴达作为他者

伦理学史倾向于以雅典为中心，这是可以理解的，因为今日道德世界的主流是雅典类型的。但是，斯巴达的形象亦常常在雅典的背后露面，提醒研究者不要完全忽视它的存在。

首先，希腊之所以是一个丰富的伦理世界，希腊伦理思想之所以是一个丰富的伦理思想群体，离不开"雅典/斯巴达"两大截然有别的道德取向的对立、共存与互补，广而言之，它们还是整个西方文化上两种理想的源头，从而各有重要意义而都不可忽视。比如斯巴达并不仅仅是在搞"反动落后的氏族贵族奴隶主专制"（那无法解释它在当时与后来希腊人心目中的极高地位），而是在实施一种强道德—平等—教育治国的伦理范式。这种伦理取向实行多年，难道会一无是处？它当然有其致命弱点，然而究竟在何处？雅典由于是民主政治，所以虽然也属于"奴隶主统治"，但在近现代所受评价宽容得多了。然而人们也需要理解它的公民本位、自由中的公正等等是什么意思，从道德学上怎么评价。

其次，为了弄清雅典这一希腊伦理生活和伦理思想的聚焦点，我们必须从它与它的"他者"——斯巴达——的关系来看。"他者关系"内化为自己本质的辩证法，在好几个方面都表现得很有意思，值得深入探讨与反思。

让我们先考察一下斯巴达的生活和道德理想类型。斯巴达在古希腊，绝对不是以今日被丑化了的那个形象"呈现"于世的。它历史悠久，立法比大多数国家早，是一个在希腊世界中为人普遍尊重、羡慕、模仿的"理想城邦"。它的名声并不仅仅在于它的赫赫武功，恰恰在于它的"道德治国"政治体制。这种体制不把商业进取设立为"最高好"（good），甚至不设为任何"好"，而设为恶。（这是近代商业市场经济中的人所无法理解、视为荒谬的生活取向）它设立的终极目标是公民的平

---

① 修昔底德:《伯罗奔尼撒战争史》，第19页。

等、独立、闲暇以及豪迈向上的集体生活。

正如雅典的情况一样，斯巴达的强道德主义并非没有付出过代价，它以十分残酷的压迫整个希洛族人和"周边人"（perioikoi）为经济基础换来自己族内实行完全道德的前提条件："在斯巴达，自由人是世界上最自由的人，奴隶则是最彻底的奴隶。"① 也就是说，在付出别的人群的不得享受人性的、道德的生活的代价之后，斯巴达在自己的公民中推行了一系列"理想的"、道德的，相当人性的政策。据记载，斯巴达立法家吕库古采取了重新分配土地的果敢措施（注意梭伦在雅典并没这么做），解决了两极分化带来的贫富冲突及其特有道德弊病："他说服了同胞将所有的土地变成了一整块，然后重新加以分配。"② 每个自由民都分到平等的份地（allotment）。另外，还实行了公共食堂制度，使富人不能使用、也不能享用，甚至都不能玩赏或者炫耀自己富裕的财产。③ 根据亚里士多德的记载，当时许多人都认为斯巴达体制是民主的：第一，关于儿童的教养，在斯巴达是贫富相同的，他们以同样的文化标准教育富家和贫户的子弟。对于青年或成年的教育方针也是一律的。在衣食方面也贫富不相区别：在公共食桌上每人面前摆着一样的食品，富人所穿的都是穷人也照样能制备的极为朴素的服装。④ 从政治上讲，虽然斯巴达有很强的寡头制因素，如长老院权力很大，但人民对于长老享有选举权；而且，人民还有被选为监察官的权利（监察官有很大政治权力）。所以毋宁说斯巴达是一个在相当程度上兼顾了各方政治势力的综合型政体。⑤ 也正因为此，斯巴达在一个法治的希腊（而且大多是公民本位民主制的）世界中才能享有"拥有一部完美宪法"的美名。

斯巴达人在有了闲暇之后，十分注意对公民的优秀品质培养。"勇武"无疑是"优秀公民"的重要方面；但如果把它简单化为笨头笨脑，

---

① 普鲁塔克：《希腊罗马名人传》，第121页。
② 普鲁塔克：《希腊罗马名人传》，第95页。
③ 普鲁塔克：《希腊罗马名人传》，第97页。
④ 亚里士多德：《政治学》，1294b21—28。
⑤ 参看普鲁塔克《希腊罗马名人传》，商务印书馆1990年版，第92—94页。

不会说话的战争机器培养，那又是严重失实了。正如耶格尔指出的，斯巴达人还是十分重视艺术、体育、音乐等等文化方面修养的。[①] 举个具体例子来说，斯巴达人不是"不会说话"，而是"很会说话"：言简意赅，充满机智，抓住要点。比如斯巴达人代表团去雅典下"最后通牒"，只说："斯巴达希望和平。现在和平还是可能的，只要你们愿意给予希腊人以自由的话。"[②] 短短两句话，把自己的目的，对别人的威胁（武力的与道义的）表达得十分明白。有人问阿基达摩斯：斯巴达有多少人，他回答说："先生，多到足以拒恶人于国门之外。"[③] 当斯巴达人听说波斯侵略军浩浩荡荡，箭射起来可以遮天蔽日时，只说："好消息；我们将在荫凉下作战。"[④]

下面我们将从雅典和斯巴达互为"他者"的辩证关系入手，进一步阐述这两种主要希腊伦理生活理想的特征。

"互为他者"，有多方面意思。首先，两个城邦在价值追求上几乎处处对立，斯巴达走的是氏族大家庭之路。据说吕库古在公民中平分土地后，看着收获的土地中谷物整整齐齐，大小一样地堆放着，笑了；对身边的人说："整个拉科尼亚看起来多象是刚刚将田地分给许多兄弟的一个大家庭啊。"[⑤] "家"模式消灭人们的物欲（斯巴达将市场经济的工具——货币——造成无法流通的大铁块），消灭"私人"，将人们彻底汇入集体——"象是一群蜜蜂，孜孜不倦地使自己成为整个社会不可缺少的一部分，聚集在首领的周围，怀着近乎是忘我的热情和雄心壮志，将自身的一切隶属于国家。"[⑥] 这样，道德问题或利益冲突时问题的"理性解决"自然有了基础。人们在没被选入"杰出者"时会笑容满面地离开，因为他们庆幸城邦有比自己更杰出的人。

---

① W. Jaeger, *Paedeia*（Ⅰ），pp.97-98.
② 修昔底德：《伯罗奔尼撒战争史》，第98页。
③ 参看普鲁塔克《希腊罗马名人传》，商务印书馆1990年版，第110页。
④ 参看罗念生译《阿里斯托芬喜剧二种》，湖南人民出版社1981年版，第77页，有关斯巴达人的高度教养尤其是善于言道，还可参看柏拉图《普罗泰戈那》，342b以下。
⑤ 普鲁塔克：《希腊罗马名人传》，第96页。
⑥ 普鲁塔克：《希腊罗马名人传》，第117页。

雅典的"道德"则是另一种类型的。这个城邦从来没搞过土改，它容许私有财产的存在，鼓励工商业——在梭伦立法中，规定如果一个人没有教他儿子学会一种行业，他就不能强迫儿子赡养他。梭伦还要元老会议检查每一个人的谋生之道，惩罚没有行业的人。[①] 私有财产和工商业相结合，必然激起对货币的无止境追求的渴望，必然导致社会分化、贫富差别，导致"个人"从社会母体中的某种分离与独立。雅典是在容许这一切出现之后，再在贫富冲突中搞限制（中庸节制），在个体与城邦之间维持一种张力平衡而非绝对同一。所以虽然雅典生活在斯巴人眼中会被视为道德匮乏的，但雅典不是没有道德，而是有另一种类型的道德。

不同的制度取向形成了不同的国民性格或生存态度。科林斯人在一次由于激怒而不免带有偏颇情绪的批评中，向斯巴达人痛下忠言：

> 你们从来没有想到过，将来要和你们作战的这些雅典人是怎么样的一种人——他们和你们多么不同，实际上是完全不同的啊！一个雅典人总是一个革新者，他敏于下决心，也敏于把这个决心实现。而你们则善于保守事务的原况；你们从来没有创造过新的观念，你们的行动常常在没有达到目的的时候就突然停止了。其次，雅典人的勇敢常常超过了他们人力和物力的范围，常常违反他们的良好判断而去冒险，在危难之中，他们还能坚持自己的信念。而你们的天性总是想做得少于你们的力量所能够做到的；总是不相信自己的判断，不管这个判断是多么健全的，总是认为危险是永远没有办法可以挽救的。你们也想想这一点吧，他们果决而你们迟疑；他们总是在海外，而你们总是留在家乡，因为他们认为离开家乡愈远，则所得愈多，而你们认为任何迁动都会使你们既得的东西发生危险。……他们一生的时间都是继续不断地在艰苦危险的工作中度过的，很少享受他们的财产。他们把一个假期只看作是履行一种义务而已；他们宁愿艰苦而活动，不愿和平而安宁……你们整个生活

---

① 普鲁塔克：《希腊罗马名人传》，第190页。

方式,和他们比较起来,是已经过时了的。在政治上,也和在任何手艺上一样,新的办法必须排斥旧的方法。①

这段话淋漓尽致地表达了"近代"与"传统"、"进取革新"与"抱朴守纯"的两种人生态度。关键是斯巴达人并不认为自己的"落伍"生活方式有什么不好,并不认为凡是"现代"的,就是有价值的。在他们看来,"迟缓与慎重"和"智慧"与"贤明"一样好:"正因为我们有这些品质,所以只有我们在成功的时候不傲慢;在困难的时候不和其他人民一样易于屈服,当别人用阿谀来劝我们走向我们认为不必要的危险中的时候,我们不受阿谀的迷惑;当别人想用恶言来激怒我们的时候,我们也不至于因为自羞而采纳他们的意见。"② 这是斯巴达国王阿基达马斯对科林斯人批评斯巴达人"国民性"的反驳。至于工商生活形式苦心经营敛财聚富,在斯巴达价值观念之中,并不给人带来荣誉;而孜孜于手工技艺挣钱,在斯巴达人看来,更是对人性生活方式的贬损。他们有自己的价值尺度和生活追求:"随着金银货币的消失,诉讼案件也就理所当然地在他们当中消匿了。他们既不知道贪婪,也不知道匮乏,完全平等地享受社会福利。他们需求简朴,生活安逸。没有军事征伐的时日,合唱歌舞、节庆宴请、野外狩猎、健身活动以及社交往来就占满了他们的全部生活。"③

如果我们以为西方文化的来源完全是雅典,那就错了。读了这些关于斯巴达的生活理想(由于这是后人描述,肯定是理想化了。但其基本原则——动机与措施——却不会弄错)的描述,这些关于人的自由闲暇时间和对商业潜在危害(货币拜物教)的自觉限制,我们似乎可以看到"西方文化"两个来源:雅典更是政治民主的、市场经济的、英美自由主义的理想典范,而斯巴达更是对启蒙与资产阶级革命带来的平庸与非人性进行批判的、欧洲(德国)思辨传统的价值资源。至

---

① 修昔底德:《伯罗奔尼撒战争史》,第50页。
② 修昔底德:《伯罗奔尼撒战争史》,第60页。
③ 普鲁塔克:《希腊罗马名人传》,第116—117页。

今西方文化中这两种亚文化还在互相批评，此消彼长，使得西方人文世界图景激荡不息，气象万千；使得洛克与卢梭，罗尔斯与福科等等，谁也没有机会——也没有想过——取得"独尊 x 术，罢黜百家"的单调局面。

早在古典希腊时期，雅典就不是一个思想封闭的社会，国家对自由思考者的批评相当宽容；而思想家在批评自己城邦的现行体制时，亦往往以斯巴达为参照物，为（理想化了的）价值资源。这一点在色诺芬、阿里斯托芬、柏拉图身上表现得十分清楚。柏拉图的《理想国》可以说是斯巴达集体主义宪政的思辨总结——再加上毕达哥拉斯的"贤哲指导政治"原则，目的正是在于借助"大公"型政治范式纠正"私欲"精神过度侵蚀政治领域的当时雅典"民主制"实践。

反过来说，以雅典主流体制精神的理论总结者自居的亚里士多德在捍卫雅典政制的基本原则、阐发自己的"中道"政治哲学时，则常常自觉地拿出斯巴达政制作为对立面加以批评比照，分析"大公"型道德治国方案的固有深层问题，并批评当时流行的对斯巴达政体的"理想化"倾向。①

雅典与斯巴达在争夺霸权的长期斗争中保持了希腊的二元政治、价值体系的并存局势。当然，双方从愿望上讲并不想只停留在两大价值阵营"并存"上，而企图把自己的价值贯穿入对方内部去，比如斯巴达扶持雅典国内的贵族党人，不过这似乎并不成功。雅典我们还要谈，关于雅典的"他者"斯巴达的道德生活取向，我们想在这节结尾处作一点评论。斯巴达的强道德主义是在向历史（的特定发展阶段）、向人性作战，向个体解放、自由、欲望、消费等作战。为了防止这一切历史因素的导致两极分化——不平等——不道德的天然倾向，斯巴达用政治对经济进行强干预：按"人为"模式对"自然"结果强行重分配；压抑掉人的物欲，即压抑掉冲突之源。为此，还要避免与外部世界接触。前六世纪中

---

① 参看亚里士多德《政治学》，I，9，Ⅶ，14。

期之后，很少或几乎没有斯巴达人参加奥林匹克运动会。[1] 斯巴达人还不时召回自己长期在外作战的将军，担心他们到了海外，就会生活腐化。[2] 然而无论从心理学还是从社会学看，压抑总是很困难的、不自然的。"自然"因素总会寻找机会突破"人为"因素而冲出来。斯巴达后来的全面腐化不正说明了这种必然趋势吗？

必然性如此；从合理性上讲，也许只有人的种种"不道德"的虚荣心、权力欲或贪婪心的驱使，只有对抗与冲突，才使人类创造出比动物生活更高的文化生活来。否则，"人类的全部才智就会在一种美满的和睦、安逸与互亲互爱的阿迦底亚式的牧歌生活之中，永远被埋没在它们的胚胎里。"[3] 况且，人类为了解决冲突，也许能在历史进程中发展出更高水平上的道德方案与社会秩序。

第三节 智者语言游戏的两面性

雅典民主制伦理生活的一个不可分割现象是所谓"智者文化"。智者在当时和后来人们的评价中，往往被视作纯否定的，在道德上无建树的——如果不是破坏的话。黑格尔以后，人们开始这样或那样地肯定智者了。[4] 然而具体怎么看智者运动在希腊伦理生活与伦理思想史上的作用和地位，还有待细心分析研究。我们将首先规定智者的特征：智者是一种生活形式，一种以逻各斯（说话、逻辑地说或利用逻辑地说）为中心的生活形式，同时又是对这种生活形式的道德含义的哲学反思、论证和传授。之后，我们将进一步对智者运动进行辨析，指出在智者思想及实践中，"雅典圈"（希腊第二波哲学）伦理学的主流、非主流两大思潮已经正式登场。

---

[1] V.Ehrenberg, *From Solon to Socrate: Greek History and Civilization During the 6th and 5th Centuries,* Longmans Green, 1970, p.44.
[2] 修昔底德：《伯罗奔尼撒战争史》，第 68 页。
[3] 康德：《历史理性批判文集》，何兆武译，商务印书馆 1991 年版，第 7—8 页。
[4] 参看 G. B. Kerferd, *The Sophistic Movement,* Cambridge University Press，1981, pp.7–9.

一　智者语言游戏

什么是"智者"？定义纷繁。往前追溯，可以发现"*Sophos*"被广泛地用于有任何一技之长并据以教授别人者。① 在同时代的柏拉图《智者》中，给出了七种基本上是贬义的定义。智者是"哲学家"？是"专业教师"？是"传授修辞学的"？是"知识零售商"？这些定义都不无正确之处。不过如果我们想避开术语的遮蔽而回到原初事实，那么应当看到，智者的最有代表性的特征是"说话"——逻各斯。如果说每个行业都以其特定的活动过程（生存形式）为其本质规定，那么智者的本质生存样式就是异乎寻常地、高度亢奋地、全神贯注地沉浸在说话中——或在有钱朋友的宽敞客厅中，或在市场的公开场合中，或在节日庆典上，或在外交出使中；② 既有准备好的长篇大论，也不怕任何人提出挑战，可以当场口锋犀利地回答。③ 这使他们不同于一般意义上的"哲人"，哲人可以言说，但多沉默。如果将哲人夸张地比作"脑"，那么智者当比作"口"。在公元前5世纪的希腊，普遍认为口头讲话比书写要更重要，更为本真。④ 智者固然也写过东西，比如语言理论和修辞讲稿，⑤ 但这不是他们的最终目的；目的在于活生生的、进行中的"说话"，而这正是"逻各斯"的本义。

今日我们读到的已经是冷凝下来的、物化的、无声无息的"智者作品"——种种辩论辞，如高尔吉亚的《海伦颂》⑥和修昔底德的几十篇外交讲演辞。但是我们不可忘了这种生活形式的原初的、本真的进行状态，不可忘了它原本是慷慨激昂、"声调浑沉"、"气势磅礴毫不畏惧"的咄咄逼人的侃侃而谈。

---

① Guthrie, *A History of Greek Philosophy*（Ⅲ）, pp.27–30.
② 参看 Guthrie, *A History of Greek Philosophy*（Ⅰ），第41页；参看策勒尔《希腊哲学史纲》，翁绍军译，山东人民出版社1992年版，第85页。
③ Guthrie, *A History of Greek Philosophy*（Ⅲ）, p.43.
④ H. D. Rankin, *Sophists, Socrates, and Cynics*, Barns and Noble Books, 1983, p.15.
⑤ Guthrie, *A History of Greek Philosophy*（Ⅲ）, p.44.
⑥ 参看汪子嵩等《希腊哲学史》（Ⅱ），人民出版社1988年版，第44页。

进一步讲，说话可以有多种，智者的说话显然以"游戏地说"（play）为其特征。也就是说，逻各斯（λόγος）表现为设法论证相反两种逻各斯都能成立（*disso logoi*，antilogic）。著名智者高尔吉亚的"存在三命题"：（一）无物存在；（二）即使存在某物，人们也不可能把握；（三）即使把握了，人们也无法表述给别人。每个命题都有"严格论证"，其论证可谓雄辩滔滔，逻辑上环环相扣，步步推进，穷尽各种可能。然而学者历来怀疑这到底是诚心真意地在探讨哲学，还是在开巴门尼德的玩笑——在进行语言游戏（play）。也就是说，高尔吉亚可能并不真相信自己说的这一大套话，只是力图表明，像巴门尼德那么"严谨"的"话"，仍然可以用同一种逻辑，同一套说话方式，严密地推出相反的"话"。要注意，高尔吉亚是很看重"嘲弄"的意义的："你可以用嘲弄去破坏论敌的严肃性，又可以用严肃性去破坏他们的嘲弄。"（DK82B12）高尔吉亚的其他辩辞，也可作如是观。比如《海伦颂》也许并不一定是真要给海伦平反昭雪，而是表明，既然已经有了"正题"（logos）即希腊传统的对海伦"大罪"的流行说法，他就凿凿有据地证明"反题"（antilogic）即海伦无罪的说法也完全成立，从而教导人们知道修辞的力量。

说智者逻各斯是"语言游戏"，还有更深一层意思。维特根斯坦在其后期哲学中提出了语言的游戏说，认为语言并没有一个单一本质，并非一种，而是有许许多多的"语言"，每一种"语言"都可视为一种"游戏"。"游戏"比喻主要不是取其"娱乐"（play）方面，而是取其按约定规则自成体系地活动（game）含义，即每种语言都有相对独立性，都顺畅地服务于一定的功能，没必要、也很难归纳入一种"普遍语言"中。

从这种观点看，智者式"语言游戏"与史诗式"语言游戏"显然是两种类型的逻各斯。史诗是借助神话讲故事（narrative），讲人类在时间中，在一个统一的价值框架中的感性活动，是对已经发生的事的客观描述和训诫警告。智者辩辞则是以说话者为主体的论辩（argument），是对一个（一系列）命题进行概念（术语）上的分析、根据上的探讨，不惜触动大的价值框架本身，以说服人改变决策为目的。如果说两种语言游戏都有"以言行事"的作用，那么诗性逻各斯还是间接的、隐晦的，智者辩辞就是直接的、公开的，即相信"说"的力量可以操作（play）世界。高尔吉亚在《海伦颂》中自豪地说："语言是一种强大的力量，它以微小到不可见的方式达到最神奇的效果。它能驱散恐惧，消除悲伤，创造快乐，增进怜悯"，其力量不可抗拒。（DK82B11，第8段）

维特根斯坦认为一种语言游戏必定是一种特定的生活形式（form of life）的内在组成部分，浑然一体而无法区分。那么语言游戏（games）的变化，必然意味着生活形式的变化。智者式的"说话"（逻各斯）本身能起"极大效用"的语言游戏正是立足于一个以言行事（而不是以武力或书本行事）的生活世界之中。从雅典内部看（见第一节），雅典民主制生活形式有两个特点，第一个是公民政治人的"对谈论证"，即让人把话都说出来，倾听，然后根据说者的逻辑—情感说服力，决定取舍。所有关乎人命（司法）、国运（立法与行政）的政治大事，都须在公开的、透明的陪审法庭和公民大会上通过"说"和"听"来解决。它只承认听众的自主理性判断力，只容许"说服"，不承认金钱或君权的效准。第二个是民主制及其领袖伯里克利的宽容政策：容许存在多元思想，对各种文化与价值感兴趣，不打算由国家出面澄清当时雅典由于新老框架交叠而出现的伦理概念混乱。相反，全社会都在饶有兴趣地"听"各派哲人的讨论。

所以雅典公民的主导生活形式是"政治—言说"或整天上市场参加自由的、公共的、公开的争论，在法庭中"控诉"着或"辩护"着，（比较；近代人主导生活形式是"经济——买进卖出"）以至于雅典后来的领导人克里昂批评雅典人完全生活在言语之中："你们经常是言辞的欣赏者；至于行动，你们只是从人家的叙述中听来的；如果将来需要做什么事情的时候，你们只是从听到关于这个问题的一篇好的演说辞来估计可能性；至于过去的事情，你们不根据你们亲眼所看见的事实，而根据你们所听到关于这些事实的巧妙言辞评论……"，最大的愿望是自己能够演说，不能的话就从别人的演说中思考，无法直接考虑眼前的生活事实。① 当然雅典人不会在此指责面前让步，接着克里昂发言的"攸克拉底的儿子戴奥多都斯"便针锋相对地主张："常常讨论重要问题"是非常关键的事；只要发言者都遵循公平、诚实的游戏规则。②

在国际领域中，正如我们前面已指明的，不存在一个大君主专制"希腊"，不存在一种为各邦共同信奉的价值体系。经常的联盟与战争、和平与冲突是当时的宏观生存背景。这也使得逻各斯（说话＝"晓以大义"，"动以利害"）至关重要。修昔底德的史书中动不动就迸发出长篇大论来，有许多显然不是"真实的"当场记录，而是修昔底德自己的"复原"，是他认为各个场合应当说的演说辞。然而正因为这种国际范围的"以言行事"确乎是当时的生活形式，史家才会这么去"复原"。

总之，新的语言游戏的权势（如雅典陪审法庭上的逻各斯）和力量（如国际出使）已经在渐渐树立起来，而古老的、与人的理性自主决断相悖的、单向训导的逻各斯权势（如神谕和传统叙事）正在渐渐失势或退出主导生活形式的中心地带。人不是抽象的生物体，人就是人的生活形式。新一代生活形式或新一代雅典人需要新的教化：自主的、推理的、辩论的、思考的雅典公民已经不能由荷马教导出来了，这些新优秀品性的造就需要新的教师，新的 *sophos*。

帝国公民需要"优秀"品格，帝国繁荣的经济与极高声望也吸引了希腊各地第一波哲学尾声中的哲人纷纷来雅典传授"优秀"，教化新人；"我们的城邦这样伟大，它使全世界各地一切好的东西都充分地带给我们，使我们享受外国的东西，正好像是我们本地的出产品一样。"（伯里克利语）"凡是在西西里、意大利、塞浦路斯、埃及、吕底亚、本都、伯罗奔尼撒或任何其他地方所能找着的合意的东西，都被带到雅典来了，因为它是海上霸国。"③ 智者们从各地纷纷到来，但是没有从强大的或霸主地位国家来的。不少人来自希腊本土之外的城邦，正如我们前

---

① 修昔底德：《伯罗奔尼撒战争史》，第 205 页。
② 修昔底德：《伯罗奔尼撒战争史》，第 210 页。
③ 伪色诺芬：《雅典政制》，ii. 7。

一章中已指明的，这些海外城邦的上升阶段往往已经逝去，像普罗泰戈那的家乡小亚的阿布德拉以及克拉底鲁的老师赫拉克里特的家乡以弗所，当时已被波斯攻占。这也许可以部分地解释虽然雅典当时处于蓬勃向上时期，而智者哲学却普遍缺乏上升期（早期）哲学特有的无畏、自信、外向与理论热情，相反却对人性和人的认识能力普遍持怀疑态度（普罗第科来自以厌世著称的塞俄斯①）；可以解释他们已不再有"上升期"特有的与某一价值框架认同的直接性品格，而是开始研究、反思各种价值框架本身的合理性，开始探刻地思考人与人的命运（而不是流于肤浅地歌颂人与人的伟大）；也就是通常所说的，开始了"人学转向"。

这种深沉的反思，加上"论辩"式语言游戏的"超越性"特点——论辩行为本身要求辩者不能浸入某一特定框架，必须能够对多种可能域或多种立场的大前提本身进行思考，看其能否被论证或否证——使得智者们那里第一次出现了理论伦理学，亦即对一系列道德概念进行思考和剖析。

智者人数众多，从来没形成过一个统一"学派"，在伦理思想上也各说一套。我们在下面将其分为两大类：主流的与反主流的。这种双重倾向并存的情况与智者的哲学范本——伊利亚学派——对后人的影响也正相似。在巴门尼德和芝诺的论证中，我们可以看到对人类刚刚自觉到的形式逻辑的力量的欣喜与夸张式地运用。这在希腊哲学史上造成了深刻变化。可以看到，"严守逻辑"，"逻辑胜过现实"，"在 to be 层次谈问题"，"善辩"，"好辩"乃至"诡辩"等等，成了后来无论主流还是非主流希腊哲学的共同特点。

二　主流伦理学之发轫

总给人以"诡辩"、"相对主义"印象的智者可能具有"主流伦理学"这个方面吗？可能的。别忘了普罗泰戈那曾受伯里克利信托为雅典

---

① 策勒尔：《希腊哲学史纲》，第90页。

公元前 443 年在意大利建立的殖民地苏里（Thurri）立法。

雅典主流伦理生活是以公民为本位的法治生活。这种体制的理论合法性怎么建立？它的基本前提（见第一节）是公民本位（自由、独立、平等、一切权力之源）和公民能力（并非只有手艺上的"优秀"本领，也具有行使政治权力的"优秀本领"）。对这两点的实存进行论证，应当是民主制的道德学上的基本辩护。

智者的不少言论是与此有关的。

智者中受到古今学者（包括贬低智者的柏拉图）普遍尊重的、被认为不仅在教演讲术，而且进行认真哲学思考的是普罗泰戈那。他的名言是"人是万物的尺度，是存在者存在的尺度，也是不存在者不存在的尺度。"这句话没有上下文，可以作多种理解。我们这里不介入争论。我们只提请人们注意这句格言式的话在政治上的可能含义：政权的本位不在神（从而不在君权神授），也不在暴力机构，而在于公众或个人的评判。一切事务，都应当拿出来充分论证，看看是否能说服"人"接受。"人"是决定是否接受一个主张的尺子。那种"聚乌云而半空炸下一个闪雷"式的不容讨论、不容商谈、不顾人是怎么想的老政治逻各斯已失去合法性。这句话还体现了"民主"的另一个特点：宽容、不介入、没立场（没"顽固教条立场"）；语言可以想把什么说成什么就是什么，[①] 认清这一点后，还有什么必要自大、偏激、迫害人呢？（即使在雅典，也有不少哲学家被迫害过）。

公民本位而非贵族本位是一个重大的观念转变。人在本体上是平等的、无差别的、赋有同样的参政权利，这也是在智者的帮助下，慢慢在人们心目中确立起来的观念。（作为现实，早已实行；但观念慢于现实）据亚里士多德记载，生活在公元前 4 世纪上半叶的吕科佛隆批评过"出身论"："……好出身的高贵是不明不白的，它的价值仅仅是在字面上的，宁可说只不过是意见而已。实际上出身好和不好并没有什么区别。"（DK8384）

---

① DK82B11 第 13 段。参看汪子嵩等《希腊哲学史》(Ⅱ)，第 126 页。

民主政体的道德基础，不仅是平等的参政或决策权利，而且是参政的能力，这是充分意义上的"政治主体"定义，"优秀能力"（arete）过去被视为贵族的天生禀赋，不实行民主是因为"群众没有准备好"——或许永远准备不好，因为他们学不会从政所需要的专门才能，因而一搞民主就乱。这是苏格拉底、柏拉图后来非议雅典民主的一个重要理由。所以"优秀参政能力可教"是当时智者坚持的一个重要理论阵地，其意义超过智者为自身职业利益的考虑，而进入到民主制的理论支柱是否能立住的根本问题之中。普罗泰戈那在回答苏格拉底的质疑中，富有代表性地阐明了那些维护主流伦理生活公民本位体制的智者们的立场。据柏拉图《普罗泰戈那》描述，有一次在众人"请教"他时，普罗泰戈那说他可以用神话的方式，也可以用论证的方式来回答"优秀品性"是否可传授的问题（智者并不反对运用老的逻各斯方式）。众人都说由他自己定。他于是说："那么，我想神话会更有兴趣些。"他的故事说到神在创造万物时，由普罗米修斯和爱比米修斯两兄弟负责武装众生。兴致勃勃的爱比米修斯请哥哥让他单干，"然后你来检查。"可是这位少了一个心眼（Epi-mytheus）的弟弟在把各种能力分给各种动物后，才发现独独把人给忘了。普罗米修斯情急之中只得为人类盗火。"这样，人就有了维持生活所必需的智慧，但是没有政治智慧。"结果人类形不成政府，相互待之以恶，难以团结，不是动物的对手。宙斯害怕整个人类会被消灭，便派赫尔梅斯神到人类处，带来"虔敬与公正"，作为城邦的原则和友爱与善意的约束。赫尔梅斯问宙斯应当怎么在人当中分派公正与虔敬——他应当像分配技艺那样只分给一少部分选中的人，还是给予所有的人？"给所有的人"，宙斯说，"我愿让他们人人都有一份；因为如果只有少数人分有这些品性，像技艺那样，那么城邦就无法生存。并且，按我的命令颁布一项法律：谁如果不分有虔敬与公正，便要被处死，因为他是城邦的灾害。"[①]

接着普罗泰戈那从"神话"型逻各斯（narrative）转向"逻辑"型

---

① 柏拉图：《普罗泰戈那》，320C—322D。

逻各斯（argument），提出了两个现代政治家也会接受的论证：第一，在其他技艺方面自称专家，比如，如果有人妄称自己是个优秀笛手，别人会笑话或被激怒，认为他疯了。但是在关涉到诸如诚实之类的政治品性时，如果一个人据实宣称自己不具备诚实，人们反而要说他疯了。人们普遍认为一切人都应该说自己是诚实的，不管实情如何。也就是说，一个人总该多少具有政治品德如诚实，如果他毫无诚实，就不该活在这世上。第二，如果一种品行是天生的，则人们不会惩罚拥有或没有这种品行的人，不会对之愤怒。但是人们确实对政治品性的缺失——不虔敬与不公正——表示愤怒，加以惩罚。从此可以推论：人们认为品德是可教、可学的。

普罗泰戈那的这三个论证不可视为偶然。首先，柏拉图作为这种立场的反对者，却能详尽地加以记录，足以说明这些思想代表了智者中相当大一部分人的看法。其次，这种立场也确乎是"智者职业"的内在要求。在贵族时期，往往是某个传奇式的半神人教育一个贵族（如阿基里斯和他的半神半人的老师）。"教师"近乎神，因为唯有神才有智慧（*Sophos* 原义）。"学生"也必须是有特权的少数人、"高贵的人"，只有他们才能管理国家。在古典希腊时期的"智者教化公民"事业中，"教师"的概念和"学生"的概念都平民化、大众化了。众多"智者"并不神圣，相反，他们自觉自愿地进入当时的市场经济大循环中，把自己定位为商品社会中的一个分工环节，一个收钱教课的经济人；然而他们敢于公开宣称自己正是具有政治智慧的人。学生也已经不局限于少数贵族，而是普及于所有公民。换句话说，人人都希望自己成为高贵的——具有充分智慧的人，而且相信自己（智者鼓励这种自信）在受教育后能够成为有智慧的人。"智慧"大众化了，由天上下降到人间；或者说，大众智慧化了，由浑浑噩噩、任人摆布的棋子上升为独立自主、优雅有文化、在政治领域中颇能胜任的道德主体——公民。

普罗泰戈那的这段话还道出了智者中维护主流伦理生活的那批人的一个特点：主张理性对自然本性的控制，或者用当时的流行术语来说，即主张 *nomos* 控制 *physis*。一切社会如果要想存在，都得倚靠毫无浪漫色彩的冷冰冰事实：用公共性克制个性，用理性束缚激情，用文化驯服本能，用法律约束欲望与冲动。而这也是一切主流伦理学所要论证的东西——虽然其具体内容因时代、地点而可以有不同表现。普罗泰戈那显然是在论证道德（公正与虔诚）的重要（源于神），指明它是防止人自相残杀并陷于毁灭的屏障，是使人从动物性或自然天性中超升出来、进入文明社会的保证。格思里指出，希腊文化有一个传统：以有法治而自豪。当波斯王薛西斯打算入侵希腊时，曾问希腊人达马拉图斯：希腊人那么少，而且又没统一君主强迫他们作战，他们是否不会抵抗？达马拉图斯回答说："他们是自由的，但并非完全自由；因为他们有主人，这主人就是法律，他们对法的敬畏甚于你的臣民对你的。这主人命令他们做什么他们就做什么，它的命令始终一贯。它不准他们在战斗中逃跑，无论面对什么艰险，逼使他们站稳脚跟，要么战胜，要么牺牲。"① 在欧里披得斯的戏剧中，在苏格拉底的谈话中，在伯里克利的演讲中，我们都能看到这种对法律（法治社会）的肯定赞美和全力维护。在德摩斯提尼讲演集中的《反阿里司托格通》（作者是否是德摩斯提尼有争议，但确实是智者活动时代作品）中有这样一些精彩论述：

15. 不管城邦大小，人们整个生活都由 physis 和 nomos 统治。在这二者中，physis（本性）是没有秩序因人而异的；而 nomos（法律）却是共同一致的，适用于所有人。本性可能败坏，而且常常以欲望作为根据，这种人常常做错事。

16. 可是法律追求正义的高尚的有益的目标，一旦制定了法律，它就作为共同条例公之于众，平等地不偏不倚地对待所有的人。所有的人都要服从法律，这是有许多理由的，特别是因为法律是神所发明和赐予，是智慧的人所订立的，而且是故意犯罪和无意过错的分辨者。此外它又是城邦一致协议而规定的，以此规范每个公民的生活。

20. 我所说的并不是什么新东西，也不是我的发明创造，而是

---

① 希罗多德：《历史》，Ⅶ，102。

你和我都知道的道理。为什么元老们要有议事会？为什么全体公民都要参加公民大会？为什么人们要上法庭？为什么上一位执政官要自觉地为他的继位者作准备，……原因就是法律。人人都要服从法律，如果抛弃了法律，每个人都为所欲为，不仅政制遭到破坏，人们的生活也会降低到野兽的水平。[①]

道理已经说得十分透彻和全面。很明显，智者（以及受智者影响的思想家）中有不少人在积极为希腊的新主流伦理生活——法治，尤其是民主制的法治——寻找理论上的根据，证明道德状态而非任意状态（自然状态）是合历史目的性的发展方向，证明文明社会是一种进步。

三 反主流伦理学第一浪潮

智者给人们留下的印象，更深的恐怕不是维护现存道德秩序，而是对它的怀疑与瓦解。格思里在谈到历来是个引人注目话题的"智者收费"问题时说得好，当时雅典公众已习惯于市场经济，对于传授知识收取费用不会感到不舒服——关键在于拿了钱后教的是什么，[②] 也就是说，智者们所教的"智慧"（智术）是否触怒主流伦理生活规范。阿里斯托芬的喜剧集中反映了占很大人数的维护主流（这"主流"不仅是公民本位民主制，还包括不少更古老的意识形态框架——仍被雅典人视为"宝贵传统"）的公民对智者对主流生活形式的否定、消解活动的不满。比如在《云》当中，有个想通过学会诡辩而赖账的老人送儿子到智者"思想所"学习，结果遇上"能证明一切东西、一切法律与执行都错"的"谬误论证"，听它振振有词地"论证"了情欲高于美德之类的道理。受到教育的儿子回家后虽然用诡辩赶走了债主，但却打起了父亲，并"论证"说父亲小时打过自己，当时的出发点是为儿子好，现在儿子打老子，也是为老子好。因为人们公认"老年乃第二次变成儿童"。当父亲喊道：法律不容许小的虐待老的时。儿子冷冰冰地说："什么是法？它

[①] 引文见汪子嵩等《希腊哲学史》（Ⅱ），第216页。

[②] Guthrie, *A History of Greek Philosophy*（Ⅲ）, p.38.

必然是某个时候，由某些像你我这样的人制定的；那个人也得用论证来说服人民接受，我干什么不现在制定一条新法律容许儿子回打老子呢？而且请看鸡们之类，不都与老子斗吗？而鸡除了不提议案之外，与人又有什么差别？"①

阿里斯托芬的喜剧是漫画了的、夸张的，但确实也漫画夸张地揭示了"反主流型"伦理实践的某些基本特点。下面我们将较为全面地分析智者的一系列思考和实际作为，指出它们从何种意义上说，体现出了这种类型伦理学理论的一些原则。

首先，我们讲过，智者的特点是"分离"：他们不与任何价值规范框架认同。他们的"广泛旅行"（于各文化、各民族之间）以及大多不具有雅典公民身份这一外在特点是其不粘着于主流文化的一个生动象征。智者逻各斯所特有的所谓"两种说法对战"（*dissoi logoi*），正是为了显明人们从多种框架入手，既可以证明任何道德范畴，也可以否证任何道德范畴。比如对于"善与恶""光荣与耻辱""正义与非正义"等等，都可以证明它们是一回事，又可以说明它们不一样。当然，正题（即"是一回事"）往往是花大笔墨论证的。② 而这种论证实质上就是在批评主流伦理学的基本信念如善恶有别，荣辱有分，正义决不等于非正义等等。

"自然"与"人为"（*physis* 与 *nomos*）是当时颇为流行的一套质疑追问术语。这种提问题的方式与角度，本身包含了"分离"，包含了怀疑。过去伦理生活大多是直接式的（lived morality）。荷马世界的英雄们虽然相互争吵厮杀，却都生活在同一个单一、自足、封闭的价值框架中。即使特洛伊人也在按希腊式价值、希腊式思维方式行事。问题只是人们的言行是否符合这一框架：阿伽门农夺去阿基里斯的战礼有没有破坏"公正"或侵犯别的王者的"荣誉"？但是，在现在的"自然／人为"提问法中，框架本身的合法性受到了质询。人们开始能够问诸如"什

---

① 阿里斯托芬：《云》，1357—1456。
② 参见汪子嵩等《希腊哲学史》（Ⅱ），第152—157页。

么是公正?""什么是荣誉?"之类的问题。而且既然法律、道德是"人为",是比"本性自然"在本体论上低一个层次的东西,其效果就要大大打一个折扣了。

对主流伦理逻各斯权势的撼动,最引人注意的可能要数对"神"的怀疑上。在上一章中我们曾把希腊的总体生活方式概括为"与神共存"。雅典政治体制走入人文主义色彩浓厚的民主制后,"神"的影响,尤其是对伦理生活的捍卫作用,并未逐渐消亡,仍然十分强大。然而,智者"论辩式逻各斯"不接受任何意识形态的绝对真理性,其中首先是宗教的绝对真理性。普罗泰戈那的名言是:"关于神,我不可能感受到他们如何存在或如何不存在;我也不可能感知他们的型相是什么。因为有许多感知方面的障碍,人们不可能亲自体验到神,而且人生又是短促的。"①

学者对这段话以及普罗泰戈那是无神论还是不可知论有许多讨论。普罗泰戈那自己究竟是什么立场,已不得而知。仅从这句话看,普罗泰戈那与德谟克利特在本体论立场上相似,在价值论上相反。他们相同之处是都认为:(一)存在着另一个更本真的世界,(二)但是人类只生活在现象("人为"或"约定")层中。不同之处,在于德谟克里特视"另一个世界"既然更真更好,就值得全身心去追求(传说中他弄瞎了双目)。而普罗泰戈那则认为种种主客观限制使我们进入不到"那一个"世界之中。(说他断言现象之外什么也没有,是太武断了。不过,他确实可能认为我们的——希腊人的——观念中的"神"是"约定"的、人为的,而不是真正的、"那一个"世界的。)但是活在"这一个"世界中有什么不好?难道还不够?人生短促,与其把时间花在对"藏在深渊"②中的东西徒劳无获地追求中,不如在也是丰富多彩的但可以感触把握的政治生活、经济生活中施展一番。

所以,从理论上讲普罗泰戈那可以说只是以"不可知论"面目出

---

① 有关译文的讨论见汪子嵩等《希腊哲学史》(Ⅱ),第 194 页。
② 与普罗泰戈那可能有师生关系的德谟克里特曾说:"对于真理我们不知道什么,因为真理藏在深渊中。"(D. L. IX, 72)

现。然而雅典主流伦理规范体系立即感到了威胁——生活不同于理论，雅典伦理生活有赖于"神"的确实无误的存在和属性来维系自己的神圣不可侵犯性，"据说雅典人就根据这条理由判处他死刑"。雅典人也许没有错。智者的这种"客观态度"，包括普罗狄科的对神的"社会学起源"探讨（"凡是对人的生活有用的东西，人们就奉之为神"①），从主流生活价值体系看来，都是在把神还原为不那么神圣的东西，还原为人、人的思想或是人的功利性想象。

　　古代伦理学通常是神圣权威保护之下的"义务论"——由"神命令"的形式颁布，而无须其他说明和论证。一旦"神"松动了，一旦人们开始相信理性自主的力量，古老义务论基础就失效了，必须寻找新的立论方式。也就是说，"道德还原论"便有可能出现。这种可能性之成为现实性，是由于希腊的公民团体生活的结构特征的支持（详见导论）。当然，如果仅仅运用还原论作为一种解释、论证手段，还并不一定就会导致"反主流伦理学"。智者固然多把道德还原、解释为"利益"，但近现代伦理学中也不乏这种立场，即从共同利益、阶级利益和利益妥协等各种利益论入手规定道德的本质。有的智者把道德还原为"强者的利益"，如《理想国》中记载的色拉西马库斯（Thrasymachus）的论证：公正即国家治权的利益，而国家即有权力者。牧羊人为的不是羊，是自己！不公正只要规模大，就比公正有力量、自由和权势（窃国者侯）（336B—354C）。有的智者则把道德还原为"弱者"的利益。如《高尔吉亚》中的卡里克利斯（Callicles）便宣称："法律是作为弱者的大众制订的，目的是恐吓强者，使自己免受其压迫。"大众是由于无能才颂扬"平均主义"道德（483B）。这种把"圣洁的道德"还原为低级阴暗心理的做法，对主流伦理学确实是一个沉重的打击。然而这也是一种伦理学，而且可能是更准确地描绘了现实本来面貌的伦理学。在第一节中我们指出过，雅典"公民本位民主社会"并不意味着是一个一刀切的"大众当家做主、富人消灭干净"的社会，而是一个各种势力集团的利益在

---

① 米努基乌·菲利克斯：《屋大维》，第 21 章第 2 节。

冲突中不断平衡与破坏平衡的动态"公正"。在第二节，我们指出了希腊伦理思想的塑形还有一个更大的生活背景：国际社会的战争与交往。诚如杨适先生所说，所谓"希腊"，实际上是"由种族、地域和传统的差异而形成的大大小小数百个城邦，为各自的利益发展所充实，形成为数百个武装起来的战斗集团，各自都在为自己的利益而战斗。"① 雅典人在受米洛斯人的"不公正"指责时冷酷地回答："经历丰富的人谈起这些问题来都知道，正义（Dike）的标准是以同等的强力为基础的；同时也知道强者能够做他们有力量做的一切，弱者却只能接受他们必须接受的一切。"②

这种说法，已表明"还原论"由解释手段走向评价手段：不仅说现存道德实际上是 x，而且在说 x 是好的（是"自然"的）。结果，人们共同的道德观念（公正，荣辱）则不仅是人为的、软弱的，而且是虚伪的，扼杀自然生机的。这是"反主流伦理学"的更深一层含义：批评伦理道德本身。

雅典主流伦理生活还有其他一系列独特质素，都是些与公民本位联系在一起的种种"内外有别"的局部性（particularity）原则。比如"道德权利"只限于希腊或雅典公民，不把奴隶看作拥有道德权利的主体。对贵族虽然知道在政治上大家地位一样，却有一种社会上的羡慕和崇尚的势利心理（和现代英国相似）。这些特质也分别受到一些智者用"physis" vs. "nomos"式思维方式提出的批判。由于这种批判已突破主流社会多少年来根深蒂固的伦理限域，预兆着新型道德的出现，我们同意格思里的评价："它们是具有无法估量的潜能的革命性观念。"③

在反对等级差别上，安提丰曾说："我们只尊重高贵出身的人，这么做我们简直在对待自己人民时像野蛮人一样。"希皮阿斯则说："……我视你们大家是亲人和公民伙伴，这是从本性（by nature）上说而不是从法律上说（by nomos），因为从本性上说，相同者与相同者亲近，可

---

① 杨适：《哲学的童年》，第 386 页。
② 参看修昔底德《伯罗奔尼撒战争史》，第 414—417 页。
③ Guthrie, *A History of Greek Philosophy*（Ⅲ），p.118.

是作为人类暴君的法律却常常强使我们反对本性（nature）。"[1]虽然"普爱"层道德很难说在智者运动中已经有了萌芽，[2]但是其基础之一——"普世精神"（universality）——已在智者论证中初步出现。

有些智者甚至对奴隶制的合法性提出了怀疑。亚里士多德在《政治学》中提到："有些人认为管理奴隶是一门学问……可是另一些人认为主人统治奴隶是违反自然的；奴隶和自由人的区别不过是依 *nomos* 而存在，因为从 *physis* 上看，他们没有区别。由于这建立在暴力之上，所以是不正义的"（1253b20—22）。奴隶制是希腊文化乃至西方文化的一个内在组成部分。公民本位的发达，建立在奴隶的完全牺牲之上。主流伦理学家如苏格拉底、柏拉图、亚里士多德都没将他们的批判眼光朝这个领域中瞥过。他们或许可以讨论怎么"善待"奴隶，但不可能怀疑这种制度从根本上的不道德性（"虔诚的"、"文明的"美国南部白人基督徒直至十九世纪也是如此）。所以我们不能不承认"非主流伦理学"也是一种伦理学，而且在思考的无畏、突破、深刻和品位之"高"上，它完全可能超过主流伦理学。

最后，我们也不要夸大了智者。智者毕竟是智者，不是革命家，也不是对人类苦难怀有深切同情的宗教家。所有智者的伦理思想，终归都在其特有的语言游戏中运作，虽不乏锐利和大胆，但并不沉重和坚定；既体现了工商社会的平等、独立、自由、相互尊重的倾向，也不可避免地困于论辩性逻各斯和货币追求的界域之中，并不感兴趣于客观真理；而且，其"自然"倾向是把"人"视为达致利益的手段而非终极目的……

第四节 悲剧品格

悲剧也是一种伦理生活逻各斯。在雅典短短的"古典城邦"时期

---

[1] Boer, *Private Morality in Greece and Rome*, p.71.
[2] 参看 Boer, *Private Morality in Greece and Rome*, pp.65–77.

里，出现了世界上最好的悲剧家——埃斯居罗斯，索福克勒斯，欧里披得斯。他们以及其他众多二、三流剧作家的悲剧上演、比赛、获奖，构成了当时公民生活的一个重要环节。政府有意识地鼓励这种生活形式（出津贴鼓励公民观剧）。与绘画和雕塑不一样，悲剧以动作和"说话"为主要进行方式。加上惊心动魄的音乐与合唱，对观众富于冲击力地如泣如诉。

所诉为"道德"的吗？既然国家赞助，应该是。况且亚里士多德也说悲剧从人物性格的"好、坏"到情节地进展，都有道德教化意义。①然而持"纯艺术"立场者对此信念激烈否定，尼采说："艺术首先必须要求在自身范围内的纯洁性。为了说明悲剧神话，第一个要求便是在纯粹审美领域内寻找它特有的快感，而不可侵入怜悯、恐惧、道德崇高之类的领域。"②

这种看法不无道理。雅典并非斯巴达，不会把自己局限在文以载道的狭隘艺术观之中。它鼓励自由创造，鼓励艺术的独立发展，鼓励生命的全面勃发。不过，如果我们能够拓展通常的"道德"概念和"道德教化"概念，将它们从教条式的学究说教之理解中解放出来，而延及生命的更多、更深层面，则我们也可以从"道德"的角度看到悲剧对于当时伦理教化的多重意义。

"智慧唯从苦难中习得。"颇以世界中心为自豪的雅典帝国公民在赢得了闲暇之后，并没被功利生存活动全面吞噬，反而进入到观照性生活的高度与福分（所谓"认识自己"），替整个古代人类思考和洞察人的本性与人的命运。悲剧是思考，这使悲剧而非其他艺术种类更吸引哲学家的关注。③然而历来哲学家多只根据自己喜欢的一、两部悲剧而坚执关于悲剧意义的一种看法。实际上悲剧家有那么多，观念又如此不同，诸多悲剧怎么可能在讲述一种智慧呢（无论黑格尔的"对立面和解"还是弗洛伊德的"替代满足与罪感"）？我们还是先采取"多元论"的立场，尽

---

① 亚里士多德：《诗学》，第 2，13，15 章。
② 尼采：《悲剧的诞生》，周国平译，生活·读书·新知三联书店 1986 年版，第 98 页。
③ 参看亚里士多德《诗学》第 4 章。

量多地揭示各种可能的悲剧伦理意义。

一 公正

什么是悲剧的本质？有人说是"公正"，有人说是"命运"。在人生悲剧发生时，人们往往会寻找道德秩序的解释（"报应啊……"），也就是诉诸宇宙公正（常常不为个体所察觉）。但也有人说，这还不算悲剧。真正的悲剧令人只能感叹宇宙毫无公正、毫无道德可言（"这就是命……"）。我们很难说这两种悲剧观哪一种绝对正确，另一种绝对不正确。从对现有古希腊的悲剧的阅读中，我们只能说：它们都起过作用。

首先，为"命运派"所贬低的"公正"确实构成了不少悲剧的情节推动力量。也就是说，道德愤怒感在许多悲剧中透过苦难与恐怖向环山而上的大露天剧场的观念们迎面扑来。由于这种公正超出戏剧中角色自己的意识和把握，有时也可以等同于某种意义上的"命运"。

在古希腊社会里，伦理道德体现为神保护下的秩序和限度（peras）。在父母子女之间、兄弟姐妹之间、亲戚之间、神与人之间、陌生人之间，无不有其序，有其度。人们由于狂妄（忽视神！）而放纵了自己种种欲望或激情，踩过了这神圣的度，就是犯罪。罪则必罚。宇宙间一切事情无不有原因，人类因果关系编织可怖的灾难（纯粹自然灾害并不可怖，只是巧合）。亚里士多德早已看出，可怕的行为一定发生的亲属之间："例如弟兄对弟兄、儿子对父亲、母亲对儿子或儿子对母亲施行杀害，或作这类事。"这是悲剧家应当用的题材。[①] 因为古代最大的伦理维度是人伦。所以人伦层受到伤害，是不可忍受的，它会引起社会性的极大不安、恐惧、混乱，引起诸神的愤怒与诅咒。非施以复仇＝公正，才能被平息。

以《阿伽门农》为首的《奥瑞斯提亚》三部曲中充满了这种可怖的人伦杀害与接踵而至的血腥复仇。首先是阿伽门农在远征特洛伊途中杀女祭风。然后是阿伽门农十年远征得胜归来后被妻子砍死在浴盆

---

① 亚里士多德：《诗学》，第43—44页。

中。"恶有恶报,血债血偿"①,公正呼喊立刻从歌队中威胁地响起。在第二部即《奠酒人》中,歌队也建议伊莱克特拉(阿伽门农女儿)杀母报父仇:"有仇报仇,有怨报怨。"阿伽门农的儿子奥瑞斯提斯更感到自己的压力:如果不追究杀父者,那就会被复仇神追逐,世上就不会有人接待他。而且,家庭荣誉感也使报仇成为必须:"除了神的命令,我深深哀悼先父,/况且我饥寒交迫,因为祖业全无;/我不忍眼见这举世知名的民族,/特洛伊的毁灭者,光荣而威武,竟在两个妇人的轭下俯首驯服。"②于是歌队又"高呼正义":"古老的格言说得好:/以命偿命,以刀还刀,/血债血还,恶有恶报。"③可是在奥瑞斯提斯杀母报父仇之后,又立刻被复仇女神以公正的名义盯上了:"我要把你拉下地狱,无限悲伤,/你残忍地杀母亲,你必须还偿!/你将见到,谁在人间/为非作歹,亵渎神灵,慢待宾客,/杀害亲娘,都会受到正义的答复。"④

家庭内部仇杀的可怖和"公正"报复的血淋淋性质,不能不对观众的心灵产生极大的冲击力。"道德思索"通过情感剧烈变化而进行。埃斯居罗斯是三大悲剧诗人中道德感较为突出的一位。他相信神,相信文明与公正,相信城邦的秩序。在某种意义上,他比史诗还要"道德化"。比如史诗中并没太多从道德上谴责海伦之为特洛伊战争的罪魁祸首,没"抨击"帕里斯诱拐海伦的"不公正"(破坏公正)。埃斯居罗斯在《阿伽门农》中却大段地让歌队抨击海伦给特洛伊带去灭顶之灾,并使希腊人多少生命冤死他乡。⑤对帕里斯的破坏古代"好客"与"诚信"原则更是明白加以批判:"他使城邦染上垢秽,/陷于难以忍受的伤悲;/神灵也不听他的祈祷,/一个人既然多行不义,/神灵就必定把他摧毁。"⑥而荷马很少加以道德评价的特洛伊战争,埃斯居罗斯也从道德上加以"定性"和高度评价:阿伽门农王"在今人中最是可敬",因为他借复仇

---

① 埃斯居罗斯:《奥瑞斯提亚三部曲》,灵珠译,上海译文出版社1983年版,第117页。
② 埃斯居罗斯:《奥瑞斯提亚三部曲》,第146—147页。
③ 埃斯居罗斯:《奥瑞斯提亚三部曲》,第148页。
④ 埃斯居罗斯:《奥瑞斯提亚三部曲》,第201页。
⑤ 埃斯居罗斯:《奥瑞斯提亚三部曲》,第67页。
⑥ 埃斯居罗斯:《奥瑞斯提亚三部曲》,第66—67页。

神宙斯的镐夷平了特洛伊;"今后,帕里斯和他的同盟诸城,/不敢夸说他们的罪未受严惩;在正义坛面前,强压潜偷的罪行,/一旦败露,便不但要退回赃品,/而且使宗庙和国土都被夷平;/普理安的儿子们加利息把他们的债付清。"①

总之,怨有头,债有主。犯了滔天大罪者必须受到更恐怖的打击和惩罚,从而建立"畏惧"或"对道德秩序的凛然敬畏"。在《阿伽门农》三部曲最后一部《福灵》中,雅典娜点出悲剧主题之一:"我教导人民去保持,去重视的道理,/不要把畏惧的克制排于城门之外,/因为无所畏惧的人岂能知道正义?/有了合理的敬畏,你便有了堡垒,/它维护你的城邦,维护国家领土。"②

保持尺度感,不要狂妄,不要侵犯神圣域限,这不仅表现在由神保护的人伦关系上,而且直接表现在对神的态度上。埃斯居罗斯的"被囚的普罗米修斯"被后人称誉为在描写与歌颂反叛英雄、"革命家"。这虽然有一定道理,但如果我们仔细分析推敲(特别是如果恢复已残缺的有关三部曲全部情节),则会发现故事还有另一个面:普罗米修斯正在为自己侵犯"尺度"而遭受可怕的惩罚。从后世人们的"人文主义"思想方式看,人是中心,人的幸福是一切价值的尺度,为人取火有什么不对?然而在古代的"与神共存"世界中,人们对自己的每一个进步都怀有不安(侵犯了神的荣耀了吗?)、害怕(仓颉造字而鬼神哭泣)甚至内疚心情。赫西阿德的诗中就描写了普罗米修斯为人盗火后,诸神愤怒而降灾(潘多拉的盒子),从此人类永远地失去自然原始和谐,无法避免遭受种种灾祸困扰。③"犯神"与"天谴"显然也是埃斯居罗斯写他的"普罗米修斯三部曲"时的一条主线索。宙斯固然有"不好的地方",普罗米修斯难道就是十全十美的英雄?他难道没有缺乏自制与审慎,没有侵犯宙斯的秩序?要知道埃斯居罗斯的基本道德观念是"不要专横,不

---

① 埃斯居罗斯:《奥瑞斯提亚三部曲》,第 73 页。
② 埃斯居罗斯:《奥瑞斯提亚三部曲》,第 222 页。
③ 参看 W. Jaeger, *Paedeia*(Ⅰ), p.66.

要放肆，而取中庸"。①

这一识见使我们的讨论进到问题的第二步：当两种合理性相遇时，悲剧的"道德教化意义"何在？

二 公正与公正的冲突

"罪与罚"或公正理念固然构成悲剧的一种感受，但是它并不是古希腊悲剧精神的全部，甚至不是其独特之处（也许是中国悲剧中的主线？）。当冲突不是发生在正与邪，而是发生在"正"与"正"之间，需要人在伤害两种公正之一中作选择时，另一种悲剧感便出现了。

亚里士多德在论悲剧时指出，悲剧把人写得比一般人好，悲剧角色的性格是"优良"的。②换句话说，悲剧人物虽然犯着错误，但并不是可以完全鄙视的小人（反而是性格十分鲜明的"大人物"），并不是一点道理也没有（反而往往也很有道理）。有的时候，两种都合理的"公正"要求会逼得角色（以及观众）进入苦苦的思考、犹豫、困难、痛苦和动摇。发出"我该走哪条路？"的呼喊。③有的时候，代表两种道德要求的人看不到（不愿看）对方的合理性，固执地坚持自己的合法性，结果导致两败俱伤的惨剧发生。公正是为了带来秩序，可是现在人们越是想推行公正、树立秩序，越是破坏秩序，带来大罪。唯一的结论似乎只能是：不要论断别人，以免自己被论断。

黑格尔第一次用他的辩证法揭示悲剧的这种"伦理冲突"特征。他喜爱的例子是索福克勒斯的《安提戈涅》。在这部戏中，克瑞翁王代表着城邦的公正，下令把曾经借外兵进攻自己祖国的波利尼克斯的尸首扔在野外，不许埋葬。波利尼克斯的妹妹安提戈涅不管国家法令，只顾人伦要求，收葬了哥哥。结果克瑞翁大怒，命令处死安提戈涅。但是克瑞翁的儿子是安提戈涅的未婚夫，他殉情自杀，而他母亲也因丧子之痛而自杀。两种伦理要求的冲突导致了悲剧结果，双方没有一个胜者。

---

① 埃斯居罗斯：《福灵》，第 696 页。
② 亚里士多德：《诗学》，第 50 页。
③ 埃斯居罗斯：《七雄攻忒拜》，1055ff。

第二章 城邦道德

实际上，最讲"公正"的埃斯居罗斯悲剧中也充满了这种"同等合理性"冲突的场景。冲突的各方都有道理，没有绝对的罪人。虽然作者有倾向性，比如更谴责某一方的歹毒，但对另一方的道德理由也摆得十分透彻，从而说明人生的事情远非"或善或恶"那么简单。以《阿伽门农》为例，克吕泰美斯特拉在杀夫后遭到了歌队的谴责，她愤然回答说："你现在要判处我被逐出国都，／要我遭受公民的诅咒和憎恶，／但当时你不曾反对过这独夫，／……把自己女儿，我生育的掌上珠，杀死来祭特剌克吹来的风暴"，"你也听听我誓言的正义主张。／我凭为我孩子主持正义的神，／……我杀了此人献祭。"①。阿伽门农"死有应得"，因为他不仅杀女儿，而且还残酷屠杀特洛伊人民，带回女奴作妾。从家族史上讲，他祖上还犯下了可怕罪行，他的父亲曾把弟弟的孩子的肉剁成一锅，骗他弟弟吃，结果他弟弟发现后"大叫一声，仰面倒下，呕出肉来"，悲愤欲绝地求神诅咒哥哥的全部家族灭亡。②

这些"双方公正"的冲突，构成了道德悖论（dilemma）。从道德教化的角度看，让公民们面对如此之多的"道德悖论"有什么好处呢？难道道德"两难"不会有使人们陷入智者怀疑论式的"道德两不难"的危险？动物没有悲剧（感）。悲剧必是道德性、文化性、意识形态性的，是人在为信念、原则和责任感付出沉重代价。可是智者却认为这一切都不过是"人为约定"（nomos）。悲剧观众在一旦意识到人类多种价值框架并存时，难道不会走入信仰者的迷惘并最终走向不信者的游戏？

也许，雅典城邦的高度自信使它不惧怕这种潜在的"思考者的危险"。由于民主制鼎盛期人们的充沛生命力、健康与胆量、存在质量的富足、雅典公民在政治上的乐观与坚定，他们敢于面对生命中难以解释的复杂性与"荒谬性"，敢于观照自己信念在最核心处被冲击的"极限状态"。

也许，"道德两难"式的人生悲剧处境的展开对造就真正的道德主

---

① 埃斯居罗斯：《奥瑞斯提亚三部曲》，第116、121页。
② 埃斯居罗斯：《奥瑞斯提亚三部曲》，第127页。

体不无益处？首先，它使人关注政治、道德甚至人的本体生存上的"大问题"，使人心胸开阔。在观悲剧当中，公民们与代表伦理原则的古代英雄、君主共命运，同感受，感受那种"在大事（大是大非）中经历'大心'（magnificence）冲突"的生活，从而从仅仅为糊口而挣钱的平庸生存中升华而出，感叹并点评荷马式个人主义英雄的自我膨胀和反社会行事带来的必然毁灭，同歌队一起唱起对"中庸""节制"等历史真理的赞歌。其次，悲剧不仅令人摆脱琐屑的日常生活而升至终极关怀视野（"宇宙自有公正……"），而且使人在道德难题中养成独立思考、自主决定的品格，从而有助于造就真正的主体。这会使人真正反思自己过去所接受的社会道德规范是否完善，并在经过严肃审视后，决定自己行动的原则。有的时候，"集体性伦理"颇有力量，但有的时候，它会造成"集体不敢承担责任"，反而是真正的自由主体（autonomy）能挺身而出，为维护自己思考并决定的道德原则勇敢而行。

最后，"道德两难"带来的苦难，也可以使人们"从苦难中学得"这样的生活智慧：真正的公正不在于固执甚而夸大自己一方的公正，而在于能倾听对方的合理性，能在兼顾各种利益中寻求某种和谐。伦理实践的目的是和解，从而使社会持续，而绝不是仇恨，不是让人们在无止境的血仇报复、相互残杀中同归于尽。这是典型的希腊人智慧，过去常被"理想主义伦理学"小看，其实它自有一定道理；而且针对一定生活处境（如今日世界上存在的许多需要民族和解的内战国家），还不失为十分深刻的智慧。《奥瑞斯提亚》三部曲的前两部，因此可以看作第三部的铺垫。这两部中的"血族复仇"（以牙还牙，以眼还眼）式公正，终于在更高的城邦法治及利益兼顾的和解（更高公正）中悄然退场。无论克吕泰美斯特拉（残杀丈夫）还是奥瑞斯提斯（刺死母亲），都在要求自己的公正时方式太过头，而毫不考虑对方的合理性；结果，只能是"冤冤相报到几时"？结局是杀光有关家族的所有成员（这就是古代感到可怕的"诅咒"威胁）。然而在城邦出现后，这种自我毁灭性的仇恨与"党派性的浴血斗争"就显得必须要被根除了。雅典娜用十分典型的主流伦理学的口吻告诫复仇女神："不要把血污洒落在我的广阔大地上，

/……不要向我的公民植下内战精神，/好勇斗狠，彼此攻击不止。/让他们远征海外吧，/热爱功勋的人自有许多地方染指，/但是我不允许内战的争执。"[1] 但雅典娜并没有丝毫不管复仇女神方面的公正要求；她召集了中立的（公正的）陪审法庭，让各方陈述自己的"公正"，最后用投票裁决。而且在裁决不利于复仇女神后，还答应对她们所代表的利益给予应有的考虑，终于使她们的愤怒减轻，使她们转变为雅典城邦繁荣昌盛起积极作用的一股力量。

三　命运

悲剧在总体布局上，还可以完全进入"超道德"一层——既不是"公正"，也不是"公正与公正"的冲突，而是丝毫没有道理地对个体生命的打击。个体人往往对自己的"命运"有所察觉，恐惧而逃避，但无法躲避——越是躲避，越是加速了恐怖结局的到来。人在其生活的幸福高峰，会"突转"和"发现"自己陷入可怕的罪恶及毁灭性惩罚之中。观看这一类悲剧所激起的主要情感不是"愤怒"与"满意"（公正的被破坏与被扶正），而是恐惧与怜悯。

"突转"、"发现"与"苦难"是亚里士多德对最好悲剧情节的规定。[2] 这用来描述索福克勒斯的悲剧，尤其是他的《奥底甫斯王》，最为贴切。奥底甫斯及其家族并没犯什么罪，却在他出生时，被神注定将来要杀父娶母。他父母命老仆到野外处死这个不祥的婴孩，但老仆舍不得，却偷偷将他交给了一个牧人带到另一国家。当他长大成人时，他知道了自己的可怕"命运"，于是立即逃走。可是他却在无意中逃回生父母之国，并在不知情中打死了父亲，娶了母亲，生了孩子，当了几十年国王。戏剧的开头，是讲神由于这个国家老国王被杀而降瘟疫。奥底甫斯王为了"找出凶手"不辞劳苦，但是他越起劲搜寻，就越是在逼近把自己的可怕犯罪事实揭明的结局；对此他并不知道，后来有所察感后也

---

[1] 埃斯居罗斯：《奥瑞斯提亚三部曲》，第122、229页。
[2] 亚里士多德：《诗学》，第11章。

不肯放弃、回避，仍然坚持追查。终于，奥底甫斯在老仆等人的交代中明白自己就是罪人，犯下了无法想象的滔天大罪。在难以言说的恐怖与痛心之中，奥底甫斯刺瞎双目而流浪他乡。

"盲目"在此是一个象征。占卜者目盲而心不盲；可惜明眼人常常充耳不闻他们的警告（这出戏中的占卜者的好心反被奥底甫斯误解、谩骂恐吓。卡桑德拉的话在《阿伽门农》中也没人听）。明眼人实际上是生活的盲目者，永远不知命运的意图。人猜得出斯芬克思之谜，但猜不出自己的谜。普罗米修斯可能是一切预言者的代表（pro-mythus），所以他知道在神的上面还有"命运"，知道自己不会永远受难，这使他能够忍受宙斯的酷刑折磨并充满信心。① 但是凡人无法知道"命运"下一步又规定了什么。它不讲"理性"，不讲"道德"，全然自行其是而毁灭一个个的人。人即使千方百计躲避也无用。如果说道德世界是一个"限度"世界，人们可以用理性（因果关系）去加以诠释，从而加以把握，认识到"恶由恶生"，"恶必被善战胜"，结果使观戏的骚动、愤怒的心灵最终能安定下来（有限度），那么悲剧进入的非道德世界便揭示了生命中的"无序"（无限度）一面。善有时有好报，有时却没有（如《奥底甫斯王》）；恶有时有"恶报"，但也并不总是有。况且即使有，人们离开剧场时更深的印象可能也不是这些"报应"，而是人（类）自毁倾向（如傲、贪、爱）的强大力量及难以理解的可怕，它们即使在"优秀的人"身上也会冲破文化薄壳，猛然拥挤而出；而且，即使在这出戏中压下去了，它难道不会再来吗？于是，悲剧观众洞见了人生另一种秘密——无止境（"阿派朗"aperan）、无度过度、无道理的毁灭成了生命更深处的本质。这就是所谓人生的本体苦难性或荒谬性；这也是赫拉克里特从大尺度时间观照我们这个世界后得出的悲剧人生观。

尼采看到了这一点，他询问："悲剧神话的内容首先是颂扬战斗英雄的史诗事件。可是，英雄命运中的苦难，极其悲惨的征服，极其痛苦的动机冲突，简言之，西勒斯智慧的例证（西勒斯是酒神教师，其智慧

---

① 埃斯居罗斯：《被缚的普罗米修斯》，行510—520。

为"人生是苦难与恐怖"。——引者注），或者用美学术语表达，丑与不和谐，不断地被人们以不计其数的形式，带着如此的偏爱加以描绘，特别是在一个民族最兴旺最年轻的时代。莫非人们对这一切感到更高的快感？悲剧的这种谜样的特征从何而来呢？"[1]

尼采的回答构成了他那本论悲剧兴亡的名著。其全书要旨我们可以用赫拉克里特（第一位悲剧哲学家）的一句格言来概括："生即死，死即生，这些的死是那些的生，那些的死是这些的生"（KRS239）。从个体角度看，生活于此世界上是快乐，肉身被毁是痛苦。然而从大一本体生命的角度看，化形为个体（"火"变为"水"……）岂不正是死、是受难、是痛苦？"我们必须把个体化状态看作一切痛苦的根源和始因，看作本应鄙弃的事情。从这位酒神的微笑产生了奥林匹斯众神，从他的眼泪产生了人。"[2] 一切悲剧英雄，都不过是酒神的多种显现形态——陷入了个别意志而受苦。对于这种生命大一本体（酒神精神），只有摆脱个体形态（死）才意味着新生，才是回到它本真的自由奔流的横泻之中。真正能与更高本体认同者，怎能不在通常的死与毁灭中感受到极大的快乐呢？

尼采的这种解释有人类学心理学的支持（希腊民族的上层文化与下层文化、理性与炽情、清醒与迷狂等等的互补，其实质就是两种本体生命取向的张力互补），又有希腊哲人的洞见的旁证（参看上一章中我们对赫拉克里特哲学的详细分析），应当说不失为解释希腊悲剧一部分观众心态和所获"教化"的一种深刻见地。不过我们并不说这是全部的解释。还有些其他原因妨碍我们这么说。比如这种说法的一个前提是悲剧观众有能力进入出神迷醉或与大一宇宙生命时间"合一"的能力。实事求是地讲，这恐怕不是每个雅典公民都能做到的。

具备各种不同的思辨、感受的人都在剧场中观看悲剧——观剧是当时主流社会伦理生活的一个重要组成部分。所以对悲剧伦理效应的解释

---

[1] 尼采：《悲剧的诞生》，第104页。
[2] 尼采：《悲剧的诞生》，第41页。

应当允许多种，而且应当稍重社会的、大众的一面。比如，可能还有一种较为重要的，然而也是较为平实的，从而可能影响较为广泛的悲剧教化作用，即命运与个体尊严二者之间的"互显效应"。

四 命运与人的尊严

悲剧讲述着抗命者的失败。奥底甫斯一直想躲避或抵抗"必然降下来"的命运，但最后在冷酷而强大的命运压力之下被彻底摧毁。然而，即使失败，他也高贵地承受自己的命运，没有急急辩解自己是无意识中造的孽、不应承担责任，而是刺瞎自己双目，自己放逐自己。

普罗米修斯盗火被罚，受惠者（人类）并没因此而帮他；他独自地在为整个人类担起苦难。

也许，悲剧有两重效应：一方面，在人对命运或神圣规则的冲击（"逃避"注定的犯罪，也可视为某种不服、抵抗或冲击）下粉身碎骨，恐怖战栗不已，方才显出命运（或神）的巨大力量，并教人学会谦和与中庸；而另一方面，正是在这异常巨大的力量面前，个人的尊严和不屈也才能够得以显出。人固然要灭亡，但他（她）可以决定采取不逃跑而迎上去的姿态。卡珊德拉在走进王宫之前就已经知道里面等着自己的是屠刀，但她"像一头众神赶着的羊勇敢地走向祭坛"。无法逃避者，逃也无用；光荣的死，反而使苦难有了荣耀。普罗米修斯被缚遭受难忍之苦时，赫尔墨斯神劝他："不要执迷不悟，自食其果，／而应该效法明哲保身，谨防惹祸。"他却毅然回答：

> 忍受敌人的磨难，
> 绝不会使我失去尊严！
> 任电光的曲折栏杆
> 把我的骨肉摧残；
> 任疾电把碧空震撼；
> 任暴风吹乱天蓝；
> 任狂飙把大地的根基掀翻；

> 任海上波浪卷起狂潮，
> 把天上星辰的轨道扰乱；
> 任难逃的劫数的旋滩
> 把我的肉身狂卷，
> 沦入塔塔洛斯的深渊——
> 宙斯总不能把我打进鬼门关！[①]

一方面虔诚地承认有超出个体的远为强大的存在者及其无比威力，另一方面坚信个体即使在整个宇宙的压力下也可以独对苍天，保持尊严——这构成了西方文化的相辅相成的两个面。这"文化"不仅仅是书本知识，而且也是深深渗入到西方"身体"（现象学意义上的身体）中去的气质与精神。而这种矛盾统一的精神品格起源于希腊，起源于人类刚刚觉醒、刚刚进入文明史时的苦难与骄傲。20世纪存在主义改写的、影响很大的希腊悲剧神话，将这一双重识见即双重生命态度更加突出了。如萨特的《苍蝇》改写了《奥瑞斯提斯》，但更强调奥瑞斯提斯为全城苦难担起责任的寂寞、疲苦、决断与勇气。再如加缪的《西西弗斯神话》，讲到人生从本质上讲是极为荒谬的，荒谬得令人失去生活下去的勇气（无意义之可怕），然而人可以在这广漠的荒谬面前不自杀。就像由于犯神和热爱生命而被罚永久苦役的西西弗斯那样，在力量悬殊的较量中注定只有失败一条路，然而他总可以不屈服。这样，在永无止境地艰难推石上山中，他还是幸福的。

个体面对人的本体痛苦与无望，这是只有人在超出社会文化性之后才会呈现出来的一个深层境界，这当然不是每个雅典公民都会达到的一个境界。然而这种"抗命的尊严"有抽象的意义。它的教化，塑造了一代人的内在个性；这种教化或许是超道德的——但它不也正是广义的道德教育吗？

[①] 埃斯居罗斯：《被缚的普罗米修斯》，行1040—1054。

第三章　柏拉图意义种种

柏拉图标志着希腊伦理思想史进入纯粹思辨的阶段，然而，他的著作仍然以"言说—逻各斯"（苏格拉底谈话录，Socratic *logoi*）的形式出现。这种形式是偶然的、外在的吗？是为了"用形象方法深入浅出地阐述哲学"？我们认为不那么简单。否则人们无法解释为什么后来哲学史上再也没有人写对话录能写到这种迷人的境界，无法解释为什么省略掉对话录形式后的、按体系叙述的"柏拉图"总令人感到缺憾，也无法解释即使柏拉图的许多观点已显得陈旧，但他的逻各斯—对话录（*logoi*）却依然具有令人久久激动的哲学魅力（注意：不仅仅是"文学魅力"）。

而且，细心的读者可以从柏拉图中读出许多系统的不一致，比如苏格拉底对别人教育性的伦理逻各斯多为否定性的，似乎只是为了说明"自知无知"，可是他亲身实践出的道德，却体现出他实际上具有十分坚定的信念和肯定的知识。① 在《理想国》开始的讨论中，苏格拉底通过几个回合的追问，很快就将"还债"作为"公正"的定义给驳倒了。但是《斐多》描写苏格拉底临死前最后不忘托付友人的事是什么？是归还欠邻居家的一只鸡。

我们认为，为了解释这一切，一个较合理的假设是把柏拉图对话

---

① 参看 Irwin, I., *Plato's Moral Theory: The Eerly and Middle Dialogues*, Oxford University Press, 1977. p.37.

录看作有多层目的、多层意义。我们这里主要讨论柏拉图的伦理思想，同样也适用这个假设，即柏拉图的"伦理思想"并非是一个（一种系统），而是有多个（多个系统）；它们相互间虽有关联，但也各自具有相当大的独立性，而且各自都发展出了一个较完整的体系。其中某一个体系有问题，不说明另一个体系也有。所以，不同气质、不同哲学、不同政治立场的人都可能喜欢读柏拉图，但他们读的实际上是不同的柏拉图。不少专门研究者感到已经把握住柏拉图了，可"瞻之在前，忽焉在后"，总是又为许多新的不能解释之处瞠目。德里达（Derrida）用"自我解构"来说明柏拉图思想的内在矛盾复杂处。我们平实一点，假定柏拉图在写作时，有意或无意地埋下了几个层次，在几个层面上同时发展，结果多层套说，各层之间不时相互肯定、否定、对话、激荡，形成柏拉图对话录特有的扑朔迷离、意味深远的品格。

在本章中，我们对"柏拉图伦理逻各斯"的层层剥离为：（一）作为理性原则实践者的苏格拉底；（二）苏格拉底及柏拉图在反思道德上的理论；（三）柏拉图的政治伦理学——"社会公正"理论；（四）苏格拉底与柏拉图的辩证法及教化思想。

第一节 苏格拉底新悲剧

也许已经有人忍不住要问了：为什么把苏格拉底汇入柏拉图，当作其一个层面讲？最简单的理由，是我们不想卷入所谓"苏格拉底问题"之争。历史上分开讲与合起讲的都有，格思里是分开讲的，但他承认他这么做是"极为大胆"的。关于苏格拉底的资料来源有四种：柏拉图、亚里士多德、色诺芬、阿里斯托芬。无论我们采取哪一种，都不可避免是选取了"某某人笔下的苏格拉底"，我们为什么不干脆挑明了这种解释学视角的不可避免性呢？我们所取的视角，主要是柏拉图笔下的苏格拉底。那么这会不会太偏狭？太主观？应当不会。因为正如罗素（以及后来格思里）所讲的，真正的哲学家才能理解另一个哲学家，从而写出真正客观的情况。① 柏拉图当然是真正的哲学家。另外，还有一个理由、而且是更重要的理由：学者多已注意到柏拉图用了大量笔墨在写苏格拉底，但他们大多把这看作闲笔或与哲学无关的抒情。我们的看法与此有本质的不同。前面说过，柏拉图的伦理逻各斯有多种层面，其中对苏格拉底这个人的描写不是偶然的、可有可无的"文学外衣"，而是在塑造一种道德理想。这个层面同样丰富而复杂、全面而系统，同样由各种哲学论证与道德直觉支持着。至于这个层面系统环绕着一个人的生命而非逻辑三段论，这不应当是怀疑它属于哲学的理由，尤其在存在主义拓展了我们关于什么是真正的哲学的观念之后。

一 道德悲剧

我们首先从"苏格拉底新悲剧"谈起。

在柏拉图诸对话录当中，有三篇明显组成了一部典型的、完整的悲剧三部曲：《申辩》《克里同》《斐多》，描述这位在公元前399年被雅典法庭判处死刑的70岁老人在审判前后的一言一行。《申辩》中苏格拉底慷慨陈词，在喧闹的法庭上逐层驳斥对自己的指控，嬉笑怒骂，情感激越，为捍卫哲人在社会中的使命毫不低头。整体调子越来越高昂，结尾处直至高潮："离别的时候到了，我们各走自己的路——我去死，你们活着，哪一个更好，只有神知道。"② 《克里同》开头的场景，是清晨的监狱，与前面的激昂形成强烈对比。宁静安详的苏格拉底，与探监的克里同两人家常地问候着。克里同忍住悲伤与钦慕，劝苏格拉底逃跑。苏格拉底则与他展开对话，探讨这么做是否正当，渐渐地，谈话又步步进入高潮和大段讲演，淋漓尽致地阐明了苏格拉底不愿逃跑，而选择服从法律判决的理由。最后，以苏格拉底表明他只听从理性的命令而克里同亦不再劝说戛然而止，令人久久回味。《斐多》是苏格拉底临刑的那一天，利用死前几小时继续与朋友们讨论哲学问题。"灵魂不朽"是支撑一个

---

① Guthrie, *A History of Greek Philosophy*（Ⅳ），p.349；参看罗素《西方哲学史》（上），第118页。
② 柏拉图：《申辩》43a。

将死的老人的信念与慰藉,但苏格拉底毫不避开这个话题,相反,他主动把它拿到最强的火力下加以审视(众多对话者先后提出了古代思维能达到的各种驳斥灵魂不朽的强大论证),一直讨论到喝毒药之前苏格拉底也没失去理性、嘲讽与镇定,死得光明磊落,真正无愧哲人一生。

前面我们讨论过悲剧。我们也知道柏拉图不喜欢当时的悲剧,曾自觉地以赶走诗性逻各斯为己任,还焚烧掉自己青年时写的悲剧作品。一个专门与文艺—悲剧作对的哲学家精心投入地创作了令人难以忘怀的"新悲剧"三部曲,显然意味着不同于老悲剧品格的崭新原则、新品位的出现。这"新"的东西是什么?我们认为,是柏拉图敏锐意识到并刻意传达出的、在苏格拉底思想与生命中才首次出现的、不同于当时悲剧的"道德悲剧"。下面我们从两个方面来论证这一看法。首先,论证这是道德悲剧;其次,阐明这是道德悲剧。

苏格拉底的新意在于他代表着希腊伦理发展中严格意义上的道德理想的出现。读"早、中期柏拉图对话"的人常常会有一个印象:苏格拉底在伦理学上破坏多,建树少(或毫无建树)。而读色诺芬《回忆苏格拉底》与亚里士多德有关论述,又会觉得凭他们所记述的苏格拉底的那些"正统"教导以及"采用了归纳法"之类的学术贡献,也很难看出苏格拉底在伦理思想史上有什么划时代性意义。

实际上,苏格拉底的真正意义在于他代表着"道德"层在世界史上的第一次豁然出现。我们在导言中阐明了一个多层级道德体系:公正、伦理、道德、普爱。"道德"(狭义的)是较为高级层次的道德,在各民族历史上出现也较晚。前此希腊的"道德"(广义的)基本上属于伦理与公正(二者往往互渗)两层。狭义"道德"层系指经过主体自觉、自由的思考(良知),决定为大众(非亲友的他人)的利益作出牺牲。然而,请不要把它简单等同于"做好事,受称赞";因为它完全可能表现为"尖锐批评,遭受迫害"。

为什么说苏格拉底代表这一层面的出现?首先,理性的自主思考与自主决定是苏格拉底引入道德决策的因素。他从不盲从已有价值规范,更不为大众意见所左右。当克里同用"别人会怎么看"来劝苏格拉底逃狱时，苏格拉底回答说："我亲爱的克里同，为什么我们要去在意大家的意见呢？"①意见的对错只在于它是否合乎理性，而不在于它背后站着的人头有多少。"但是公众能杀了我们呢。"这又怎样？不是生命，而是好的生命，才有价值。②"可是"，克里同又劝："逃了反正又没人知道"，人人难道不是假如有机会干坏事不被发现都会干吗（这是《理想国》第2卷中"隐身人"故事的伦理学深意）？但是我们真正宝贵的不是身体，而是灵魂；苏格拉底的这一回答昭明了他的道德信念的最基础原则：灵魂从根本上说不会受到外来力量的伤害，只会受到自己伤害（试比较孟子的思路：如果浩然之气有亏……）。在无人看见的情况下坚持公正，是为了对得起自己的灵魂。正如耶格尔指出的，这里出现了前此希腊文化极为陌生而基督教文化（典型的"道德文化"）或康德会感到十分熟悉的对主体内在性价值的珍视与关注。③

苏格拉底不惜以生命捍卫这新出现的原则，经过理性深思熟虑之后，选择了为他所相信的雅典人民的最大利益而牺牲。

前面我们曾论及，在写神话题材的诸传统悲剧中，个体与命运相互冲突，冲突的结果都是命运获胜，个体被粉碎。在神面前，人的那点"大力大智"只是小儿游戏而已。在流变的宇宙时间之中，一切悲剧英雄都是失败者。但在"新悲剧——苏格拉底悲剧"中，由于"道德"特有的那种超越自然界而直升本体层的特点，命运悄然隐退，冲出时间流之永恒因素涌现，苏格拉底显然是胜者。人们不妨留意这样一个悲剧心理学的重大区别："老式悲剧"在观众心灵当中激起的是恐怖与怜悯、困惑与不安。"新悲剧"在读者中激起的却是敬仰与崇高，是对人的价值的自信与踏实。斐多在回忆苏格拉底临死之前一日言行时说："我并不怜悯他；他死得如此毫无畏惧，他的言谈举止如此高贵，在我看来他是有福的。……但我也没有通常的哲学谈话所能享受的愉快，我愉快，

---

① 柏拉图：《克里同》，44c。
② 柏拉图：《克里同》，48b。
③ W. Jaeger, *Paedeia*（Ⅱ），p.41.

但愉快中夹有奇异的痛心。"①《斐多》据现在学者考证属于柏拉图晚期作品。几十年之后，在理论上已远远走出老师的柏拉图回忆起苏格拉底，仍然不能抑制切肤之痛和无保留敬仰。而且，这不是仅仅柏拉图个人的偶然感受，其他许多智商颇高、绝非盲从之辈或毋宁说各有建树而颇为傲慢的哲人、将军及学界"弟子"们在忆及苏格拉底这位一介平民时，也是如此，②这说明这里有超出一般"好教师"品质而在道德上极为崇高原则的出现。近代对"道德"层情感描述最为出名的康德曾说："一个人也许能够成为我所钟爱、恐惧、惊羡甚至惊异的对象。但是，他并不因此就成了我所敬重的对象。他的诙谐有趣，他的勇敢绝伦，他的膂力过人，他的位高权重，都能拿这一类情感灌注在我心里，不过我的内心对他总不起敬重之感。苏泰奈尔说，'在贵人面前，我的身子虽然鞠躬，而我的内心却不鞠躬。'我可以还补充一句说：如果我亲眼见到一个寒微平民品节端正，自愧不如，那末，我的内心也要向他致敬，……"，这是因为道德律令的出现。任何东西都无法与此抗拒："啊！你的尊贵来源是在哪里呢？……这种根源只能是使人类超越自己（作为感性世界的一部分）的那种东西……这种东西不是别的，就是人格"，也就是摆脱了全部自然界因果决定论的自由和独立。③这种"崇敬"（敬重）情感在旧悲剧体验中是找不到的。

苏格拉底"道德悲剧"中的"道德"意义我们已阐明。那么，其中的"悲剧"一面又如何说？前面讲过，悲剧感的构成有几种可能：公正，两种公正的冲突、命运与抗命。黑格尔在讨论苏格拉底悲剧时提出的观点很有见地，至今为人一再引述。他认为苏格拉底命运中的悲剧性在于两种公正的冲突，或两种都片面的伦理原则的冲突。苏格拉底代表理性法庭（主体）攻击了雅典人民（实体）的两大支柱——公共宗教与家庭关系；而且，他在选择处罚时，又不肯向城邦低头。"因此雅典人

---

① 柏拉图，《斐多》，59a。
② 参看色诺芬《回忆苏格拉底》，吴永泉译，商务印书馆1984年版，第186—188页。并参看柏拉图《会饮》，217a。
③ 康德：《实践理性批判》，关文运译，商务印书馆1960年版，第78、88—89页。

民不但有权利而且有义务根据法律向它进行反击。"双方都公正，双方都无罪，但双方抵牾冲突，结果全都归于失败。①

不过，这种解释并不完满。比如黑格尔不能解释为什么苏格拉底"既服从又不服从城邦法律"，于是归为不可思议②。我们认为，从根本上讲，苏格拉底的悲剧性不来自他与雅典主流伦理的冲突，而来自一致。但是，由于这种一致是深层的，在表面上看来却显得像是冲突。所以，悲剧主角真诚帮助着他人，到头来却反被他放弃自己一生个人幸福平安而苦苦帮助的人所杀。这种悲剧（感）构成了人类生存境遇的各种悲剧中颇为典型的一种，比如耶稣、屈原、马丁·路德·金等。

讨论至此，不免就要涉及苏格拉底的政治立场问题了。格思里概括了有关这一问题的两种极端看法，从美国学者温斯比尔（A. D. Winspear）及希沃伯格（T. Silverberg）的"贵族派阴谋家"到波普尔的"民主自由热爱者"都有。③其中，"反雅典民主"是一个从古到今持久不衰的指责。④然而，我们认为，苏格拉底基本上是雅典主流伦理的捍卫者。这种捍卫，不是捍卫其表面形式，而是其精神实质；不是以直接歌颂的方式，而是以补救与改进的方式。最后一点与我们前面讲过的"代价论"有关。在一切道德方案中，都必须付出代价。不存在一种"只要实行，包治百病"的方案。"民主"也是一种道德方案。难道它就不存在（许多）特有的缺陷乃至弊病吗？面对缺陷怎么办？一是计算总体得失而决定是否采用，二是如果采用，再看能否设计一些补救措施减抑代价。

雅典公民本位民主制的精髓是什么？并不是形式主义、集会喧闹、抽签当官。其精髓在于三点：公民自主参政，法治而非人治，以及思想批评自由。首先，民主在于公民关心公共事务，并能够有效参与之。不

---

① 黑格尔：《哲学史讲演录》，第2卷，贺麟等译，商务印书馆1983年版，第90—92、106页。
② 黑格尔：《哲学史讲演录》，第2卷，第102页。
③ 参看汪子嵩《希腊哲学史》（Ⅱ），第330页。
④ 参看 Claroust, *Socrates: Man and Myth*, University of Notre Dame Press, 1957, 第7章："'苏格拉底问题'中的政治方面。"

错，苏格拉底是反复批评过"鞋匠、铜匠、农民、批发商"参政，但是他这么批评是因为这些人的出身呢，还是因为这些人不肯钻研政治艺术，或更准确地说，不肯真正关心公共事务，而把经济的、私的原则（如何能贱买贵卖）带入政治？① 苏格拉底从未主张过（如柏拉图那样）只许一部分人从政，而另一部分人只需要关心私人经济。他难道不是相反花了毕生精力对他在市场上遇到的每一个人都想方设法唤起关心城邦政治而非仅仅一己私业的兴趣吗？

> 只要我还活着，还有力量，那我是不会停止我的哲学活动的——询问我所遇到的任何人：你，我的朋友，一个伟大、强有力、智慧的城邦雅典的公民，你不可耻吗……大积其钱，追求名声，却不关心智慧、真理和灵魂的改善？②

人们很难想象有人在贵族制度下像苏格拉底这么做，因为那种制度下的一切政治"大事"都是贵族的特权。人们也很难想象在近代市场经济体制下有人这么做（会被人看作精神不正常？），因为现在货币就是一切，"政治"和人的优秀不算什么东西。只有在雅典式公民本位民主制中，这种呼唤与警醒才是可以理解的，才是在其家园中似的自然而然的。而且，苏格拉底的"与一切人哲学讨论"恰恰体现了这种体制的精髓或是最佳状态（因为在其退化状态中，许多公民心不在城邦，在私人事务）。况且，苏格拉底的嘲讽与批评虽然令公民们难堪，然而，公民只有明白自己的（政治上）无知后，才有可能痛下决心学习、掌握之，从而才能够在法庭或公民大会上真正行使自己的民主权利。否则，貌似热闹当主人，实际上不过是当了煽动家的工具而已。③

其次，"法治"背后的道德学含义是自律，即自己立法，自己严格信守，不为个人利害或感情所动摇。雅典法治在其退化状态中，做不到

---

① 参看色诺芬《回忆苏格拉底》，第 111 页。
② 柏拉图:《申辩》，29e。
③ 参看柏拉图《克里同》，44d。

这一点。比如把家小带到法庭痛哭，以及听任煽动家用智者式"辩才"惑众，在一时冲动下逼法庭处死犯了错误的将军等等，这些都是大众情绪暴政（实质上是一种人治）在破坏理性的法治。苏格拉底反对的是这种"民主"或"法律"，而不是真正意义或应有状态下的雅典民主、法治。具有讽刺意味的是，当时几乎唯有他一人在以生命苦苦捍卫这已被败坏太多的主流伦理精神本质，可结果他被人杀害时诉诸的却正是此名义。在《克里同》中，苏格拉底提出三个理由说明他认为自己不能破坏法律而逃跑：（一）个人应当担起普遍责任：我之所以不破坏法是因为如果人人都这么做，则法本身无法存在；（二）法与个人之间有相互的责任，既然个人受惠于法，怎么能在不称心时就反叛？（三）每个人对自己的自由选择负责。苏格拉底既然从青年起就自由地选择一生生活在雅典，就是表明了自己赞同其体制，允诺信守其法。一个人不能在情况对自己不利时就破坏自己自由做出的选择与保证。①这三条理由应当是一切民主制的道德基础。希腊人重法治。民主与法治更是不可分。可是，什么是民主型法治的真正内涵呢？如果它不仅仅意味着靠外在法律约束，而是主体真正成为主体，自主立法并有充分能力担起"主人责任"的话，则必然认同苏格拉底的想法。迫害苏格拉底的民主捍卫者们，有谁达到这样的理论境界——更遑论去实行？

　　我们认为苏格拉底与主流伦理本质一致的最后一个根据来自逻各斯（言说）与民主的关系。苏格拉底在《申辩》中尖锐地指出，他的反对者是想让他安静，不要说话。他却回答说这办不到，因为他是神赐给城邦这匹战马的礼物——不断提醒、劝勉公众的牛虻。公众会生气，就像一个人被惊醒了好梦会生气一样，而且公众会认为杀了他，就可以再安睡下去。②"逻各斯"的自由或批评自由应当是民主制不可分割的特征，斯巴达体制下便没有这个必要。民主社会既然容许甚至鼓励思想家的独立与自由，就是确立理性的独立效准，以便补救民主制特有的一些

---

① 参看柏拉图《克里同》，49b—52d。
② 柏拉图：《申辩》，30e。

弊病，如随波逐流和非理性集体发作等等。在所谓哲人是否应当"收费"之争中，苏格拉底批评收费并拒绝收费，其真正考虑之核心在于思想者希望不受随着"收费"而来的附加条件的约束，不想让理性原则受商业原则的过多挤压，从而尽量让社会中各种要素都保持自己的一定领域。色诺芬记载道，苏格拉底认为，"不取报酬的人是考虑到自己的自由，而称那些为讲学而索取报酬的人是迫使自己做奴隶，因为他们不得不和那些给予他报酬的人进行讨论。"[1]

苏格拉底对主流伦理学真义的维护因此体现为逻各斯（言说与理性）与社会的一次公开激烈的抗衡。巴门尼德虽然坚执逻各斯高于现实的效准，但并没准备推导其伦理含义，更不要说准备为其献身。苏格拉底为维护理性的自由自主，改正民主制弊病而决不对要他缄口不语的大众俯首听命，不惜牺牲。这种悲剧在后来的历史上还会一再出现。也许，它是永恒的。

二 人的优秀

道德的优秀与人的优秀同样都是日月精华，价值极高极贵。一个人具备其中一样，就已十分罕见；同时具备两种者，几乎没有[2]。然而，苏格拉底却是这么一个全面优秀的人。

谈论人的优秀似乎是古代伦理思想家的特权。近现代由于学科分工越来越偏狭、细致，"学术"几乎变成学究式枯燥考据的垄断专利。"柏拉图"变成了连受过大学教育的人都不愿读的死东西（或相反，"花边新闻"式的小趣谈）。作为人的存在的意义与追求的原来的那个活生生的哲学苏格拉底消逝了；再加上近代社会不关心人的优秀，只关心效用与利润，似乎关心生命的质量仅仅属于已作古的贵族社会的奢侈品。

---

[1] 色诺芬：《回忆苏格拉底》，第35页。
[2] 康德的话已有这个意思：能令我喜爱或惊羡者已经很少，而这些人几乎不可能同时又是道德高尚者。反过来说，少许有道德品格者，往往又是普通平民，在非道德"优秀"方面平平淡淡，可敬而不可爱。

然而我们在讨论古代伦理学。就像古中国伦理学不围绕着概念和主义，而围绕着"为仁"（"仁"的一个重要含义是人，真正的人）一样，柏拉图对话录（"苏格拉底逻各斯"）的一个重要层面也是在塑造新的"优秀"理想——这就是苏格拉底这个人。注意这里的"塑造……理想"不作抽象解，不是如《理想国》中勾画出"哲学王"阶层那样列举出一般规定，而是记载一个罕见的、活生生的人。值得吗？这样的人千百年才出一个，有什么不值？算哲学吗？前面已说过，在尼采和存在主义拓宽了我们对"哲学"的看法后，在了解古代伦理哲学的特点后，这已不该成为一个问题。

希腊伦理史上有一系列"优秀"典范，"他们"构成了黑格尔所谓的"具体"，是时代伦理水准的凝聚者。各历史阶段的抽象伦理逻各斯不一定能完全穷尽这些"具体典型"的丰富内涵。而且，在对现实伦理生活的影响上，也是这些"具体典型"比抽象反思的理论要大得多。我们已经讲过了荷马时代的"优秀"典型如阿基里斯的基本质素：高贵的出身，权势和荣誉，财富，力气与勇气等等，便是 arete。柏拉图笔下出现了伦理史上"新"优秀理想——恰恰是在这一切外在优秀之上，纯粹的人作为人本身所能达到的最高优秀或高贵。当然这并不完全是无历史根据的、适于一切时代的"抽象人"，而是升华了的雅典民主制中的公民的优秀。民主并不必然意味着"平庸"。真正的民主能创造出比贵族社会还要优秀的"真正的贵族"（aristocrat）。柏拉图不是贵族派吗？他为什么要去歌颂"平民的优秀"？解构主义或许又会说这是"不自觉的自我解构"。然而我们却认为原因恐怕在于存在着多层柏拉图，在于柏拉图既是贵族，但又是一个聪慧深刻的哲人；在真正的人的优秀面前，一切有慧根之人必心悦诚服。

与老的、贵族时代的"优秀"（arete）的两大标志——富有与漂亮——相比，柏拉图强调苏格拉底的贫穷与丑陋。他常赤足，长年披一件旧大衣。他的丑出名，许多人喜欢拿出来谈。我们只想指出：他丑，但并不猥琐。荷马的平民士兵塞尔西忒斯很丑："两腿外屈，撇着一只拐脚，双肩前耸，／弯挤在胸前，挑着一个尖翘的／脑袋，稀稀拉拉地长着几蓬茸毛"。①苏格拉底丑丑的大眼却像公牛一样瞪着,在与人交谈时全神贯注,咄咄逼人。毕竟是雅典公民气派,用不着害怕因为"多嘴"而被什么"王者"任意杖打。

外在的穷与丑,正衬托出仅仅凭人之为人本身,可以达到何种优秀高度。苏格拉底在人的品性的每一个方面都丰沛无比,而各个方面又相互呼应与制衡,达到完美和谐。前面讲到他在道德领域中领时代之先,即使后世,能达到他的道德认识与实践境界者也不过数人而已。然而他却毫不陷于古板、偏执、道德自满、超我压抑。他发自内心地热爱生命,珍惜生命。这是希腊人,而不是"宗教大师"。在军队中食粮断绝了,没有一个人能像他那样忍饥挨饿。可肴馔丰盛时,也没有一个人能像他那样狼吞虎咽。他不大爱喝酒;若是强迫他喝,他的酒量比谁都强,从来没人见过他喝醉过。②他喜爱谈论爱情,谈得深刻(看看《会饮》与《菲德罗》)。但他从不为情欲所动(《会饮》中阿尔西比亚德的衷心赞美)。他是一个原则极强的人,不肯为了活命而放弃他认定的"神交给他的警醒雅典人"的使命。但他又绝不是一个沉闷阴郁、自以为是、一本正经严肃认真的迫害狂。他的宽容、自嘲、怀疑、批评使他永远不会恼羞成怒、心怀歹意报复人。即使阿里斯托芬写了《云》丑化(误解了)他,他也和大家一起赶去看这出戏,并仍然是喜剧家的好朋友。思想宽容的学者也许是口才大于行动的智者?但苏格拉底在战场上的勇敢是十分有名的:他多次在撤退中救战友,而且"昂首阔步,斜目四顾",看到敌人也好,看到朋友也好,都是那样镇静地斜着眼看着,叫每个人远远看到他,就知道他是不好惹的,从边上绕过去,"因为在战场上人们遇到像这样神气的人照例不敢轻于冒犯,人们所穷追的总是些抱头鼠窜的人。"③荷马史诗中的英雄如阿基里斯只靠"勇敢"一项便可以立身几千年了。苏格拉底的勇敢远远高于史诗"英雄"的,它不仅有战场上不惧强大追兵而救护战友,而且包括在从政中冒着杀头危险也

---

① 荷马:《伊利亚特》,第33页。
② 柏拉图:《会饮》,214a,220a,223c。
③ 柏拉图:《会饮》,220d—221c。并参看柏拉图《拉黑斯》,181b。

145

不顺从大众错误决定,以及为思想自由献身的大勇。然而,苏格拉底在"勇"之外还有太多其他的优秀,其人格之伟大实在用不着由哪一项品德(比如勇敢)来显明;他的关注点远不在蛮武,而在追求真理(长久立在雪中深思和迷醉于与人"谈哲学"①)。他的哲学上的思考深刻,令普罗泰戈那说他不会奇怪将来苏格拉底成为领先哲人;②他的逻各斯魅力无比,听者往往心跳泪流,连伯里克利等大演说家也无此效力。③然而他从来没想过搞点偶像崇拜,创派立宗,而是遇到任何普通的、没多少学识的,但是愿意谈的人都认真与他探讨哲学。这"认真"不妨碍充满了"反讽"(irony),但反讽绝不是为了挤压对方,又确确实实是想一起弄清问题。同时,他的与知识不多者讨论哲学虽然是为对方好,是爱;但又绝不是在"屈尊施舍爱",而是人格平等地、热诚帮助朋友式地、互相有收益地当真论辩。

苏格拉底有句名言:"未经思考过的生活不值得活。"现代存在主义不同意,用另一句格言来抗衡:"未曾活过的生活不值得思。"存在主义这话是反对人过于被社会规范束缚,终生没有真正按自己的自我选择做过一件事——没有生存过。即使那些貌似挑战社会传统,改天换地或改朝换代的人,何尝不是在"挑战者即英雄"的社会价值诱导下干的事?存在主义的见识不无道理。可是,我们看一下苏格拉底,就会发现正是他才实实在在实践了存在主义哲学(的精华部分)。他的以哲学逻各斯为生命的优秀一生全然是自己选择的,而且当时也没有这种价值规范、更不要说任何"主义"供他"参考"、"选择",所以全然是直接地、非反思地活出来的。一丝一毫的造作与沾沾自喜(或自怜自恋)都会毁掉这种生命本然性从而毁掉这种极罕见的人作为人之极品价值。我们在后世各种"伟人"(甚至包括维特根斯坦)中都能察觉出一丝"刻意"和"自怜"成分;在苏格拉底中,没有。

---

① 柏拉图:《会饮》,175a。
② 柏拉图:《普罗泰戈那》,361e。
③ 柏拉图:《会饮》,215e。

三 逻各斯与生命

生命的优秀与道德的优秀，生存的真实、丰满与思考的自觉、理性，在苏格拉底身上达到难得的合一。生命无道德则易软，道德无生命则过硬。苏格拉底之所以作为希腊伦理理想甚至西方文化理想中的一个里程碑，谜底在此。[①]

因此，我们在谈过他在超道德的或非道德的生命优秀的种种组成部分之后。还必须再一次强调：这种优秀后面有其道德人格的支持，从而使其生命发出不同寻常的异彩。人的生命中有许多道德的方面，即会遭遇各种关系中的公正（"义"）问题。平常它们并不显著，"死"或"向死存在"使其骤然凸显出来。个体如何在死面前对种种道德要求作选择？我们可以看到，苏格拉底的选择所体现出的道德水准远高于他平常"寻找普遍定义"时说的一些话（大多是目的论——工具论的道德观，其理论下一节将讨论）中设定的道德水准。[②]

比如人与政府之间，什么才是"正当"（公正、义务）？苏格拉底认为即使死也不能破坏法律。人对不合理性的法律要反对，但反对的方式绝不是古老的"以恶对恶"的复仇式公正，而是用逻各斯（言说）的力量，公开批评。如果被不能接受意见并激恼的政府判刑，则镇定地服从法律，而不破坏之。两千年后，马丁·路德·金，一个也是想积极改进主流伦理却反而被捕入狱的道德理想人物，更清晰地阐述了相似的原则："一个破坏不公正的法律的人必须公开地、充满爱地、愿意接受惩罚地这么做。一个人，破坏他的良知告诉他是不公正的法律，并且主动接受监禁的惩罚，以唤起社会对该种法律之不公正的良知认识，实际上

---

① 柏拉图常常借他人之口强调唯有在苏格拉底那里，生命（实践）与逻各斯（言说）才达到少有的统一。参看《拉黑斯》，188c—189b。
② 弗拉斯托（Vlasto）在其新著《苏格拉底：讥讽者与道德学家》（Socrates: Ironist and Moral Philosopher, Cambridge University Press, 1991）中曾指出学者大多忽视苏格拉底三段体现出义务论伦理立场的话（参看第209页）。看来，我们在此强调有多种"苏格拉底"（或"柏拉图"）不是多余之举；苏氏自我要求的（义务论的）与要求别人的（目的论的）"伦理学"是不同的。

表达了对法律的最高尊重。"①

再比如，人与神之间也应该存在着"正当"。苏格拉底既然认为充当城邦这匹战马的牛虻是他的神圣使命，他就感到不能在大众压力下违背神交给他的使命。他十分清楚，他四处去揭穿自满者的没有真正知识，打搅了各种有声望者的好梦，已经招来了许多仇敌——"为此我也悲叹，也有惧意——可是，神的话是我必须首先考虑的。"② 他深知他的真正敌人不是起诉他的米来都与安提吐斯，而是大众的妒忌与贬损：这曾造成过多少好人的死亡啊。③ 然而，"我以为神正在命令我完成研究自己与他人的哲学家的使命，如果我怕死就擅离岗位，那才会是真正奇怪的呢。"④

最后，人与他自己也有应考虑的"正当"。在生命与道德之间，孰者优先？在死的威胁下，是垮于情感与本能的压力，还是仍然一如既往地理性地、冷静地选择？对自己生命的负责不是简单的肉体"全生"，而是不要让自己的良知受伤——真伤只来自自己。"一个好的人不应该考虑他生与死的时机，他只应当考虑当他行事时是否做得对或错。"⑤

在"实践的"（生存的）苏格拉底身上，道德（义务论的而非工具论的）与生命（的幸福）因此浑然一体。希腊古代伦理模式曾是"诸神命令"之义务论型的，哲学家出现后又提出目的论型。苏格拉底在要求自己时，用的道德原则常常是严格的义务论型：讲"正当与不正当"，讲"神的命令"。但这义务论显然不是荷马众神式的，而是道德神的、理性的、自律的，在历史上第一次出现。色诺芬的记载也可以作为柏拉图对此描绘的佐证。色诺芬说，有人在审判前遇到苏格拉底，问他如何准备辩护，苏格拉底回答说他这辈子（生命活动）就是对自己的最后辩护——"考虑什么是正当，什么是不正当，并且实行正当与避免不正

---

① 转引自 Kohlberg, *The Philosophy of Moral Development*, Harper and Row, 1981，p.383.
② 柏拉图：《申辩》，28—30a.
③ 柏拉图：《申辩》，28b.
④ 柏拉图：《申辩》，30e.
⑤ 参看柏拉图《克里同》，42a.

当。"而且，他相信自己的一生生活得最好或最幸福："因为我认为，生活得最好的人是那些最好地努力研究如何能生活得最好的人；最幸福的人是那些意识到自己是在越过越好的人。"[1]

耶格尔曾说柏拉图似乎暗示人们：苏格拉底的优秀极具独特性，无法找别人相比拟、无法描述、无法规定——他只能通过亲自交往才能被认识。[2] 我们用如此紧凑的篇幅和如此抽象的文笔，更加无法再现柏拉图有计划地、大师手笔地用几十卷对话录展示的"活生生的苏格拉底"。人们只有去读，一卷卷地读和感受，才可能领会柏拉图塑造的这一优秀的、全新的道德理想与人的理想（*Idee*，范本）。

第二节 伦理反思智慧的出现

讨论了柏拉图（苏格拉底）的直接生存哲学后，我们将进一步讨论体现在柏拉图对话中的反思的、理论的，或"元"层次的伦理思想。如果说前面我们看到的是"活出来的苏格拉底"（lived morality），现在我们要描绘的将是"苏格拉底的教导"（preached morality）。由于这些伦理教导都是由所谓"柏拉图早、中期对话"中的苏格拉底在"说"，所以我们不严格区分它到底是谁的思想——柏拉图的还是苏格拉底的。集中体现苏格拉底或柏拉图反思性伦理原则的"早、中期对话"主要是两类对话，一类是以《查米底斯》《尤息弗伦》《吕西斯》《拉黑斯》等为代表的短小生动的追问"什么是 x"问题的对话："什么是自制"？"什么是虔诚"？"什么是友谊"？"什么是勇敢"？另一类是以《普罗泰戈那》《高尔吉亚》等为代表的篇幅颇大的雄辩，问题不是"是"（is），而是"应当"（ought）："为什么应当行德"？

生活的苏格拉底与理论的苏格拉底是有区别的，比如前者趋向要求极高的义务论论证方式（deontological arguments），后者则不反对使用

---

[1] 色诺芬：《回忆苏格拉底》，第 186 页。
[2] W. Jaeger, *Paedeia*（Ⅱ），p.36. 参看柏拉图《会饮》，221c。

目的论甚至快乐论的论证方法。不过，这种区分也是相对的，因为它们都关乎生命的思考。苏格拉底的名言是：未曾思过的生活，不值得活。那么反过来说呢？"思"，也正是要落脚于"生活"，即为了帮助生命更好地追求最有价值的东西。在这一节最后，我们还将指出这种理性主义伦理学在中期柏拉图那里，更发展出了一种"思本身即是最高之生命"的极端信念。这些都将构成西方文化久久无法摆脱的特征。

一　内在整一

"苏格拉底对话"给人的第一印象是否定的、令人困惑的、无结果的，没有一篇达到对几大美德的满意定义。然而，耐心研究者在这些"辩证讨论"中仍可以发现不少积极肯定的、并与传统不同的新观点，比如美德统一论，美德即知识论，目的论（工匠比喻），等等。为什么会提出这些观点？其意义何在？

这是由于时代面临的深切伦理问题所决定的。苏格拉底一生（前467—前399年），经历了雅典最辉煌的时期的出现，也目睹了其流星一般的陨落，修昔底德对内战导致的道德败落和道德话语系统紊乱的体察，任何人都不难深切感受到：

> 这样，一个城市接着一个城市爆发革命……引发许多新的暴行，表现于夺取政权方法上的阴谋诡计和闻所未闻的残酷报复。为了适应事物的变化，常用辞句的意义也必须改变了：过去被看作是不瞻前顾后的侵略行为，现在被看作是党派对它的成员要求的勇敢；考虑将来而等待时机被看作是懦夫的别名，中庸思想只是软弱的外衣；从各方面了解问题的能力只表示他完全不适于行动。相反，激烈的冲动是真正丈夫的标志，阴谋对付敌人是合法的自卫；……阴谋成功是智慧的表示，……[①]

[①] 修昔底德：《伯罗奔尼撒战争史》，第237页。

在理论反思领域中，占据逻各斯权势中心的智者在教人"说话"时的诡辩与混淆以及对价值词的文化相对主义的夸大强调，与这种现实中的道德概念混乱正好呼应。

另外，还存在一种也是现实与理论相互呼应的情况。现实中，虽然城邦法治一度约束住荷马式个人欲望的任意妄为，或者说"文明"（约定，契约，nomos）一度锁住了"自然"，但战乱使贪欲和个人野心的统治欲又抬头了，又要破坏"度"的限定。他们人虽在城邦，但内心已是僭主："……许多城邦的党派领袖们虽然自命为公众利益服务，事实上是为他们自己谋取私利。"① 修昔底德描写的现实境况在卡里克勒斯与色拉西马库斯的"人的本性是当强者，为所欲为"、"如果有充分力量，便当然会冲破一切穷规滥矩，践踏一切人间律法"② 等智者宏论中有同样回应。

问题的实质是：整个雅典城邦民主制是崭新的人类新型政治生活体制，它必须配之以崭新的道德哲学，才能健康发展。这种新伦理学应当讨论诸如每个公民（不是"私人"，不是僭主）应当有主体意识，不是由于外在的惩罚奖赏的压力，而是出于国家立法集体主权者意识，自觉承担起城邦法律的责任；即使一人独处（隐身人故事），也能做到自制、公正等要求的有关问题。这种主体意识与近代西方民主制的又不尽相同，是一种内在目的论式的（城邦作为公民本位基础上的有机整体），而"好公民"（各种美德即优秀品性）应当在此框架中得到阐明。另外，当时以及一般的民主制与市场经济特有的弊病如讨好与煽动大众的低级有害口味（政治上的烹调术与化妆术——《高吉尔亚》）等，也需要得到正视与认真的探讨。

所以苏格拉底在理论上面临双重任务：一个是代表真正的主流伦理学批评非主流的智者们的将道德还原为个人成功（欲望、情感与利益），维护道德的纯自身价值；另一个是批评看上去似乎是智者对立面的、大

---

① 修昔底德：《伯罗奔尼撒战争史》，第238页。
② 参看柏拉图《高尔吉亚》，《理想国》第2卷。

众肤浅的、未经反思的流俗伦理见解,这种见解确实维护传统道德,而且积极热情,比如《尤息弗伦》中坚信自己控告父亲的举动是虔诚的尤息弗伦;可是这些人的信念并没经过理性审查,所以在坚执其德的行动中往往导致恶的结果,比如对苏格拉底的迫害便是城邦以非常道德、非常虔诚的名义进行的;而当遇到智者诘难时,他们又往往无法招架,信念体系崩溃,太快地陷入怀疑论。

苏格拉底在完成他的任务时展开的哲学活动体现了新的道德原则:不是停在表面,而是走向内部;不是就事论事,而是寻找统一。智者证明自己的合法性时诉诸的是欲望、快乐。苏格拉底则区分内与外:人有外在的、表面的、动物性的一面,大众以为的"快乐"即在此层。但是,这只不过是假的知识所认可的快乐,人还有内在的、深处的、人性的一面,那是真正的幸福之所在,唯有真知才能把握。这一内外分别是伦理学上十分具有世界历史意义的划分。第一章中我们讨论过荷马英雄时代的伦理观念的特点:那是一个内外不分或基本上认同于自我的外在性一面的社会。阿基里斯的"荣誉"或财物受到侵犯,就等于自我受到奇耻大辱、遭到最大的伤害。《高尔吉亚》中的卡里克勒斯还在用这种观念劝诫苏格拉底:"想想吧,你对无法抗拒别人的作恶,不感到可耻吗?别人无中生有,诽谤你,审判你,剥夺你的公民权,你却无能为力,不加辩护。"[①] 但是苏格拉底不感到这有什么可耻的,因为他已经区分了人的内与外。外在的财物之类并不是最重要的东西,关键是在取得和丧失外在之物的过程当中有没有符合道德原则——有没有让自己的灵魂得益或受伤。伯里克利等政治家给雅典造了那么多船,筑了那么多城,却没在改进公民灵魂上下功夫;结果公民并非更加守法,而是更为野性、更不正义、更下作了,[②] 也就是说,是受到真正的更大伤害了。

人类还不可能很快适应这种"内外区别",新哲学理论的力量往往难与现实的力量(时代结构变化)抗衡,所以苏格拉底(柏拉图)常

---

① 柏拉图:《高尔吉亚》,486b。
② 柏拉图:《高尔吉亚》,515e。

常用"死后世界"的描写来加强"有德"对人更有利的观点（《申辩》《斐多》《高尔吉亚》《理想国》等等）。后世学者多惊讶哲人怎么还如此"相信迷信"；况且，根据其他对话录中的论述，似乎苏格拉底和柏拉图的这种信念并不认真。其实，广义地看，这种"来世威慑"维护法属于典型的主流伦理学组成部分。这恰恰说明"善于破坏的苏格拉底"的本质上的保守性或维护秩序性。

但是苏格拉底在与"正统"的人们讨论道德时，则显得是在"破坏"了。几乎对话者提出的所有看法，都被他的逻各斯"搅乱"。在《尤息弗伦》中，他被抱怨为像代达留斯（Daedalus）一样，"使稳定的东西都运动起来了"。[1] 在《拉黑斯》中，对话者说"任何与他谈话的人都会被卷入一个争论，不管他开始什么谈话，他总会把人拖着团团转……"[2] 柏拉图在遇见苏格拉底之前是克拉底鲁的信奉者，[3] 相信"一切在流变之中"。不过苏格拉底让稳笃的正统道德观念"流变"起来，不是在学习智者，而是在向人们指出：如果不在根本处认识什么是道德，不明白什么是真正的、贯穿一切个例的内在道德原则，那就会是时尚或激情的盲从者——一旦遇上智者，必然信念动摇。

所以，要从内在深处整一道德。道德不是外在的、零散的、这里或那里听来的、供人闲聊自娱娱人的知其然不知其所以然的一堆信条，而是一个人经过论证（justify）后坚信的知识、自知，是"灵魂"的内部状况。一个人倘若是一个道德的人了（内在彻底改变了），则他在各种具体场景下会因时因地地展现出他的道德内质。正如"相"是第一性的、整一的，它会在各种具体个例中"月映万川"。[4]

这种内在统一的道德是什么呢？苏格拉底（"早期对话"）讨论分别的美德如虔诚、勇敢、自制、友爱是什么时，已陆续尝试与暗示了一些解答。在"早期"与"中期"的过渡性对话如《普罗泰戈那》《高尔吉

---

[1] 柏拉图：《尤息弗伦》，11c。
[2] 参看柏拉图《拉黑斯》，188a。
[3] 亚里士多德：《形而上学》，987a33。
[4] 参看柏拉图《曼诺》，77a—79b。

亚》《曼诺》等中，则开始了较系统的阐述。每次讨论的入手方式与内容都不尽相同，我们可以大致归纳为这么一个体系："公正"（正义）是核心内容，"自制"是理性人实行公正，"虔诚"是以神圣领域保护公正，"勇敢"是坚持公正不畏牺牲，"爱"（友爱）是追求公正，"智慧"是知晓公正为最"好"。

"公正"是苏格拉底—柏拉图道德思考的核心。因为它是诸"优秀品格"中唯一以"伤害自己，造福他人"为特征的，所以它是最难在希腊式目的论框架中得到论证的。然而，很明显它又是任何主流伦理学家最感兴趣、最想维系的一个美德（社会体系得以正常运行的良性条件）。苏格拉底讨论公正时常常与自制同时讲（act justly and temperately），因为对公正的破坏通常来自人的无止境贪欲，或把脚伸到别人的领域中；而自制则意味着健康的灵魂、有秩序的内心，对人对神都会做正当之事。① 要注意的是，"自制"在日常用法中是"自我控制"，但苏格拉底用他的强理智主义改造与提升了这个概念。苏格拉底认为真正的自制是自知，从而自由、自主。在苏格拉底看来，不存在通常意义上的"不能自制"，或尽管知道什么是正当的，但由于意志与欲望的拖后腿而"明知故犯"——因为一旦有了对什么是自己的"真好"（那就是公正）的透彻了解，那谁也不再会选"差"（如粗俗快乐）；人怎么会故意去选危害自己的东西呢？这种唯智主义强立场后来被柏拉图与亚里士多德放弃了，但是在斯多亚学派和斯宾诺莎的伦理学中又被再次启用。

虔诚与公正的关系，《普罗泰戈那》是作为美德统一性的第一个例子来讲的。在苏格拉底的步步追问下（"难道能说公正是不虔诚？"），普罗泰戈那不得不让步，从主张美德之间有差别到同意它们是一体。苏格拉底这个论证的背后诉诸当时希腊的道德直觉，所以颇有力量。在《尤息弗伦》中，苏格拉底帮助对话者瓦解了传统虔诚观中的低级功利主义（讨好神，求回报），从而揭示出真正的宗教是对人间道德——公正——的保护。在《申辩》中苏格拉底更是点明了自己并非人们指控的"不信

---

① 参看柏拉图《高尔吉亚》，506e—507c。

神"者，相反，是真正虔诚者——听从神的命令者，而这就是坚守"公正"不动摇。

这也就是真正的勇敢。勇敢是希腊从英雄时代以来的首要大德，但在苏格拉底这里，已经被理性升华了。不是阿基里斯式的筋肉暴躁蛮勇，而是知晓什么是人的真正的"好"，并冷静但坚定地加以贯彻："不逃避自己的责任，无论是苦是乐，径直行自己的义务。"

总之，"有道德"不是外在背诵与机械实行几个信条，它是整个内心的彻底改观，是真正拥有了"智慧"。所以很难想象某个人会有此美德而没那美德。在这种新美德观中，什么美德都齐备；或者说，有了一种，也必会有另外诸种。

二 整一：目的论解释模式

上面的讨论已经表明，苏格拉底在反思"什么是 x"（x 或指称某个美德，或指称美德整体）的问题时，运用了一些整合模式，最明显的是伊尔文（Irwin）概括的"工匠比喻"（craft analogy）[1]或者"目的论解释方式"。

亚里士多德说苏格拉底一生在寻找道德概念的普遍本质定义。[2]苏格拉底自己，根据柏拉图在《斐多》中的记载，当回顾自己的"学术生涯"时说到他曾热衷于自然哲学，后来对其原因解释模式感到失望。在听到阿那克萨戈那的"努斯"学说后，大为振奋，认为自己找到了全新解释模式，于是如饥似渴地研究，但最终发现阿那克萨戈那在构造自己哲学体系时实际上并没用"努斯"（心灵），而是仍然用气、以太、水来解释事物的原因；"我的期望是如何之大，我的失望又是如何沉痛！"[3]苏格拉底明显感到在解释人事上用因果论模式说不通，而必须用另外模式，即用目的论思路。

苏格拉底奠立了古代希腊伦理思想中的目的论式解释模式。"目的

---

[1] Irwin, *Plato's Moral Theory*, pp.72, 115.
[2] 亚里士多德：《形而上学》，987b1—3。
[3] 柏拉图：《斐多》，98b。

论"在近现代哲学中是一个名声不佳的术语。究其原因，可能是因为亚里士多德—基督教哲学用目的论解释自然界，被近代科学视为障碍，新起哲学家几乎人人要对之批一番；另外，近代牛顿力学范式确立后，不乏有人努力想将其运用于一切领域，包括解释人的领域；这虽并不太成功，但似乎是唯一"科学"的尝试途径。其实，就像用目的论解释物理世界是过度扩展从而必然导致不适一样，用机械因果论解释人事，也同样是过度扩展从而会带来不适。坚持在自然界中排除目的论解释的康德已经看到，因果论可以解释整个宇宙，但难以解释一个毛毛虫——生命。生命尚且如此，高级生命活动——人的生命——就更不用说了。人的言行，是被文化中介过的，是由种种价值、观念、目的所组织的，而不是直接因果式的（弗洛伊德对爱情的欲望之"积——放——积"理解模式因此远不如柏拉图提出的"爱者追寻自己本质"之模式。这不是说人的行为中不会常常出现类似弗洛伊德或巴甫洛夫模式的现象，而是说那时应当说人"露出"或"退至"动物水平）。一个人在楼下不断晃头，各种"因果解释"都不能使我们理解其意义。但一旦知道这位邻居是为了健康目的、为了幸福地安度晚年在练气功，则意义一下豁然出现了。

所以，苏格拉底在理论伦理哲学史上的意义不仅是"把人们的眼光从天上拉到地上，从自然引回到人事"，而且是意识到了，并系统尝试了最适合人事领域的理论解释模式。

这个模式的特点是从"手段—目的"思考问题。伊尔文指出早期苏格拉底对话中总是从"技艺"（craft）角度看美德：为什么我们应当具备美德，按美德行事？因为它是能给我们产生最佳结果，帮助我们实现目的的技艺、手段。这种思考模式的好处是：它使美德具备了真正知识的权威性，从而与智者们如高尔吉亚的"演讲术"那种骗人的、主观的伪知识、伪技术严格区分开来。它使"美德是什么"的问题可以理智地加以认识——不像"伪术"的只知其然而不知其所以然。于是，学习和掌握美德也就可以通过有规律的、能清晰地加以解说的程序来进行。更重要的是，它使"为什么行德"的规范伦理学问题有了理性的回答——

为了达致行为者自己的"好"。①也就是说，一个人的生命将由片段与外在状态整合入内在地统辖一切思与行的终极人生目的——good——追求。

这"好"是什么？伊尔文认为苏格拉底并没自己发明新看法，而是设定一般观点为正确。在《普罗泰戈那》中，苏格拉底甚至接受流行于大众识见中的快乐论（最终目的是最大量的快乐）来论证"技艺比喻"。这么做的好处是可以不必争论结果，把注意力放在专门研究用什么手段能达到已定之结果。这就像木匠不会去研究做床是否应该，只考虑选择何种步骤和方法去做床一样。如果美德只是这种工具性手段，那么，"美德的传授"也应当和其他客观、中性技术的传授一样有章可循了。②于是，"理性"的力量在伦理研究中展露了自己的长处。

但是，快乐论——以及一般地说，目的论或手段论——似乎令今天不少伦理学家产生疑虑或反感，感到它似乎在把道德解释为"不道德"（与道德无关）的东西。当人们问苏格拉底"为什么要公正"时，今天的伦理学家自然期望他回答"这是道德律令的要求"等等，然而他却总是说公正对行为者本人有好处（更大快乐）。这难道不成了利己主义（ethical egoist）？伊尔文在发表他那本重要著作《柏拉图的道德理论》后，弗拉斯托（Vlastos）立刻与他展开笔战，两人一来一往，各自论证自己观点，持续了几个月，是为《时代书评》上时间最长的哲学通信。弗拉斯托坚决反对苏格拉底有快乐论的倾向，反对说苏格拉底曾主张"工具论"，认为苏格拉底讲的目的（good 或"幸福"），基本上就是美德——之所以说"基本上"，是因为还要与斯多亚派的"幸福完全是美德"区分一下。这么一来，苏格拉底从"利己主义者"骤然变成另一极端——全然"无我"的道德主义者（美德就是为了美德，不为其他）。

这里有几个相关联的问题，让我们一一加以澄清，则伊尔文与弗拉斯托的争论也可以化解了。首先，目的论模式，正如麦金泰尔指出的，

---

① 参看 Irwin, *Plato's Moral Theory*, p.73. 不过，"早期对话"真的是只专注于中性的、手段的、技艺型的道德—知识吗？《拉黑斯》与《查米底斯》似乎并不给人以此印象。

② 参看 Irwin, *Plato's Moral Theory*, p.109.

在城邦民主制之中是有现实基础的。城邦既然意味着公民与国家的有机统一，一个"好"公民也就是能很好地实现自己在城邦中的功能的公民。这不是什么外在工具作用，而是内在目的与内在手段的关系。苏格拉底（柏拉图）从不认为"真好"（应追求的目的）仅仅是什么纯个人的、外在的利益。一个医生之"真好"（内在有价值），是能治愈病人，而非能挣大量钱财；同样，城邦之"好"正是公民大家之内在"好"，而城邦之好的达致，又是一场要大家作出实质贡献的伟大事业。既然身为公民们，则当然应视此为自己的"好"，为自己一生目的（公正地待人、待城邦、待神）。

其次，作为主流伦理学家，苏格拉底在思虑道德问题时，必取一种"立法家意识"，即以设计城邦的最终目的——带来公民的真正幸福——为自己理论的出发点。这和对他自己的强、高要求是不能混为一谈的。在导言中我们指出，道德是二阶价值（"好Ⅱ"），所以只在操作于一阶价值（"好Ⅰ"）之上时起作用。如果否认、取消了一阶价值，要二阶价值干什么呢？苏格拉底自己身上，多种倾向并存。上一节中我们讨论了他对自己的强道德要求，那是无法要求大众做到的。另外，他的言行如内心独立、安详、抗文明、"死亡训练"等甚至还具有非主流伦理学一面，能在后来开启小苏格拉底派与斯多亚派。但苏格拉底主要地仍然是主流伦理学思考者，而且是政治性很强的、企图改造社会的伦理家。对于广大城邦公民，他不能取康德式的"道德很伟大，你配不配行之——由你"的态度，而只能从道德会促进每个人生命的真正幸福的角度入手引导大家向善。

明白了苏格拉底由于角度不同而有几种层面后，我们也就明白他既可能主张激烈的、不管个人幸福的强者道德观，如"生活好就是高尚地、公正地生活"，"你们应当弄清楚，如果你们杀了像我这样的人，你们伤害的是你们自己而不是我"，"我是不会被坏人伤害的，无论此生还是死后，邪恶都无法伤到一个好人"①，也可能会同时十分关心生命中美

---

① 参看柏拉图《申辩》30d。

好的（但不是"道德"的）东西，关心友谊，醉心于"逻各斯"（参看《吕西斯》和《菲德罗》），常去健身场、剧场、赶赴节庆，并一再认真向对话者论证什么是最大的幸福或真正的快乐。

目的论的真正理论问题是：人们在多大程度上是理性的？或者说，有多少人是按严格的人生计划（手段——目的——最终目的）来自觉调整自己日常每个决策的？难道人真的不可能知"好"而就是不选吗？这些问题确实很难回答。不过，可以想象苏格拉底仍然会回答：必须坚持人类刚刚出现的理性主义精神，因为只有经过理性反思，才给生命带来真正价值。没有思考过的生活，不值得活。

三 凝视

苏格拉底的这种强理性道德观，后来发展成了柏拉图的极端的"形而上学生命观"。学者们一般同意，早期苏格拉底伦理对话中提出的一系列观点与设想后来都暴露出种种问题，中期柏拉图对话于是构筑了一些认识论与形而上学的观点（如《曼诺》中的回忆说和《斐多》中的相论），然后用它们来系统解决这些问题（如《理想国》）。[1] 有意思的是，我们可以在柏拉图的"发展"中看到一个倾向：原先作为说明此世的解释框架，后来却变成了本身更值得追求的东西。"知识"原来是道德的基础，现在却成了人生目的。"目的"原来不太讨论（"good"或"幸福"本身是空洞无内容的词），现在却成了环绕"爱"这个概念而被专注地加以讨论的主题。

人生应当爱（追求）什么？在中期柏拉图的几部著名对话（《会饮》《菲德罗》《理想国》等）中，都论证最值得爱者是"相"或"理念"（idee）。最令人心醉者，是美德的相，而不是日常生活中的具体美德表现。最高的境界是凝视（看），而逻各斯却归于静默。这些都是什么意思？怎么会发生这样的变化的？哈维罗克曾从语言方式的变化作过一些有意思的探讨：从荷马诗性智慧到柏拉图反思智慧，口语越来越被书

---

[1] 参看 MacIntyre, *A Short History of Ethics*, Routledge, 1980, p.26.

写所压倒。诗性智慧必诉诸故事（narrative），即具象的、分别的、生动的、拟人的逻各斯；特别要避免抽象的、一般的、共同的说话方式，避免使用冷冰冰的"x 是 y"的命题式，所以 to be 的出现率很低。而书写则不同，它容许并鼓励"什么是 x"之类的问题，比如"公正是什么"？而且书写语要的正是非具象的、多中之一的、思想性的那个普遍定义。公正于是成为一个主题（topic），而且是一个前后一贯地被陈述的坚固概念。为此，苏格拉底—柏拉图把希腊语中的强调词（*auto*）与反身代词（*heautou*）结合起来用（那公正本身是什么？）[①]。这不是说柏拉图已抛弃了口语；相反，他的写作方式还是"对话录"式（苏格拉底之言说）的，他在《理想国》中讨论公正时还运用了具体实例："如果有一个殖民地……"但是，在柏拉图逻各斯当中确实能看到写作与阅读（看）的语言方式带来的基本意象的变化，如与"视"有关的意象增多了：他在阐明自己哲学时，反复说"看""寻找出""凝视""神视""发现"等等。[②]

这是一条很有意思的线索，尽管就其本身还嫌简单。不过在希腊哲学发展的这一个时期，"看"这一基本隐喻的作用一下子大了起来，这倒是个事实，格思里曾在讨论巴门尼德时指出："看"是希腊"思"的主要意象。[③]我们知道，"思"是一个纯抽象的活动，为了把捉它，历史上哲人们用过各种基本隐喻。其中典型的、影响大的有"把握"（吞食）、"看"（呈现）和"反映"（镜像）等等。柏拉图主要用"看"之意象建构与描写他的"相论"：相是清晰原物，现实世界是其影子。"太阳喻"和"洞喻"都是"看"之意象控制之下的比喻。运用这种意象的目的，可能是为了更好地说明柏拉图所理解的"实在"（being）观。在柏拉图看来，"实在"是有层级的。有的存在物"含实量"高些，有的差些，有的全然是虚空的。"相"是实在；生成与消灭的此世界既然流变于存在与不存在之间，便是"半实在"；至于"无"，当然是一点实

[①] Havelock, *The Greek Concept of Justice*, pp.313, 325.
[②] Havelock, *The Greek Concept of Justice*, p.329.
[③] Guthrie, *A History of Greek Philosophy*, p.18.

在也没有。用时间比喻说，相是永远那么存在（always is），不像现实世界中分有相的事物摆动于在与不在之间（becoming，perishing）。唯有实在者（相），才能被理智清晰地"注视"。实在性含量少的，则模模糊糊，看不清楚。①

要注意的是，这里的"实在"高低或"实在"与"非实在"的区别，与一般人理解的，正好相反。现世界中人们感到看得清楚、摸得扎实的东西，在柏拉图框架中却是虚的、掏空了实在性的"影子"；相反，现世界中人感到"虚的""相"（理型），在柏拉图那里是永恒、稳固的实实在在。学者由于难以认同这种"倒置实在"，常常好意为柏拉图辩护，说他不会蠢到认为"相"会离开扎实的大地（"分离问题"）。实际上在柏拉图悟见的本体景观中，问题要倒过来看：不是什么"虚"、"弱"的"相"离不开其"实在载体"，而是实实在在的"相"没必要与影子一般的现世界搅在一起。

柏拉图知道让生活在现世界中的人理解这种"实在性倒置"是很难的，实际上我们的语言本身都已渗满有利于"此世界中心"本体观的质素。只能勉为其难用一些比喻来"旁敲侧击"——启发。"洞喻"便是一个很精彩、很深刻的比喻，是他用来启发世人转换思维视角的：假设你一辈子都生活在某个本体论维度（洞中被锁面壁，或永在梦中——中国也有"庄生梦蝶"之问），你岂不当然会用这个维度的尺子衡量一切。举起手来看看你的手心，它是那么"真切"。可是问题在于，这种不可动摇的自然真切感，会不会是由于我们从来没机会接触另一种类型的实在？既然人的肉身构造已如此定下，你怎么知道其他的尺子，从而你怎么可能甚至询问或检查你眼前的这手的实在性是否很大？如果你有机会进入另一尺度——假如那是更本真的存在尺度（洞外世界，醒后世界）——你岂不会感到你的一生差一点全部虚度（白过）了吗？你还会再看重你前一个生活世界的实在性吗？

柏拉图很清楚这种存在论上"出洞"的困难：首先是人们的身体构

---

① 参看柏拉图《理想国》，509d—511c。

造是此世界的,如囚徒之"被钉牢而不得移动其头"一样,只能注视墙上映出的幻象;其次,人身欲望是把朝向超越努力的心灵紧紧拖向此世界的、难以抗拒的炽情("劣马说"),因此心灵能挣脱此世界而窥见"真实世界"的,少而又少。[1] 所以,毫不奇怪人世间真与假是颠倒的。而且颠倒是自然,反颠倒反而成了不自然。运用到伦理学上,柏拉图让苏格拉底在《高尔吉亚》中不无悲愤地说:"我只注意善而非快乐,我不用你所推荐的(伪)技艺。我就像医生被小孩拖到法庭上受控告一样:这个人在害你们青年人啊:动刀动针,或烧或饿,还用苦药!……医生怎么回答呢?他如果实话实说,那就是:所有这些'恶事',我的孩子,都是为了你们的健康而做的。当然那些人要大叫大喊……使人茫然无法回答。"[2]

柏拉图有鉴于苏格拉底之死,不再"到民间去"做牛虻工作。他选择在写作中塑造"追求更美好实在"的生活理想本身。这也是一种道德教化工作,是用"榜样"(范本,"相"的本义之一)的强大召唤力,来引起社会的仿效("模仿")。《会饮》等诸多分量很重的对话录专注于描写的"理念爱"历程,目的在此。

《会饮》谈爱,"爱"是人生追求的一个现象学表征。苏格拉底"转述"第俄提玛的爱的理论:爱就是对于善的事物的希冀,是想把凡是好的东西永远归自己所有。爱的"最深密教的门径"是从只爱某一个美形体开始,凭这个美形体孕育美妙的道理。第二步就应学会了解此一形体或彼一形体的美与一切其他形体的美是贯通的。这就要在许多个别美的形体中见出形体美的"相",从而普爱一切美的形体,而不再过多专注于某一个美的形体。再进一步,他应该学会把心灵的美看得比形体的美更珍贵……;再进一步,他应学会见到行为和制度的美,看出这种美也是到处贯通的,因此就把形体的美看得比较微末。再进一步,应看出各种知识的美,从而再也不束缚于个别事物之上……这是一个一步步本

---

[1] 柏拉图:《菲德罗》,248b。
[2] 柏拉图:《高尔吉亚》,521e—522e。

体换层的哲学进程。在这种扩展、提升、不断逐步颠覆固有观念的进步中，人有可能会突然看见一种奇妙无比的美，即美本身。"这种美是永恒的，无始无终的，不生不灭，不增不减……一切有生灭、有相对性之美的事物都以它为泉源。"①

充满敬畏地凝视这"相"本身之汪洋大海，使人心中起无限欣喜——"这种美本身的观照是一个人最值得过的生活境界。"②《菲德罗》也描述了爱智的哲学思辨跋涉的顶峰，在那里，"揭开给我们看的那些景象全是完整的，单纯的，静穆的，欢喜的，沉浸在最纯洁的光辉之中让我们凝视。"③

有几点值得注意：第一，这种狂喜是因为看见了本真，从而感到生命的无比充实；值此时，整个思考模式大转换："好"（有价值）不是个体为本位地"收获进来"多少"好东西"，而是放弃自己，洞知本真界才是本体，并以"参与到"（分有）那"本真之好"中去为"好"之唯一实现方式。第二，经过长久哲学训练而有幸升入这种境界者，有过真正实在之体验者，决不会再"看实"、看重这个世界中的种种价值，会坚定地以另一个世界的追求为生命目的（此即所谓"哲学是死亡训练"的真正含义，因为"死"在这里等于"永生"）。从毕达哥拉斯开始的"哲人思辨生活形式"之一阶（生活）价值理想，至此臻于又一个高峰。第三，在这样的大美、大真，大善之前，逻各斯（"说"之隐喻）终止，"凝视"（看或慕拜之意象）占据统治地位。在《克拉底鲁》中，苏格拉底讨论名字与对象的关系，最终达到的重要结论之一是语言只不过是映象，而映象总非十全十美，总无法把握实在。不通过语言，而通过实在自身认识，"当是更为高贵和清晰的途径"。④

这已经超出一般意义上的主流伦理学或对社会道德秩序的论证与保护的知识学论域了（实际上，这里有相当反主流的奥尔菲斯教出世成

---

① 柏拉图：《会饮》，210d—211d。
② 柏拉图：《会饮》，211d。
③ 柏拉图：《菲德罗》，250c。
④ 参看柏拉图《克拉底鲁》，432d，438e。并参看《菲德罗》，276a论"沉默的逻各斯"。

分）。不过，哲学家或许还可以扩大自己的理性目的内涵，包括一些其他的、实践的活动，还可将所见之真理贯彻在社会组织结构中。

柏拉图的"相"论，自己在后期对话录中就不断反省、批评。到了现代，尼采、海德格尔又从苏格拉底"理性狂"（"非理性的"理性主义）吞噬了艺术乃至现实生存的地位的角度批判西方反思式伦理智慧的兴起与统治。罗蒂则借助后期维特根斯坦的见地而从西方哲学认识论中的一个基本隐喻——镜喻——的顽固不破和引人误入歧途的角度批评柏拉图。应当说，这些批评不无道理，一切道德方案皆有其代价。苏格拉底—柏拉图的理性主义也不例外。然而，这种理性主义（夸大成了近于宗教的理想主义）仍有其自身意义。人能够高出动物，能骄傲地与自然抗衡，在历史上还是第一次，它只能依赖这种夸大了的理性主义。说到底，人要被拉回到动物水平，很容易。这就是为什么主流伦理学思想家如孔孟及柏拉图如此强调"人／兽之别"的缘由。

第三节　公正：在批评中塑造主流

柏拉图早期和中期对话最终会聚于《理想国》——一部政治伦理学对话录。"政治"是柏拉图一生"学术生涯"的关注焦点。在《第七封信》中他说自己和所有青年人一样，年轻时曾向往从政。这不仅是由于他的贵族出身以及雅典城邦的把"公民政治生活"置于主导生活形式的影响，而且是由于他的哲学气质使他的思考与实践的原动力不可能是纯理论上的惊讶与好奇，而是如何找到"真正的"政治艺术来救治现实的危机与苦难。

苏格拉底与柏拉图十分认同和关切雅典，这与后来又一个主流伦理思考者亚里士多德的从理论上认同雅典不尽相同，更加血肉相关。然而当柏拉图开始他的哲学生涯时，雅典已过了它的辉煌鼎盛时期，正在伯罗奔尼撒战争中走下降的路。现实提供的是问题而不是机会，内战使原先不明显或危机转嫁了的政治、道德隐患恶性爆发。国内，对道德伤害最大的短期心理普遍占上风：

……由于瘟疫的原故，雅典开始有了空前违法乱纪的情况。人们看见幸运变更得这样迅速，这样突然，有些富有的人忽然死亡，有些过去一文莫名的人现在继承了他们的财富，因此他们现在公开地冒险作放纵的行为，这种行为在过去他们常常是隐藏起来的。因此，他们决定迅速地花费掉金钱，以追求快乐，因为金钱和生命都同样是暂时的；至于所谓荣誉，没有人表示自己愿意遵守它的规则，因为一个人是不是能够活到享受光荣的名号是很有问题的。一般人都承认，光荣的和有价值的东西只是那些暂时的快乐和一切使人能够得到这种快乐的东西。对神的畏惧和人为的法律都没有拘束的力量了。[1]

智者把现实中的变化用抽象的一般人性论加以理论上的概括，凿凿有词地论证公正不给人带来利益；并论证人服从道德，只是为了一己私利；如果能不被发现，人人都会弃道德而干利己之事（谁能不感受到《理想国》第一、第二章中智者色拉西马库斯及被智者论证所困惑的格罗康与阿德曼图的激烈陈词的震动力量？）。政客们煽动群众情绪进行内战，名义上为国家利益，实为党派或自己的权势。[2]在国际间，内战使道德水准下降，屠杀希腊战俘甚至整个国家人民的事屡屡发生，被困国家中甚至人吃人。[3]在柏拉图看来，国家失去了公正，个人也失去了公正（注意这二者的"公正"在他看来是紧密呼应、内在对应的）。最大的问题是党派内争威胁国家的和谐（友爱）与统一，而究其原因，又是由于"欲望"（快乐）被过分强调，结果它急剧胀大而超出应有限度，侵入政治（公共事业）领域。当此之世，政治家对自己以私欲满足为目的，对大众以讨好、煽动其私欲为宗旨。前者可以参看色拉西马库斯的"宏论"：公正或道德在于服从法律或政府，而法律与政府乃是掌权者的利益的体现。[4]后者则可见之于《高尔吉亚》中苏格拉底对智者和

---

[1] 修昔底德：《伯罗奔尼撒战争史》，第141页。
[2] 修昔底德：《伯罗奔尼撒战争史》，第141页。
[3] 修昔底德：《伯罗奔尼撒战争史》，第154页。
[4] 柏拉图：《理想国》338e。

雅典"政治家"们的"政治技艺"的批评：这些"政治学家"与"政治家"并没有能给人民带来真正好处的知识。他们所作所为，只是用假知识、"伪"技艺来迎合大众的外在的、一时的欲望满足。久而久之，终究会伤害人民，无怪乎又遭责骂。①

　　柏拉图提出的改革方案因此以真正的知识（哲学智慧）为中心，以强道德主义（灵魂和谐作为政治根本）为特征，以恢复社会有机体的秩序和统一为目的。这个纲领的逻辑环节可以清理为一个三段论："理想人治—理想人教育—理想哲学"。因此，我们不同意一般地用"本体论—认识论—伦理学"模式来框套柏拉图的做法，而主张真正的柏拉图哲学体系是"政治学—教育学—哲学"。他的其他各种"学"之探讨（如逻辑、认识论、伦理学等），都应置于这一基本框架中来把握。

一　界域公正与人治理想

　　希腊伦理史上的重要范畴是"公正"，尤其在出现了城邦法治国家之后更是如此。前面两节我们分别从人与国家、人与人、人与神、人与自己等方面讨论了苏格拉底—柏拉图的"公正"观。现在我们要讨论的是柏拉图所确定的国家的公正。柏拉图既没采取传统的"守法"之类观点，也反对智者的"强者（统治者）利益"之大胆"创新"。他捍卫主流，但又是从独立哲学思考的高度入手，在批评中捍卫主流。他的哲学基本信念是有机体的功能分工与整体和谐。如果接受这种思维视角，就会接受其中的一些自然推导出来的规则。主要的就是，一个国家总是由各种功能要素组成的：经济生产的要素和守卫国家的要素；在后一种要素中，又可以再区分出一种亚元素——领导国家者。每种功能，从希腊的思想方式看，都有其实现最佳时的状态……优秀状态（arete 或"美德"）。领导人的功能是思，其美德为智慧；军人的功能是战，其美德是勇敢；生产阶层的功能是欲望与获取，其美德是自制。这些一般来说都不错。关键是柏拉图的下一步推论：所有人都是当他专心于一样事时，

---

① 柏拉图：《高尔吉亚》，515a—516e。

才能干得最好；一切人也都只有最适于他干的一样事。所以，如果这三个阶层各自守住自己的领域，不跨界侵犯别的领域，则整个社会（国家）分工合作，和谐有序，此即"公正"。①

这显然是反对当时的雅典民主制政治的。因为虽然柏拉图讲"三域互不侵犯"，但他从心理动力学上看，欲望往往更多地冲击、侵犯理性的领域；而从时代看，财富这一新历史力量正在咄咄逼人地进犯老的政治架构，所以他强调的显然更多是限制"欲侵理"或生产者阶层参政的这一种"不公正"。而且他还说可以"编个神话"来渐渐让人相信各阶层的性向差别；再加上他这套体系是人治而非法治的，结果不仅当时受人（如亚里士多德）批评，而且不断招致后人的许多责难，特别是经历了第二次世界大战的英美自由主义者（罗素、波普尔），把这个方案与落后野蛮的"埃及种姓制"和"法西斯专政"归为一类。即使情绪稍平后的今天，许多人还是因为成为共识的民主情感而感到不能接受柏拉图的"知识精英"政治论。

其实这里有误解。柏拉图的"心理学三要素"划分固然干净漂亮，但容易令人曲解他指的领导者的首要品质是"知识"。仔细读《理想国》却告诉我们，柏拉图认为领导者的首要品质是"大公无私"，其次是真正的智慧。

柏拉图在讨论了对"卫国者"的基本"音乐""体育"教育后，指出真正的统治者还要从他们当中挑选，其标准是一生热心于国家之"好"，最憎恨行与国家利益冲突之事。②后来在讲到统治者应当追求智慧时，也是首先考虑到爱智者远离欲望，没有占有欲，胸襟开阔。③这种人当政，与智者主张的"强者必护一己私利"论相反，会真正献身于"公"，而非只为自己一派（无论穷人还是富人），更不要说只为自己一人。"界域公正"的第一个目的应此是防止私的、财产的、经济的原则侵入公的、政治的领域，而不是防止哪一个阶级侵犯另一个阶级的特权

---

① 柏拉图：《理想国》，433d。
② 柏拉图：《理想国》，413d。
③ 柏拉图：《理想国》，485a—486a。

利益。政治家无利益可护——"政治家"必须被剥夺全部私有财产，不得储金购屋，也没钱旅游；家庭也被取消，共同生活，这样，他们就没有"我"与"非我"观念，无一己之欲与苦乐，对一切都感到是自己的事，以天下为重。[①] 从政不是捞到了什么，而是牺牲，所以没人抢着从政。社会要在"荣誉"等上面给予补偿，以便说服优秀人从政。[②]

很明显，柏拉图的改革方案启用了斯巴达——雅典的"他者"——的伦理资源。"公民"就是公民，以国家利益为旨归，否则只是经济动物。但是柏拉图并没主张全盘斯巴达化而否定雅典。首先，政治家的另一个重要品性是哲学智慧，这是典型的雅典理想而非斯巴达的。在《理想国》第八卷讨论"政治退化"时，柏拉图批评了"军人政治"的野蛮粗鄙，只知道追逐权力、荣誉、体育、军事，不是为了知识，而是想逞军事能力以博荣誉而执政。[③] 其次，斯巴达完全没有给予"欲望"以应有的地位。它消灭市场经济体系，用国家手段强制使所有公民满足于简朴生活。柏拉图的理想国既不容许私的或经济的原则侵犯公的或政治的领域，但也不容许反向侵犯。用泰勒的话说，就是柏拉图并没搞"社会主义"或"共产主义"的意思；其"财产公有"理想恰恰不是运用于社会上唯一执行经济功能的那个群体。[④] 对于这些人（农民、手艺人、商人、水手、换钱人、坐贩、消费行业人等）来说，财产是私有的，贫富差别亦存在，否则一个国家将永远停在"猪的城邦"或最基本需要满足水准上。[⑤] 国家只对差别进行限制。[⑥] 柏拉图这显然是将雅典政制的因素纳入他的"理想国方案"了。

这样看来，柏拉图还是采取了"公正"原则的，它虽然有种种弊病，但也不乏真知灼见。一提到"公正"，当代民主制教育下的人一般

---

① 柏拉图：《理想国》，462a—463a。
② 柏拉图：《理想国》，468d—520d。
③ 柏拉图：《理想国》，548a—550a。
④ A. E. Taylor *Plato, the Man and his Work*, Methnen, 1961, p.277.
⑤ 柏拉图：《理想国》，369c—372d。
⑥ 柏拉图：《法义》，744c—745e。在个体心理学领域中，柏拉图讲的也是多元要素和谐，而不是斯多亚的绝对理性一元论。参看《理想国》，439a—441e。

会立即想到"平等"。这是罗尔斯公正论的核心。不过,"公正"还可以有其他诠释,同样也符合人们的直觉和理知,比如沃尔泽(M. Walzer)指出,真正的"平等"不可能实现。在经济领域中,平分财产后第二天早晨又会出现不平等,因为不同的人总有不同的打算,对自己的那份财产作不同运用,结果总会导致此消彼长。在政治领域中,我们总想选个能人,而不是"抽签"来随便弄个人当国家领导人;在爱情和家庭领域中,也不会有人觉得"统一分配"是个合适、公正的求偶原则……所以真正的公正只能是界域公正:每个领域(sphere)中都有自己的独特原则,但不能让某个领域的原则成为跨越一切领域的原则,四处称霸。①

从这个角度看,则"贪欲"在经济领域中是合理的原则。正是欲望推动人们从事生产与交换,使文明社会的出现有物质基础。康德、黑格尔、恩格斯都曾力排众议而肯定欲望在历史发展中的作用。实际上如果让政治的原则侵入经济,顶开私欲,只能带来灾难。不过历史实践事实告诉人们的,更多的毋宁说是另一种灾难:欲望的、货币的、经济的原则横扫其他领域——政治、爱情、学术等——造成极大的"不公正"。柏拉图感到他的时代中的主要灾难正是这一种。②在《理想国》第8卷讨论"政体败坏四阶段"时,他实际上是在批判由此引起的种种不公正情况。"军人政治"败坏后便是"寡头政治",即金钱政治,其恶劣之处在于政治家标准不唯知识而唯财富;贫富相互攻击使国家分裂,无力对外。再变而为"平民政治",政治家染上享乐奢侈恶习,节俭本性被"非必要欲望"战胜,随心所欲,见异思迁,不肯专心于一事,以为这就是"自由"。最后,平民中必有领袖,在率众人打击富人时,杀夺过狠,养成狼性,是为"专制僭主"。他成立专门卫队,借口"防止暗杀人民领袖"。上台之后,立即翻脸不认人,不再管"人民"。常常对外作战以转移国内困难,除去谏者贤人,专纳众小谄者。③这些,如果从智者

---

① 沃尔泽:《正义诸领域》,褚春燕译,译林出版社2002年版。
② 柏拉图多次提到要限定"无限度冲出",从而将无序变为有序(cosmos)的希腊精神。参看《菲丽布》,25a—26c;《蒂迈欧》,30a。
③ 柏拉图:《理想国》,565d—568d。

的"强者利益即公正"的理论看，当然是最合乎"政治（公正）"的一幅图景了。但是从柏拉图坚信的真正的、唯一的政治公正（多样和谐，政治家弃私为公）的标准衡量，则是社会不公之极端。

柏拉图认为在政治领域中，不是偶然性（抽签），也不是欺骗人以讨好欲望的本领，更不是占有货币量的多寡，而是"大公"和"真正政治智慧"，才应当作为分配权力的原则，这大约是近代民主制下之人也不会反对的——至少在行政领域中。但是如何找出这些优秀的人，以及赋予他们多少权力？在这一点上，近代民主制就不会同意柏拉图了。近代政治哲学主张在这些事上应当依靠法，柏拉图却说不必——也不可能。所谓不必，是指一旦有这么优秀的人、智慧的人执政，他们的智慧会使他们比一般的、抽象的、呆板的法律更能适宜于正确处理具体情况。① 况且用比雅典民主制的"抽签""选举"更好的办法挑出来的优秀政治家是不会腐败的，有什么必要受制于法律（任期、监督等）呢？所谓不可能，是指柏拉图对雅典民主制感到深深失望，不相信靠那套程序能选出比"暴众煽动家"更好的政治家。

柏拉图的办法是什么？是"教育"。

二　理想人教育

哲学史上，罕见如柏拉图那样重视教育学的哲学家。其他相类似的也许只能举出孔子、卢梭和杜威了。《理想国》这部政治哲学著作的主体（3—7卷）都是在系统讨论教育。不过，不少学者或是轻看柏拉图的这个方面，或是从一般理解的"教育"角度研究"柏拉图的教育思想"。前者是哲学史家易犯之毛病，后者是教育史家易陷入之局限。实际上，"教育"——或与现有人类不同的"新人"（理想人）的造就——对于柏拉图（以及孔子）这类理想主义、道德主义式政治纲领是至关重要的一环。民主制不必重教育，民主国家中的政治家不必是个人品德十分高尚者；自有严整的法律保证着政治游戏的合规则进行。所以民主制

---

① 柏拉图：《政治家》，292c—300e。

的首要任务是立法。"理想人治"既然把国家的前途押在领导者个人的品德之上（道德主义），那么确保这种人的造就与遴选的大规模"造人运动"或教育工程，便直接担负起了国家的立法功能了。①

优秀的人必须全面地优秀，从婴孩生理素质的优生，到气质的优选；从环境的精心选择（"公共生活"）到战火中的长期考验；最后，再在严格淘汰后剩下的人当中挑选精英学习高深学问，参悟真理，育成栋梁之材。这样的人决不会腐败，绝不会变成智者所说的"吃羊的牧羊狗"。

所以我们也就能理解柏拉图为什么那么"不近人情地"对荷马史诗和儿童故事进行严苛的"道德检查"。"教育决定了一个人的一生"。② 文学是一个国家的伦理资源库，"神与英雄"是希腊"优秀"（arete）或主导价值的形象凝聚物，是"榜样"；而榜样的力量至少对于幼小的心灵是无穷的。所以柏拉图必然要对传统诗性伦理逻各斯从新的道德角度进行系统批判。荷马的许多段落可以删去，有教养的人应当能泰然面对一切灾难，荷马的"英雄"却遇事失声恸哭（"啊呀！我真是倒霉！啊呀！"）。而且，神和英雄应当有自制，不宜狂笑不止。再说，怎么可以说英雄贪图钱财，阿基里斯是为了图报酬才放归赫克托的尸体呢？③ 戏剧体艺术比史诗体艺术对人的个性影响更大，因为表演是模仿，而"模仿"者最终习惯成自然。卫国者可以模仿勇敢有为者，断断不可去模仿下贱者，也不能模仿牛叫、风声、铁匠声、妇女叫什么的。④ 音乐的教育十分重要。既然"公正"是政治和谐，就应当由灵魂和谐的个人去完成。音乐能从小就感性地熏陶与养成和谐的心灵（这显然是个毕达哥拉斯派的观念），养成秩序感、尺度感、多中有一之感。

这种国家全面控制"教育"（教化）的方案，斯巴达是用过的。这

---

① 参看普鲁塔克《希腊罗马名人传》，商务印书馆1990年版，第101页记载：为柏拉图奉为政治家楷模的斯巴达立法者吕库古有一个重要思想："使教育完完全全地担负起立法的功能。"
② 柏拉图：《理想国》，377b。
③ 参看柏拉图《理想国》，390e。
④ 参看柏拉图《理想国》，394d—397b。

是道德主义政治纲领的必然结论。这种纲领的特有代价是忽略了人的完整性，忽略了个人性的一面。很难想象在这种"书报检查制度"下能造就自由、轻松、开放的苏格拉底风格。而在社会中截然二分"公人"与"私人"两组人群并严格对政治家的个人生活方面（爱情、欲望等）压抑，使得"从政"意味着一桩苦差。如此，怎能防止政治家（也是个体血肉之躯之人）被压抑下去的欲望"在梦中出现"，当机会一合适则"冲入光天化日之下"，令整个政治领域全面腐败？[①]

三 绝对真理哲学

在全面造人运动的顶峰，必然是"学哲学"。既然"美德即知识"，哲学或真正知识的获得便是道德政治家的最终塑造封顶。也正是因为柏拉图相信有绝对真理的哲学，才使他感到有资格居高临下地审批其他逻各斯形式。哲学把握真正的逻各斯——"权力者的共同名称是'拥有逻各斯'的"[②]。这种逻各斯（"道"）是真善美统一的、超越的相，它们是超出现存杂多的流变的、相对的、不实的世界之上的永恒、统一、绝对实在。这种哲学从两个方面支持柏拉图的理想政治纲领。其一是"相"，讲的是诸多事物之所以能和谐、统一、成为"一"、成为共同者的原则，这显然有助于论证以国家或有机体为本位（而非以个人为本位）的政治模式。其二是既然唯有哲学家的最高理性才把握住了流变现实背后的真理，那么他们的效准是独立的、自主的、完全具有能同大众"意见"或情感抗衡的力量，绝对不屑于在公众大会上哗众取宠，投合群氓。如果说现代有些颇有造诣的哲学家在民族主义的、情感激昂的群众运动面前自惭形秽，对自己是否会由于过多理知而漏掉了"生命""非理性"等存在之重要方面怀疑起来，最终自觉自愿地向大众运动输诚低首，去当一名意识形态上的排头兵，那么坚信理性使人由虚的（感性的）生命转向充实、真实（理性）的生命的柏拉图哲学家，是绝不会感到有这个必要的。

[①] 柏拉图：《理想国》，571b—575e。
[②] 参看 Vlastos, *Platonic Studies*, Princeton University Press, 1981, p.162.

柏拉图在勾画了他的理想国蓝图后，进一步指出贯彻这一方法的最简单亦即最佳方法，当然就是哲学家担任领导——"哲学王"，或者，是使统治者具备哲人精神与知识。[①]优秀的人总是少的，所以最好的政治是君主制——这君主是哲学家。这是否过于"理想"呢？柏拉图在理想主义中还是保持着一定的清醒头脑的，他知道人治一旦不行，则变为最坏体制。无论在《理想国》第八章还是在后来的《政治家》中，柏拉图都把放纵私欲的单个人统治方式当作蜕化的政治体制中最邪恶的。在《政治家》中，他进一步承认理想政治家难以造就，因为在人当中找不到蜂群中那种在身体和心灵方面都是最优秀的、天生的蜂王。此时，只能立法与分权。[②]

概而言之，柏拉图的政治纲领是以道德立国的系统方案，而不是什么"种族贵族制"。这种政治模式的主要对手实际上是以个人为本位、并且不把道德引入政治的无为之治和自由主义政治。道德理想主义式政治纲领在历史上只有过几次的试验，基本上停在"理想"域中。然而，它的主要意义可能正在于它的"理想性"。当柏拉图笔下的苏格拉底滔滔不绝地描述了自己的"公正"国家方案后，对话者克来托丰（Cleitophon）问了一句："以上这些，有可能实行吗？"苏格拉底说："这是第三个大浪……我们开始讨论'正义'与'非正义'，都是在研究纯粹的、理想的、完备的东西。典范虽不可能完全实现，但作为追求目的，也有很大益处。比如完美的艺术品，虽没有'现实'存在，也丝毫不减其价值。"[③]实际上，民主政治虽然是雅典乃至近代西方的主流伦理生活模式，但是它绝不是一个完美无缺的模式。依据更高的、尽管不太现实的"理想"模式对它进行不断的批评，会有助于它变得清醒，有助于它超出平庸的、怀疑人性的、契约市场关系的层面，或者说避免在自我满足的单向道上走得太远，失去应有之均衡。教育或道德与制度硬件比起来确实是软件，但是缺乏软件的硬件也是畸形的、必然失败的。

---

① Vlastos, *Platonic Studies*, Princeton University Press, 1981, p.473。
② 柏拉图：《政治家》，292c—295a。
③ 柏拉图：《理想国》，472b—473a。

虽然柏拉图以批评者的身份出现，但是他的政治伦理学总体上说属于主流伦理的范畴。在他身上，可以看到孔子身上那种"立法家角色意识"（知识分子的政治使命感）的强烈迸发。他不但有理论上的执着思考，而且对实际政治终身兴趣不减。虽然他口头上说哲学家一旦"出了洞穴"、参透真"相"后就决不愿再入世从政，所以大众应当强迫哲人执政，不许他们独善其身；实际上一有机会他就不辞劳苦和危险远赴西西里，以图能在现实世界中实施他的政治理想。

作为主流伦理学思考者，柏拉图自觉地与"强权利益"式非主流伦理思潮展开论战，高扬理性（逻各斯），压制非理性的欲望。"理欲之争"是所有主流伦理型思想家关注的一个主题。前面我们说过，贯穿整个《理想国》这部政治学著作的一个主题，是对人的生命价值的思考和回答：什么样的生活方式最幸福？道德自身如果不靠外在压力或后果诱迫，本身就是对行为者"好"的吗？值得追求吗？第1卷开始时老人克法罗斯（Cephalus）的一席话貌似闲谈，实际上切扣主题。苏格拉底对克法罗斯说："我很喜欢与上了年纪的人谈话，因为我把他们当成过来人，而这段路我们将要走。我想问这条路的难易……生命是否接近尾声时更加困难？"老人的回答是：人越老越幸福，因为"老人摆脱了欲望，如同摆脱了一个疯狂可怕的主人的统治……老人确有平静、幸福、自由之感。"[①] 但后来色拉西马库斯、格罗康和阿德曼图的"发言"都尖锐地提出了相反的看法，似乎放纵欲望才是快乐；至于道德、公正，如果不是为了以后的报答（死后上天堂）或神的压力，自身并不带来幸福。而神的嘴又很容易糊住，只要少许分些赃即可（献祭）。《理想国》后面各卷展开，也可以看作对这一规范伦理学中的重大问题进行回答（"国家公正"原本是苏格拉底为了对个人内心"看得更清楚"而提出的）。在第4卷中回答是：公正比不公正幸福，因为公正等于秩序，而失去秩序在个体是不健康，在国家是难以忍受的争斗（内战）。第9卷又对这一问题作了总结性回答，指出不公正的人不

---

① 柏拉图：《理想国》，329d。

幸福。论证有几个，一是不公正即让欲望控制自己；而这就是不自由，成了奴隶。所谓专制君主貌似为所欲为，但终日害怕人民造反、躲在深宫之中，又设法讨好群众，岂不像奴隶一样可怜？二是各人都有自己的快乐观，思者认为知识最令人快乐，行动者认为荣誉最令人快乐，欲者认为财富最令人快乐。怎么判定何者正确？只有靠经验和理智为标准。而好学善思者经验最广泛，理性又最高，当然最有资格评判。所以，求知之乐当评为最高快乐。进一步，唯有理智的快乐才是真实的，而欲望之乐只不过是消除、暂止痛苦而已（如饮食之乐只是止饿），所以是虚假的。暴君享受的正是这种虚假快乐，所以暴君之乐与贤王之乐相差太远，有 729 倍。①

这些论证麦金泰尔认为都不太有力，因为它们忽略了许多"欲望"可以是真正有意义的，而且只知道强调理性与欲望的冲突和压抑，却不知道它们之间复杂的互渗关系。② 我们或许可以说，之所以会出现这种偏颇，是因为柏拉图在批评非主流伦理学（如智者的）时，不自觉地接受了他们的思考框架（欲望与理性的截然对立）。而后来的政治思想家，确实没有必要也陷入这个框架中去。但从历史语境入手看，则柏拉图的这种"局限"又是可理解的，而麦金泰尔则显得不太公平。柏拉图不是不知道"高级欲望"。关键是特定时代之下（短期心理中的经济、政治）的欲望确实大都还原（reduce）到简单纵欲型。

第四节 辩证法与德育

"德育"在不少伦理学家那里的地位不高，似乎属于日常教师管教小孩的事，不登那由概念和思辨构造起来的理论大雅之堂。这种倾向在 20 世纪伦理学由规范的转向"元"的、"分析的"之后更加强烈起来。然而我们在讨论希腊人。我们讨论的是把"教化"（paideia）视为

---

① 柏拉图：《理想国》，587e。
② MacIntyre, *A Short History of Ethics*, p.46.

一切哲学、文化、文学、传统、教育等的汇聚点,视为人的全面"优秀"的造成之根本的希腊人;①具体一点讲,我们讨论的是视教化大众(或精英)之灵魂为自己实现改造政治社会使命之唯一途径的苏格拉底与柏拉图。因此,"德育"必然是其伦理思想体系重要一环。这首先体现在他们对"道德(美德)可教吗?"这一问题的异常关注和反复思考上。在《普罗泰戈那》中,当普罗泰戈那踌躇满志地保证他能教授政治技艺,把人培养成好公民时,苏格拉底的反应是:坦白地讲,我一直怀疑这一种技艺能否传授,因为我看到在其他专门问题上发表意见的人,若非专家,必遭耻笑;可关于城邦事物,则人人皆可发言,这说明大家都认为这种知识根本无须教。再者,社会上的贤人也没将自己下一代教成贤人。②苏格拉底其实不怀疑美德可以教,他疑惑的是"怎么教",而这又与他对美德的本性的独特看法联系在一起。如果从本质上说,美德是习惯,那么"教法"当然应当环绕习惯形成进行;但是如果美德是知识,那采取"培养习惯法"岂不是精力错置?苏格拉底是相信"美德是知识"的,但这知识又是何种知识?比如,是先天的还是经验的?知识种类不同,"教法"当然又不可能相同。所以在《曼诺》开头,当曼诺问:"苏格拉底,你能否告诉我,美德是通过教学还是通过实践获得的;或者如果既非通过教学也非实践,那么是天生的还是由其他什么方式为人所有的?"苏格拉底的回答是:我连美德是什么都不知道,更不要说怎么回答它是由教学还是实践获得的问题了。③

前面几节的讨论使我们已经知道苏格拉底的主张,正像《曼诺》展开之后会一步演示的,乃是"美德是关于相、关于善(good)的知识。"对这种知识的达致,主要靠的是"辩证法"。不过这句貌似显然的话又引起进一步的问题;什么是苏格拉底及柏拉图的"辩证法"?"辩证法"能帮助肯定的、确定的"相"的知识之达到吗?(而不会是纯否定的?)再说,达到知识的方法为什么一定要被运用来做教授知识的方

---

① 参看 W. Jaeger, *Paedeia*（I）,扉页。
② 柏拉图:《普罗泰戈那》,319a—320c。参看《拉黑斯》,186b。
③ 柏拉图:《曼诺》,71c。

法？鞋匠用驳辩方法教学徒吗？对第一个问题的回答是最为关键的。"辩证法"在柏拉图那里的最为字面的含义是"讨论、辩驳、提问与回答"，也就是戏剧对话式的逻各斯方式。然而柏拉图在这种逻各斯背后注入了不同的内容，有时是不同时期之间的变化，有时是同一时期中的差异。下面我们从三个方面归纳一下，看看辩证法究竟如何起到教化作用。

一　自知无知

人们公认最典型的"苏格拉底方法"的辩驳法（elenchos）是破坏性的。在"苏格拉底对话讨论"中，典型的场景是一上来苏格拉底请教询问"什么是 x"（x 是美德或一种美德），对话者满怀自信地来教导苏格拉底，但说出来的却总是一个例子，而且往往是关于行为而非内心品质的。"什么是虔诚？""虔诚就是做像我现在正在做的事，控告杀人渎神者，无论是亲人否"（《尤息弗伦》，5e）。"什么是自制？""自制就是有序地、安静地做事"（《查米底斯》，159b）。"什么是勇气？""勇敢者就是坚守岗位，抗敌而不逃跑者"（《拉黑斯》，190e）。苏格拉底对这些回答总是不满，再问一句："我的问题不是 x 的例子，是 x 的一般概念。"于是对话者恍然大悟，便给出一般定义如"虔诚即做令神高兴之事"，"自制就是做自己的事"，"勇敢是灵魂的忍耐"。[①] 但是在讨论中又发现这些定义的种种不足，最终陷入僵局，对话者表示已智穷力竭。于是苏格拉底接过领导对话的任务，自己提出新的定义。对话者颇有"你怎么不早说？正是如此"之欣喜。可是苏格拉底却继续加以无情的批判审查，最终发现自己的定义也不完善，也与前面别人提出的观点一样，陷入自相矛盾（"辩证法"），无法成立。比如"勇气是知识、智慧"这一最合乎苏格拉底立场的定义在《拉黑斯》中好不容易建立起来之后，苏格拉底却又说：一个知道了一切的人也就是具有一切美德了，而不是只具有一种；但这与前面的假设（对话开始时曾设勇敢只是美德中的一种，不是全部）冲突。总之，这些对话都以揭示对话者对自己的信念没

---

① 柏拉图：《尤息弗伦》，7a；《查米底斯》，161b；《拉黑斯》，192c。

有好好思考过。一旦反思，必陷入前后不一致。

　　这样的辩证法为什么是德育所必需的呢？首先，这是因为当时德育领域中不是没有"教师"，而是教师太多。老的诗性智慧的教化仍在起很大作用，新一代以"美德教师"自居的智者群体又加入进来。诗性智慧的特点是教导人们该做什么，但不讲为什么。所以受过教育的人固然有信念，但信念却没有"缚紧"在理性论证之上，经不起反思的审查。"智者"是一个复杂的群体，不过他们在人生指南和教化社会方面的抱负似乎都不小。普罗泰戈那就认为自己并非那些只教雕虫小技的教师，相反专长于公民美德之传授。在《尤息底谟》中，当苏格拉底略带嘲讽地对一个青年说坐在上面的两位智者——尤息底谟和狄奥尼修多罗两兄弟——能教征战与雄辩之术呢，二兄闻之做不屑状，相顾而嘻，说："苏格拉底，这并不是我们真心所为者，只不过是第二职业罢了。""那更高的是什么？"苏格拉底问。"我们教美德！"[①]二兄自豪回答。接下去，《尤息底谟》对话场景展开之后，两位智者兄弟又有许多精彩表演，但并没让人们看出除了诡辩术外，智者还能教什么公民美德。不过在另一些虽亦不乏戏剧性场面但底蕴实质沉重的对话录如《高尔吉亚》和《理想国》（前两章）中，可以看出智者还有一套尽管不见容于主流伦理学，但不失清醒现实感的"利益道德论"。可惜的是，正如我们说过，智者生活形式造成了他们不可能坐下来深思。所以他们教的"新见解"在社会上构成的效果与其说是对道德的认真反省，不如说是对美德的"闲聊"——另一种类型的遮蔽真理的盲目自信。

　　苏格拉底辩证法的"自知无知"结局因此对震开这种俗智自满具有至关重要性。只有陷入困惑，主体才可能受激发而思考；只有经过自主思考后选择的原则，才不仅仅陷于习俗盲从。我们可以想象，这批"早期苏格拉底对话"是柏拉图学园中的标准"教科书"。学生们不读"伦理学之系统"这类的课（大约也没这样的课），而是读这些对话录，从而设想自己是对话者，与苏格拉底亲自对话讨论。富于挑战性的思考僵

---

① 柏拉图：《尤息底谟》开头部分；并参看《拉黑斯》，186a。

局和理智的困惑使学生全身心激动地投入到反省之中。格思里对早期对话中的"苏格拉底"不时也用智者的手法"胡搅"感到惊讶和不可理解。[①] 如果这些"辩证手法"的使用放在"学园读物"的角度看，就好理解了：柏拉图精心设计出一些诡辩的成分夹在"正常辩论"中，目的是让学生自己发现并理解什么是逻辑正当，什么是逻辑谬误。

从总方向看，苏格拉底的方法与智者的有本质区别。虽然它们表面特征都是"解构的、破坏的"，但智者以好斗为目的，以混乱为游戏。苏格拉底却在批驳中有肯定的东西，其最终目的是寻找真理。伊尔文在他研究颇深的《柏拉图的道德理论》中曾总结了柏拉图"早期对话"的主要几个积极肯定原则，我们不妨录下参考：一、有共同承认的范例。即当苏格拉底指出对话者的定义与大家公认的有关美德例子冲突时，结果不是去否定例子，而是否定原则。二、有共同承认的规则，如对美德的定义不可用行为描述来回答，必须指出是某种内在的灵魂状态。再如，美德必须具有三特征：美（beautiful），好（good），益（beneficial），否则，不在考虑之列。三、必须给出一般定义而非具体例子；也就是说，坚信在诸多事物之中有一个共同本质，通过它，个别事物才获得自己的"所是"。

事实上，所有的"消解"与"破坏"可能还有另一个意义，即指出我们在寻找的知识（从而我们所欲塑形的道德）与前此人们知道的一切经验与知识都不一样，甚至与公认的高级知识如专门技艺和数学都是在实质上不同的两类知识。因此，不断的否定"此种知识"，正是绽露"彼种知识"的极具建设性的方法。

二 假设与跃出假设

如果说柏拉图的早期（苏格拉底）伦理对话中已经存在着非反思的"多中之一"本体论的话，中期对话则把注意力放在反思这个本体论、讨论如何达到这更高本体的问题之上了。在讨论中，柏拉图用了和

---

① 参看 Guthrie, *A History of Greek Philosophy*（Ⅳ），pp.163–167.

上面讲的辩证法在内容与性质上很不相同的方法，但他仍把它称作"辩证法"。由于美德就在于认识更高本体（相），所以这种帮助人们通过逐渐努力而最终认识相的辩证方法，同时也就构成了"教化美德"的根本方法。

这种辩证法的本质特征就是"假设与跃出假设"。

前几节我们已经说过，柏拉图的世界观中有两个世界，一个是现世的、具体的、流变的、杂多的，另一个是超越的、抽象的、永恒的、"一"的——也即相＝"理念"的世界。柏拉图认为后者更"实在"（更当得上称为"是"）。由于柏拉图的宗教气质，他觉得这一本体观是不难理解的。但是他也清楚地知道，从理论上讲，从现实人的心身的本体构造上讲，这是一个惊人的假设。我们套用一个近代人常喜欢用的比喻，即"相"的思维方式是一场"哥白尼革命"：不设此世界为中心，其他存在者绕此运行；而是反过来，设彼世界为本体，此世界从其分有实在，如何？

柏拉图的"假设"法讲的较清楚的是在《曼诺》《斐多》《菲德罗》《会饮》和《理想国》等对话录之中。在《斐多》中，"苏格拉底"阐述自己的方法："我首先假定我认为最强有力的原则，然后肯定与之符合者为真……不合者为不真。"接着又说："我回到大家都熟悉的事，以之为我的出发点，假设'美'是全然自身存在的，'善'与'大'以及其他亦然。如果你们同意我这一假定，则我可由此发现并向你们解释灵魂不朽之原因。"[①] 为了解释现世事物，向上设定原则；而这些原则本身又须研究，于是再向前设定。这不是简单的归纳法。这种不断向上……直至向第一原则的设定，同时也是不断借助形象、隐喻向抽象、无象领域的上升。对相的思维只能借助与相的本质格格不入的比喻与想象，比如"观看""日光"等等。柏拉图常常讲自己的哲学只是"第二等的"、次好的方法。因为常人如果直接进入无象世界，面对一片大光明，也就等于一片大黑暗，会把眼弄瞎。所以假设的方法和借助有象隐喻的方法

---

① 柏拉图：《斐多》，100b—101d。

是唯一的法子。但是假设以及隐喻，在"上升"的最高点上，必须被抛弃，从而实现飞跃，质变，视角的彻底大转换。① 在学习哲学的历程中，大多数人在漫长的"假设—回溯"中，停在某个环节上理解不了，失败了；少数人艰苦追随回溯假设，已攀至梯顶，但往往在最后的飞跃中飞不过去，掉下来了。人的肉身本体构造必然使人极难彻底不借助梯子而上行，这使许多思辨力极高者仍然摆脱不了隐喻的强大、根深蒂固的抓着力，从而进入不了纯粹概念的逻各斯领域直接面对真实存在。

当然，倘真进入此境界，已没有"面对"，没有"看"了。不过为了方便讨论，我们还是用"看"这个隐喻来描述这个最终与"看"、与一切感性格格不入的过程。假设在一个柏拉图"洞穴"中，人们终生被固定住，只能看见面前墙上的影子晃动，那么他们中的哲学家或许渐渐能假设这影子不是自主自足的；在别处有实物在运动，将诸多影子投射于此墙面上。不过，由于终生无法移动的限制，这位哲学家自然而然地（或必然地）假定这实物是二维的。在某些映照的特别"完美"的影子中，他可能心有所动，恍然若觉自己"看"到了前世遇见过的更真实事物。但他昏花的眼又使这点感觉转瞬即逝。终于有一天，哲学家被人松了绑，转过身来，走出洞外，不再是通过假设，而是直接看见了影子的来源本身，他发现这原物本身与他原来的假设有质的不同，是三维的。从此，他再也不需要二维形象的假设支持他的思维，他的思维可以说是全部在真实的、相的世界中进行："通过相、达到相、回到相。"②

> 格罗康，我们这样就最后达到了辩证法的顶峰。这是纯理性的，不过视觉也在模仿着它；因为你记得我们设想过视觉渐渐能直视真实的动物、群星以及最终太阳自身。辩证法也是这样；当一个人开始仅仅依靠理性之光来发现绝对者，不借助任何感觉帮忙，坚持到通过纯粹理性到达对绝对善的观照，他便发现自己最终到达了

---

① 柏拉图：《会饮》，210a；《理想国》，533a。
② 柏拉图：《理想国》，511c。

理智世界的顶端，恰如"看"是可见世界的顶端一样。①

这种教育法与"回忆法"的精神是一致的：灵魂应当学会渐渐由外向内收敛，或向内"转向"。因为视、听等针对现实世界的感官只给我们带来意见，而非知识。我们沉溺于感性世界愈深（如《会饮》中说的"太爱一个人"），离真实世界就越远。唯有在自身本体构造上摆脱"假的"（肉身的）部分越大，聚精会神于"真的"（精神的、灵魂的）部分越多，才能在接近客观的真实对象世界（相世界）上走得越远。当然，那最后关头上的"彻底的一跃"也许只有在完全摆脱肉身之际达到。②

中期对话及其方法一般被人视为是"本体论的"与"知识论"的，似乎与伦理学无关。③然而，这是对"伦理学"的狭隘理解，毕生努力向相世界的进步，具有很强的伦理教化作用。第一，相世界是一个价值世界，柏拉图的相世界中主要内容是美好、秩序（《巴门尼德》开头"巴门尼德"对"小苏格拉底"的批评是一个反面佐证），其会聚点是"至善"之相。第二，柏拉图一直认为肉身欲望是万恶之源，而"追求相"的生命形式将最终使人不再对肉身欲望感兴趣，这不是从根本上教化了一个人吗？

三　真诚与开放

近世学者常指出，柏拉图后期对自己中期的本体论不满意，于是放弃了一是一、二是二的"清晰之是"的思维方式，重新捡起"复杂多样"、既此又彼式的辩证思维方式（如《巴门尼德》《智者》等）。其实，仔细的阅读可以告诉人们：一种以真诚与开放为特征的辩证认识式的教化方法不仅在晚期对话中起着重大作用，而且贯穿柏拉图各时期对话录。

---

① 参看柏拉图《理想国》，532b。
② 参看柏拉图《菲德罗》，254a—257a。
③ 而且是积极的、建设性的，从而似乎与否定性的"辩证法"无关——虽然柏拉图自己常明确称此方法为"辩证法"。

这种方法的主要特征就是让相反的立场充分淋漓地展开各自的论证,不歪曲、扭损对立面的观点,而是把其力量彻底摆出来,在激烈的冲撞(argument)中思考。在早期(或过渡期)对话中,这往往呈现为苏格拉底与智者展开辩论时的强烈戏剧性(如《高尔吉亚》);在后期,则往往呈现为善意、合作的对话者把正、反两种假设都推到底,看看会出现什么结果(如《巴门尼德》第二部分之"哲学训练")。

苏格拉底的"无知"因此不是做作。他确实拥有某些"真信念"(true belief),但他没把握确认它们就是"真知"(justified true belief)。既然没想透彻,为什么不拿出来"审查"呢?比如苏格拉底与柏拉图非常相信毕达哥拉斯开创的"哲学思辨生活"是人生最有价值的生活形式,但柏拉图的笔下却让谈话对手卡里克勒斯毫不留情地对苏格拉底说:"我劝你还是丢开哲学。因为些许哲学,在适当年龄,是有好处的,可是太多的哲学,会把你给葬送了。它会使人失去阳刚之风与荣誉。我看哲人,如看儿童嬉戏,那很有趣;可是人成年后,还溜入一个角落,三五成群,低身耳语,不像个自由人那样大声说话,岂非老莱子太甚!?"[①] 再如,苏格拉底一生的基本信念是"自制是一切美德的基础",而且认为它的本义是自我认识。[②] 但是他并没因此将它设为教条,不许任何人提出异议,而是提交大家面前进行火药味很浓的审查。在《查米底斯》中,他反复追问"认识自己"是什么意思,怎么可能?难道可能有一种视觉与众不同,不是关于对象物而只是对自己以及其他视觉的视觉吗?广而言之,"大"总是比别物大,"小"总是比别物小,怎么能有自己比自己"大"或有自我关系呢?再说,只是"认识认识",而不进一步"认识认识了什么",又有什么益处呢?它或许有"认识论"功用,但与伦理——人的优秀——又有何干系呢?[③]

这些毫不留情的自我审视、自我批评式的问题同时也推动了柏拉图乃至亚里士多德对思想范畴的进一步深入细致的分析与研究。

---

① 柏拉图:《高尔吉亚》,485b。
② 色诺芬:《回忆苏格拉底》,Ⅰ.5.4.2。
③ 参看柏拉图《查米底斯》,165a—174a。

183

所以，苏格拉底在《普罗泰戈那》中有没有采取过快乐论式解释？这是研究苏格拉底—柏拉图伦理思想的人常争论的一个问题。很多人认为没有，因为那太"粗鄙"。但是为什么不可能有呢？为什么苏格拉底不可能"假设一下快乐论"，然后试试它能否帮助自己解决一些伦理问题呢？到后来他如果感到这个假设不完善，这不妨碍他放弃这个假设，甚至在《高尔吉亚》中对它展开激烈批评。所谓"分离"（相与现实事物的分离）也是一样，陈康先生认为柏拉图不可能提出"分离"，只是学园中一批人有此观点。其实，柏拉图完全可能想到"分离"，理由我们前面已讲过一些，现在再用一个假想来加强一下：如果没有"分离"，那么现世界一旦毁灭，则相世界也全部垮掉。这恐怕很难为柏拉图接受吧？柏拉图知道"分离说"的优点，也知道它的难点，所以他会提出让学生讨论（结果有人坚持，有人反对），自己也会不断推论和思考之。这种"在激烈冲突中思考"的方式充分体现了伦理思维的应有特点。伦理命题不仅仅是纯理论的东西，而是人们投身其中（commit）的立场；不仅仅是命题在"矛盾"，而且是现实的社会立场乃至生命态度在"冲突"。既然社会从来没真正成为同质、同一、大同的，而总是由不同利益集团构成的多元异质共存体，那么，不是自上而下的"宣布"，而是共同在一起推论，就是伦理逻各斯应取的形式了。学者指出，从第一个哲学家到柏拉图的同时代人，解释性论文是自然研究的常用形式；但讨论一涉及道德与政治反思，希腊著作家一般就转向对话体了。比如希罗多德在讨论伦理主题时，便把自己关于政体的思考表现为"关于政体的争论"。普罗狄克把不同生活选择的思考写成是"公正"与"邪恶"对赫拉克勒斯提出两种相对立的好处。而修昔底德对权力与公正关系的讨论更是以著名的"米洛斯对话"的形式出现。

在这种双方充分展开自己的论证的争论中，有时结果是抛弃原先的僵硬对立，而走向某种综合。这比较符合我们今天理解的"辩证法"的意思。比如在后期的《菲丽布》中，柏拉图又回到个人道德这个老主题，又让"苏格拉底"唱主角，又恢复活生生的、你来我往的辩驳讨论法了。讨论的主题是生活形式的选择。苏格拉底主张"好"（good）是求知，菲丽布等主张"好"是欲望的满足或快乐。但双方讨论到后来，都同意"好"（即"幸福"）的本质特点是充分（自足）、完全（终极），即有了幸福人们不再感到任何缺憾。用这个标准衡量，无论知识还是快乐都当不上"好"或"幸福"。看来，只有在生活追求中二者都取，才能达到幸福。

这是个大家都满意的结论。但是争论不一定都能达到如此令人满意的解决。苏格拉底早期对话不少是"没结论"的、"自知无知"的。人们总不满意这个结论。但是，如果我们稍为把范围放大了看，则可以发现生活中有些伦理冲突确实是"二律背反"式的，即没有结论的，或荒谬的。比如必须牺牲五十个人的生命去换取五十二个人的生命的场景，就构成了一个典型的悲剧性伦理悖论。让人们接触这类悖论冲突的"教化意义"何在呢？也许是可以激发人严肃思考人生的本质？希腊悲剧的观众走入剧场为的是寻找一个满意的"解决"，还是为了一瞥生活的荒谬可怖性以及生存的深刻性？当然，我们在苏格拉底或柏拉图那里似乎尚找不到真正的这种"僵局——人类悲剧性处境之长考"。不过，到了后来晚期希腊时代的柏拉图中学园时期，冲突命题之"无解"一面就确实受到真正的突出。

总结起来，上面讨论了苏格拉底—柏拉图"辩证法"的三种意义。由于他们主张美德即知识，所以这些作为认识的方法也是德育教化的方法。三种"辩证法"从内容到精神都十分不同。当然，在这三种意义之下，我们还是能辨认出一些共同的东西的。第一，对自主思考的重视。柏拉图不是不知道诗性教化的重要性，否则他不会在《理想国》中说"开端为万事之本，尤其是对青少年，因为那是他们性格形成期，最容易接受外来事物，所以不应让儿童随便听什么人讲故事。"[1]但是，柏拉图深知"教导"式教化有局限，只在少年期有作用。对青年的培养就应当以启发其对伦理知识的思考与追求为主要方式了。无论是辩驳而引起智力上的困惑与挑战，还是在思考中朝向多中之一提升，或是在正反命

---

[1] 参看柏拉图《理想国》，378a—380c。

题的推导与争辩中思考，都体现辩证法教化法就其原始意义来说，乃是一种"无体系、有历程"的让主体自己在错误中不断改正、探求和选择真理的方法。这后来在 20 世纪心理学家和教育学家皮亚杰与科尔伯格的德育理论体系中有了更精致的系统发展。

第二，还有一个贯穿各时期辩证方法的特征：强调在概念水平上思维。《巴门尼德》中的"巴门尼德"在批评了"青年苏格拉底"的相论之后，却又告诉他：苏格拉底啊，如果有人只看到这些困难就放弃了事物的相，不承认每个事物都有"相"——那永远是一和相同的——那他的心智就无可依托之处了。这样，他便会彻底毁掉推理辩证的能力……①

第三，所有"辩证方法"共有的特点是寻找共同的假设，然后推理。在早期和后期，这种推理达到的结果不一定是肯定的；在中期，则是肯定的。而且中期对话的一个特点是"向前"探究假设本身，力求达到不需假设的终极"洞见"。

第四，三种辩证法所共有的特点，是"划分法"。划分法不仅出现在柏拉图专门谈到它的"后期对话"如《菲德罗》《智者》《政治家》和《菲丽布》诸篇中，而且也蕴含在早期和中期对话中。它的目的，直接地说是为了搞清相的本质。"x 是什么？"这个问题的求解就是要逐步确定 x 是某个大的"种"之区分后的某个"属"下面再划分的某个概念。所以"辩证"——"划分"方法的特点是限定的、分别的、搞清思想的；或者说是毕达哥拉斯式的，反智者的。智者则喜欢打乱划分的秩序，从而造成词义的混乱，带来偷换概念等诡辩的机会。②表面上看，"划分法"显得只是"形式逻辑"的功用，似乎与"辩证法"没关系。其实，有关系。因为划分帮助人们认识到一个事物（A）可以进一步区分为不同的属（A1、A2、A3……），这便为在认识的进一步发展中接受某种意义上的"辩证统一"准备好必要条件。比如《菲丽布》中想避

---

① 柏拉图：《巴门尼德》，134e—135b。
② 参看柏拉图《理想国》，539b。

免早期和中期对话中对"求知"与"快乐"的非此即彼的"形而上学态度",采取了"既取求知又取快乐"的人生价值选择模式。但是如果不想让这个"辩证"定义混同于智者式的诡辩和无原则的凑合,就必须进一步分析(划分)"知"有几种,"乐"有几种;从而决定哪一种意义上的知和哪一种意义上的"乐"可以被容许纳入这个公式之中。在《菲丽布》中,柏拉图是把知识根据实用与否划分成理论的与应用的两种,把快乐分为纯粹的(不夹杂痛苦)与混杂的(夹杂痛苦)两种。最后,柏拉图认为在一个全面的"综合性人生计划"中,两种知识都应包容进去。至于快乐,则只容许纯粹的那种被考虑进来,而"不纯之乐"就必须予以排斥。①

以上"辩证法"的基本精神,在改变了其戏剧性、生动性的逻各斯形式之后,在亚里士多德的伦理思考之中仍发挥着重要作用,并得到进一步的发展。

---

① 柏拉图:《菲丽布》,张波波译注,华夏出版社 2013 年版,第 169 页。

第四章　亚里士多德：主流伦理思想集大成

亚里士多德（前384—前322年）虽然在学术背景上不同于柏拉图（经验的、医学的、生物学的，而非数学的），在理论创建上也几乎处处以批评老师的观点为突破口，但他确实不愧为与柏拉图一道完成了雅典（希腊）古典哲学高峰的伟大思想家。而且，他虽然不是雅典公民（正因为不是？），他对雅典主流伦理精神却没有柏拉图的悲观与批评，毋宁说是对雅典城邦道德更为留恋与肯定。他在理论中系统阐释了这种道德的精神，从而完成了所谓"古典范式"的主流伦理思想的构建工程。这种范式是逻各斯（理性）中心的，亚里士多德留下的伦理著作已不再是对话录，而是逻辑清晰的论证文字——论证思辨理性与实践理性在人生中的重大意义。这种范式也是生命（生活）中心的，伦理学(ethics)是人的个性完善发展之学（*ethos*），更是生活理想——幸福（well living）之学。亚里士多德的伦理思想主要体现在《尼各马可伦理学》和《政治学》中。伦理学与政治学是什么关系？麦金泰尔说："两者都属于关于人的幸福的实践科学，研究什么是幸福，幸福由何种作为组成，如何才能幸福。《伦理学》告诉我们何种生活形式对幸福是必要的，《政治学》告诉我们何种宪制、何种政体，能产生并护卫这种生活形式。"[①] 罗斯等人也表达了类似看法。[②] 我们从亚里士多德自己的论述中

---

① MacIntyre, *A Short History of Ethics*, p.57.
② 参看 Guthrie, *A History of Greek Philosophy*,（V）, p.331.

可以更清楚地看到他是怎么看"政治"与"伦理"的：伦理研究是政治研究的一个部分①。这不是贬低伦理学的地位，相反，这是抬高它。因为一般近代政治学家都主张一种"尽量小功能"国家观：国家如警察，管好秩序即行，其他一概无权干预。这不是古典范式的看法，当然也不是亚里士多德的看法。亚里士多德主张的是一个"浓厚功能（thick）"的政治观：政治国家的目的应当超出仅仅维系安全与秩序，而进入到促进全城邦人民生活的一切善德，达到人类真正的美满幸福。否则，一个政治团体就无异于一个军事同盟，而法律也只成了"人们之不侵害对方权利的［临时］保证"。②

我们对亚里士多德伦理学的讨论将分四个部分进行，第一节、第二节较集中于他的"个人伦理"；第三节、第四节则更属于"城邦伦理"。但在整个讨论进程中，我们必须时时牢记这二者之间的内在不可分割之联系。

第一节　人的本体与人的幸福

亚里士多德的《尼各马可伦理学》分章虽然还不那么整齐（也许是古代纸草卷"分卷"），但已体现了他在理论上追求体系与严密的精神。"幸福"或最终人生目的（the good）是其体系的支撑点，他由此入手（第1卷），又最后归宿于其中（第10卷），从而将整个伦理学纳入一个完整的目的论体系之中。

《尼各马可伦理学》第1卷由对最终人生目的（"好"）的三个分析构成。广义地说，这三个分析都运用了"辩证法"，即从已有流行看法中析离出真理。用现象学的术语说，就是借助原生状直觉寻找本真现象。亚氏认为伦理学作为"人事学科"，无法达到数学或理论学科的论证式的严密精确——也没有必要。何况论证的大前提也无法通过"论证"确

---

① 参看亚里士多德《尼各马可伦理学》的开头与结尾章。
② 亚里士多德：《政治学》，1280b5—13。

立，还得通过辩证法去发现。不过，狭义地说，只有第三分析是"辩证法"。前两个分析，一个是目的论的，另一个是本体功能论的。

一 终极目的分析

"一切技艺与一切研究，一切活动与一切计划，总以某种'好'为目的；所以，说'（最终）好'是一切事物所追求者，此言不虚"（《尼伦》1094a1—4[①]）。这是《尼各马可伦理学》全书第一句话。这句话摆出之后，亚里士多德就系统展开了他对"好"（目的）的第一个分析。这个分析是双重的，它既是分析何者为人生最终（最高）目的，又是在讨论何种学问是人事学问中研究这一目的的，从而是最高学问。

亚里士多德认为人事构成一个目的链，每件事的价值都要从它追求的目的中求得；而这目的的价值，又从下一个目的（此时它本身又成了手段）中求得。这样推下去，如果整个链要有意义（不至于是白忙了一场：1094a20—25），则必须有个尽头，此尽头的意义即在自身中，不必再无止境地向前寻找，而这就是人的一切作为与追求所汇聚的最高目的。

"政治学"（伦理学）就是研究这终极目的的性质的。而且，政治学这一诸人事学科之桂冠学科的存在本身，也反过来证明有这样的终极目的的存在。

这样的终极目的只能是"幸福"。首先，幸福是最终目的，人们是为了幸福本身而选择幸福，绝不是由于它能再"帮助"别的什么。其次，幸福是自足的，即完满的。有了"幸福"，人也就有了一切，不再缺任何东西了。那最"好"者，不会由于添加上一点"好"而会变得更大、更可取、"更幸福"（否则就是还没真正达到"幸福"）。

显然，亚里士多德的伦理学不是从义务论入手，不是从我们今天理解的"道德"入手，而是从中性的、生活的价值入手的。那么，在伦理

[①] 下面在引用《尼各马可伦理学》时，将简称《尼伦》，或只引标准页码。《欧台谟伦理学》简称为《欧伦》。

学一开头追问个人幸福,会不会是"非道德的"甚至"自利的"?不会。这里存在着古代伦理思维与近代伦理思维的不同,也存在着"主流伦理学思想家"的独特着眼点。首先,作为古典伦理学,必须是以人为中心,而不能以原则为中心。或者说,人不是为了道德而活,而是道德为了人而设立,从梭伦到柏拉图,关注点都在"什么是真正的幸福生活"上。其次,伦理学在亚里士多德看来,本质上是主流伦理学家提供的"政治家实用手册",有着强烈的实用目的。(1179b1—4)政治家建立城邦,目的何在?还不是为了让公民在幸福的条件下过上幸福的生活——总不会是要大家在大苦大灾中"忍耐"成圣人(不是斯多亚式取向)。"我们所研讨的初意既在寻找最优良的政体,就显然必须阐明幸福的性质。只有具备了最优良的政体的城邦,才能有最优良的治理;而治理最为优良的城邦,才有获致最大幸福的希望。"(《政治学》1332a4①)。

不过,亚里士多德的幸福—最终目的分析,在此还只是语义的或概念的:"幸福"是最终目的、完满自足。这是人们之共识。然而当进一步追问:什么当得上这些规定呢?人们看法立刻分歧,各种各样内容都曾被不同的人填入。亚里士多德归纳出社会上流行的四种幸福观,即名、利、乐、思。《欧台谟伦理学》更清楚地点明,不同幸福观的分歧的实质,是人们对不同的生活形式的选择:"每一个能按照自己的选择而生活的人,都应当确立其美好生活的目标,——或是荣华,或是名望,或是财富,或是教养,他的一切作为,都应朝向这个目标(既然不与某种目的相关的生活是极其愚蠢的标志)"。(《欧伦》1214b7—10,参看《欧伦》1215a26—36)最后括号里这句话很有意思。虽然正如哈迪在他的《亚里士多德的道德理论》中指出的,始终一贯地用一个目的规划自己一生的人少而又少,②但我们在亚氏的信念中确实可以感受到亚里士多德从苏格拉底那里继承下来的主流伦理学的强理性主义。

接下来,亚里士多德批评了流行的四种幸福观,认为从"最终性与

---

① 下面引用亚氏《政治学》时,将简称为《政治学》或《政》。
② W. F. R. Hardie, *Aristotle's Ethical Theory*, Oxford University Press, 1980, pp.23–25.

完满性"标准衡量，它们都当不上"终极目的"或"幸福"。以"享乐"（我们可以说是"食利者阶级"的生活形式）为人生最大目的者，过的是寄生的、奴性的生活，不足取。而以赚钱为目的者（工商）过的是身不由己的生活，追求的只是手段性的东西。名声（从政）则依赖于赞扬者对"名"的施予与收回，太外在而且不稳定。[1]至于"思"，如果是亚里士多德推崇的"观照"生活，那是很好的；但如果是对柏拉图的"相"的追求，则是不能成立的（亚里士多德花了大量篇幅批评柏拉图"善自身"的相论[2]。）

二　本体功能分析

对"好"的第一个分析（目的论分析）走入僵局，因为亚里士多德虽然说"人人皆在追求'好'"，但他不愿由此推出"人人所追求之好就是好"，或人人视为最终目的者，就是真正的最终目的。"享乐""名誉"等等，就不配称作"幸福"或最终目的。那么什么是客观的、真正的最终目的呢？谁有资格（拿出怎样的令人信服的"论证"）来"判教"——来断定何者为最值得追求的生活形式呢？

从《尼各马可伦理学》1.7开始，亚里士多德转向了第二种对"好"的分析。这次分析的起始点虽然仍是日常直觉的类比，但很快就进入到他的独特哲学人学，在其中寻找本体论的支持。

"好"的意义是多种多样的，第一个分析所诉诸的实际上是日常所用的"对于 x 的好"（"对于人的好"），即"什么样的生活对于我最好"。现在开始的新分析则诉诸好的另一种普遍用法："好 x"（"好人"）。亚里士多德指出，大家都在用"好笛手""好雕刻家"等语词，这"好"是指他们在吹笛或雕刻的功能（工作）上完成的出色。那么，有没有可能有广义的"好人"呢？也就是说，如果人作为人，也有其独特功能（工作），那么完成此功能好的人，岂不可称为"好人"吗？但是，从人的

---

[1] 参看《尼各马可伦理学》，1.4—1.5。
[2] 参看《尼各马可伦理学》，1.6。

个别具体职业（功能）推出整个人可以有一种"人之功能"，是类比推理中的一大跨越，亚里士多德知道必须有足够论证来保证。在《尼各马可伦理学》中，他只是又用了一个不太确定的类比论证：难道我们不应当认为，木工和鞋匠都有某种功能和活动，"人"却天生没一个功能？人体各部分（眼、手、脚……）都有功能，整个人难道不应该有一个总功能？（《尼伦》1097b29—32）这论证是否成立？"人"有没有一种特殊的功能？如果有，是什么？这些问题是亚里士多德的"人学本体论"或"灵魂论"回答的。所以亚里士多德劝告研究政治学的人必须研究人的"灵魂"（1102a15—24）。

本体论讨论"是"。"人是什么？"是人学本体论的主题。亚里士多德有感于前此哲学讨论的许多问题误入歧途都是由于没搞清不同的"是"，花大力气专门对各种"是"做了细致的区分（"十大范畴"、"实体"、"两种实体"、"四因"、"潜在"与"现实"等等）。人的本质之是，是其灵魂。之所以称呼某 x 是"人"，而不是别的什么存在，就在于"他"有独特的、人的生命方式原则——亚氏称为"灵魂"。所以灵魂既非质料，亦非个体，而是形式："灵魂必然是潜在地具有生命的自然物体的形式，是这么一种本体。"（《论灵魂》441a20）这形式既是一种功能，也是此功能的现实发挥——生命活动。注意亚里士多德这里把原始的"实物"（小微粒、影子、"元素"）型灵魂观转变为功能——活动型灵魂观，从而消除了"内在独立客体"，并打开了原先密闭的"心理的"东西。赖尔在 20 世纪的一本《心的分析》据说在改变人对于心理问题的思考习惯上颇有"革命性影响"，其实，亚里士多德早已经确立那本书中提出的一些基本原则了。

亚里士多德的"心理学"或人学本体论的第二个创见是对人本质体系的勾画。"灵魂"是人的本质，它包括多种生命活动能力：生长、感受、欲望、位移、理智等。在《论灵魂》第二卷的第二章、第三章，亚里士多德指出它们由低到高可以分为生长→感觉→思维，从而构成"植物性生活""感性生活""理性生活"之特征：

1. 营养、生长、再生……………………………… 植物
2. 营养、生长、再生、感性、反应………………… 动物
3. 营养、生长、再生、感性、反应、理智………… 人

有些能力为所有生物所具有，有些则只是某层生物才有的。低级能力可以独立于高级能力，高级能力却必须包含低级能力："植物只具有生长能力，其他生物则既有生长能力又有感觉。"（《论灵魂》414b1）动物除了营养、生长、感性之外，还有运动能力。而"最后且最少的，是有理性者（如人），必须具有上述所有能力"。（《论灵魂》415a8—10）这样，这些"灵魂能力"的外在展开与分布，就构成了宇宙间由低向高的宏大的"生物级进体系"。① 而其内在收拢与凝聚，就形成了最高生物即人的多元度级本质。外在现实存在的种属（动物、植物）在"人"当中便成了内在、潜在的各级"种类属性"（"人是植物""人是动物"等等）。② 这样，亚里士多德既不讳言人有非理性成分，又认为"根据自然"，一类生物的独特的生命活动规定该层生物本质（之是），而且较高的原则应该控制较低的。"具有逻各斯"或理性，是人之生命（灵魂）的特点。所以，"人作为人的功能"就在此中：人的功能就是理性的、或包含理性的现实活动："人的功能是某种生命形式，是灵魂的现实功能，是合于理性原理的活动。"（《尼伦》1098a7，14—15）。

找到了"人的功能"，"好人"就容易规定了。"好人"就是将人的理性功能发挥至完善境界者，换句话说，"优秀地"（arete）完成人的功能者就是好人（就是一个"优秀的人"）。还要补充一句：必须一生如此优秀，不是仅仅几日之事。（《尼伦》1098a16—19）理性有两种理解：思辨的与实践的，那么人的优秀也可以有两种。无论是一个智慧、明智的人还是一个大度与公正的人，我们都会称其为在"做人"（为人）上臻于完善之境者——最好之人（1103a7—13）。

---

① 参看亚里士多德《动物志》第337页："亚氏特重万物一体之义，视无数生物……皆当综归于一相通而延续的总序。"
② 参看黑格尔《哲学史讲演录》第2卷，第330页的评价。

这种境界就是（就最应该是）人之为人的最终目的，亦即"**幸福**"（"最高之好"）。所以，幸福就在于灵魂（逻各斯部分）的优秀活动之中。

然而，理性的双重含义已埋下新争执的火种。到《尼各马可伦理学》第10卷，当全书讨论完道德后又回归幸福论即人生最高目的论时，亚里士多德提出了两个"人的本己活动"或两种幸福看法。最高的一种是纯思辨，是发挥理论优秀性（智慧）的观照活动，它的对象最伟大，它的活动最经久、纯粹、自足，完完全全是为了自身目的。它与神的活动最相近——神总不是一直在睡觉，那就是在活动，但神从事任何其他活动都是荒谬的、与其身份不符的，所以只能是在思辨。(《尼伦》10.7，10.8）第二种幸福是发挥伦理美德如公正勇敢的生活，由于不具备如此规模的持久、自足与自身目的性，是次一级的幸福（《尼伦》1178a9）。前者体现了人当中的神性，虽然人难以充分达到它（达到神），但应当竭尽全力去争取。（《尼伦》1177b29—1178a8）后者属于人所独有的活动，是人可以达到的幸福，人更没有理由不去充分地追求和实现之。

西方学者这半个世纪来对"思辨"幸福与"政治"幸福的这种先后排位有过大量批评。[①] 主要的不满是亚氏表现出的"过分的理智主义精英思想"：难道思辨就那么有无可争议的首要价值？难道道德比不上它？（康德可是把道德置于思辨之上的）难道科学家在目睹窗外有惨事发生时，仍不肯从象牙塔中走出来帮一把？

这个问题实际上比它看上去的要复杂。我们想从两个方面来谈谈我们的看法。

首先，许多人误把"*arete*"看作今日的"品德"。然而我们在导言中已经指出，*arete* 的原初意义应译为"优秀"。从而，真正的两难抉择不是在"思辨"与"道德"之间，而是在两种活动（思辨与政治）及其

---

① 参看维尔基（K. V. Wilkes），"亚里士多德中的好人与人之好"，载于 A. O. Rorty, ed., *Essays on Aristotle's Ethics*, California University Press, 1980, pp.348, 350.

各自特有"优秀"之间（智慧与公正）。亚里士多德的着眼点既然首先是个人自己的幸福（这"个人"不必夸大强调，因为亚里士多德的个人是与社会不可分的公民），那他强调的就是：一个人在选择不同的生活道路时，最主要地是要看各种生活形式的完善之境（"优秀"）能否满足自己对幸福的追求。比如究竟是从政还是经商能更充分发挥我作为人的心智潜能？所以这是一个人在生活开始前对自己将主要投身于何种生活形式（通俗地说，"职业"）进行选择的问题，而不是一个面临具体事件的态度问题。当然，亚里士多德在此确实有"理智主义态度"，即认为思辨而非诸如园艺或政治生活更能提供真正的生存价值。但这又可分两个方面看。如果他有自己的道理，比如思的生活"更近于神"、属于"无目的的目的"[①]等等，并且鼓励所有追人求之，那么也不失为一家之说（价值一元论而非多元论）。如果他认为只有一小部分人可以追求思辨，其他人要从事各种生产活动，使这部分人不忧衣食，那他应当有一个城邦分工论（由城邦调节各种职业分布或各种"目的"的交织与汇聚）和人生代价论：为什么有的人应当享受充分的人（甚至"神"）性生活，而另一些人却必须承担非人（异化）性活动，或"次级好"的生活。这种分工的伦理合法性何在？亚里士多德对于城邦分工论，在《尼各马可伦理学》第1卷第2节中有些暗示（1094b1—9），但没展开。至于"人的代价论"，除了奴隶劳动的合理论（见《政治学》1，4—7章）之外，他从没仔细讨论过。也许，他不想在公民中再区分出"高、下"，但这方面的论证缺失总是亚氏"城邦终极目的"理论的一个重大亏欠和不足。

另外，我们还可以从"两阶价值"的角度看思辨与道德，从而理解亚氏"思高于德"排序的用心与合理。思辨与创造、园艺等等，都是生活价值，是一阶价值；道德价值是二阶的，只从对一阶价值的操作（保护、促进、公平分配等等）上取得意义。一阶高于二阶，说的正是这种本体论上的终极目的性。因为道德虽然"伟大"，原因又何在呢？（从

---

① 亚里士多德:《形而上学》, I. 1—2。

目的论看）还不是在于能合理地达至人们所珍惜的生活（非道德性）价值吗？否则，孤立抽象地推崇道德价值，岂不陷入"道德自我满足"（self-righteousness）？亚里士多德感受到了这一点。他曾深刻地指出，一切活动（目的链）总该指向一个不再是手段的目的，战争是为了和平，勤劳是为了闲暇。(《政治学》Ⅶ，15章）以勇敢、公正等等"斗争"美德换来了闲暇后又怎样？以战争与牺牲为代价，难道只是为了让人放纵声色或无所事事？这是荒谬的，因为目的高于手段，最终目的当然只能是对闲暇的最佳使用——过人之为人的最本质生活——思辨观照宇宙之真理。

三　辩证分析

亚里士多德在提出了自己的哲学论证后，又回到流行看法中寻找辅证，从而有对于"好"的第三种分析（《尼伦》第1卷第8到12节）。这是一种"辩证法"态度，即认为各种看法，不会全错，总有真理蕴含其中。相反，哲学观点如果与人们普遍所持看法格格不入，倒要考虑一下自己的真理性了。另外，"辩证性"还体现在探索者在确立主导原则之后，应当尽可能地包容不同观点，形成了一个综合体，避免偏执。

前面第二分析，已经把"幸福"主要地规定为是人的内在精神活动（注意"内在"在此不要作太多的笛卡尔式"封闭的内心"的理解。对于亚里士多德，灵魂是"打开的"——就是人的"活动"）。亚氏说这和古老的看法及哲学家的观点正相吻合——大家也一直都认为生活的目的就是实践和现实活动，幸福是"好好地生活、好好地行事"。(《尼伦》1098b15—18）所以幸福在于内而不在于外，在于心而不在于身。

但是，在亚里士多德以上建立起来的"实践行动幸福观"中，一般对"幸福"的看法还有两点似未包括进去，一是"外在"的运道（财富、力量、子女、健康），另一是主观感受——快乐。这两点在"大众意识"看来都是"幸福"不可或缺的要素。哲学家态度似乎总不能与大众完全相同,这两点,如果是斯多亚派,就会认为完全不必(不应该)考虑了。但是亚里士多德的时代位置与伦理抱负使他不可能是个斯多亚哲学家。所以他认为必须对此二种因素加以适当综合,方能获至真正的幸福,即完满而自足之"好"。在《欧台谟伦理学》一开头,亚里士多德引了神庙上一句古铭文,讲的是好、美、乐的不同一:

> 最美的是公正,最好的是健康,
> 一切当中最快乐的,
> 乃是满足各自之欲望。

亚里士多德不同意这种分割对立。他相信自己能够论证:"幸福是一切之中最美、最好、最快乐的",即幸福包容所有肯定、积极价值的属性。(《欧伦》1214a1—9)

首先,在灵魂按理性优秀地活动与外部运道这两者当中,亚里士多德确立幸福之主导方面是前者。古希腊人由于多把幸福等同于外在际遇,感到命运难以把握,荣华转眼烟云,结果容易对人生持悲观态度。史诗感叹特洛伊老王一生幸福,最终却无比悲惨;悲剧如《奥底甫斯王》在命运摧杀面前喊出"人只有到死才能知道自己究竟是否幸福"的沉痛呼号。更有甚者,"盖棺"尚无法"论定";子孙后代的遭遇与表现,难道不会"光宗耀祖"或"辱没先人"吗?也就是说,不会影响死者的"幸福"吗?(《尼伦》1100a16—25)但亚里士多德继承的苏格拉底以来的"内在美德幸福论",就能够抗拒命运压力,不受其随意摆布,建立起一种较为"乐观"的人生观。在哲人看来,外在际遇,只要不是太大而具有毁灭性,不会减损人(道德人)的真正幸福,即不会令他卑鄙可怜——这是幸福与否的关键。真正优秀的人善于利用各种机遇(包括坏的条件),创造出好的结果来。(《尼伦》1100b34—1101a3)所以,没必要等一生结束才能判定一个人是否幸福,当下我们就能知道道德的人是幸福的。至于后代人的表现,更无法改变其先人的幸福与否的基本事实了。(《尼伦》1101b1—4)

在承认了内在幸福为主之后，亚里士多德也主张完满的人生需要一些外在补充。即使行道德之事，没有外部手段也难以成功，空想帮助朋友而无钱无势，于事何补？（《尼伦》1099b1—2）况且，在身体、钱财与子女亲人等方面遭了大灾者，总很难被称为"幸福"的。（1099b2—10，1100a5—9，1101a6—11）所以，从亚里士多德的"平实不偏激"的立场看，如果能达到梭伦的目标：行事高尚（优秀），又有一个中等的外部"好"，那就是幸福了（过度的外部条件没必要）。（1179a1—15）①

亚里士多德讨论的更多的是"幸福"的主观条件——快乐。不仅在第1卷，而且在第7卷后半部分与第10卷前半部分，都一再对快乐加以集中讨论。这是可以理解的：美德与快乐的关系一直是希腊伦理学中争执颇为激烈的主题，这是因为伦理家看到快乐对人的选择的强大影响力。(《尼伦》1172a22—24）而且，大众（乃至许多"上流人士"）都把"幸福"理解为享乐。（1095b20—21，1152b5—6）

亚里士多德当然拒绝享乐等于幸福的看法。但是，他站在完全拒斥快乐的柏拉图—斯彪西普阵营一方吗？恰恰相反。他在这方面的工作主要是为"快乐"正名，给予它在伦理学中以应有的地位。

柏拉图是主流伦理学思想家，必然高扬理性而贬低欲望。斯彪西普似乎在各方面都比自己的老师兼长辈还要"激进"，继承与发挥对快乐的批评。他们的主要论证是：第一，快乐乃是达至某个目的的感性的、浮表的"过程"，与其所服务的目的比，远远不足道也；第二，自制的人都避开快乐；第三，有智慧的人不追求快乐，而是追求"无痛苦"；第四，快乐妨碍思考；第五，任何"好"都有技艺可制造，但没有制造快乐的技艺；第六，儿童与兽类只知道追求快乐，所以快乐是低级的。（《尼伦》11126b12—20）

亚里士多德则告诉人们：说话要诚实。如果嘴上说一切快乐都可

---

① 注意，虽然亚氏欣赏并援用梭伦思想，但亚里士多德的看法与传统希腊伦理智慧——体现在梭伦回答克洛伊索斯（Croesus）王什么是"幸福"的著名逸事中——已有巨大不同。梭伦讲的幸福主要还是外在财富和荣誉，所以不到死不知道一个人是否"幸福"——是否能一直维持住他的财富和荣誉。（参看希罗多德《历史》，I. 30—33）

恶，行动中却热衷于追求快乐，那徒然让人嘲笑，而且更证明快乐确实是人人向往的东西。（1172b1—2）实际上，快乐本质上没什么不好的，关键在于何种快乐。亚里士多德对种种"反乐"论证的批驳，最有理论创见的是从本体论上澄清：快乐并不是一个"生成过程"，而是"现实活动"本身。前者地位低，是手段与过渡；后者在亚里士多德范畴体系中地位极高，是终极目的。（1153a10—76）什么是快乐？不受阻碍的现实活动就是快乐，就是幸福。（1153b10—15）有时，亚里士多德又从这种太强的"同一论"稍稍后退，主张快乐必然伴随、加强现实活动（1174a7—8，1175a31—36），或者，快乐"使现实活动完满"（1174b24—35）："快乐使活动变得完美，所以，它使生活变得完美，使人去追求它"。（1175a15—17）亚里士多德并不想深究这个理论问题——到底是"同一"还是"几乎同一"到了紧密不可分的地步。也许，这符合他"实践的政治伦理研究者不必陷入过多理论之中"的基本信念（1102a20—25）；也许，他自己也并没想透彻。但无论持哪种观点，都说明他把快乐由微不足道的"外在历程"提升至与现实活动紧密不可分的本体高度。（1175a19—23）

  活动是多种多样的，快乐因此也分为多种，有高下之不同，（1175b25—30）并非"一切都好"。谁来"判定"好坏？谁是"尺度"？亚里士多德认为"如果优秀品性与'好'是一切事物的尺度，那么真正的快乐就是'好人'所认为的快乐；好人喜爱的东西，应当就是人应喜爱的东西"。（1176a19—20，参看1177a3—8）如此判定之后，亚里士多德便可以把许多快乐归为"不是快乐"——可鄙的、"堕落的人"的快乐不配称为真正的快乐。（1176a23—29）不难发现，或多或少地，亚里士多德又绕回到柏拉图身边。这是自然的：归根结底，他们都属于主流伦理学思考者。

  什么是真正的快乐？什么是真正给人以幸福感的现实活动？就是优秀的、人之为人的生活。从亚里士多德在书中各处的论述看，大致说来，这可以分成四类。第一，思辨宇宙真理带来的深沉陶醉、纯净无痛苦伴随的快乐。（1153a1）这是神才能充分享受的单纯快乐。（1154b26，

1177a23—28）第二，是按实践美德行事之乐。一个道德的人，必须不仅行道德之事，而且在行动中要感到很大的快乐。（1099a6—25）否则，勉勉强强甚或痛苦不堪，算什么"有德之士"？第三，人际友爱是体现人的真正社会本性之处，所以，人们应在真正的朋友交往、共同生活、共同实践中感受高尚的快乐。（1169b35，1170b10—18）第四，亚里士多德也肯定美学的快乐；无功利目的的观照等，都是属人的快乐。（1173b19）

总结起来，亚里士多德伦理思想的基本出发点是以人（公民）为中心：追问人的最终目的（幸福）。在追问与论证中，从人的本体论（本体功能）中寻找依据。并且，亚氏还从人的生存活动即优秀地做人中定位"道德"（见下一节）。亚里士多德的抽象理论中散射出对生命的无限珍惜。他忠告人：生命本身就是美好的，宝贵的。活着，好好地活着并感受之，这本身就是我们的存在，就是人的最高幸福。（1170a19—1170b5）

第二节　品德论模式下的道德主体

虽然从价值排序上，最高（亦即最快乐）者是思辨。但是亚里士多德并没忘却实践优秀——美德。① 这毕竟是人（而非神或动物）应当追求的完美境界。本节讨论亚里士多德的实践美德论——什么是在城邦实际生活中做优秀人（spodaios），怎样的性格最美好，如何在情感与行动中体现逻各斯的统辖，道德主体的动机与责任等问题。

这属于亚氏伦理学体系的中坚部分，是《尼各马可伦理学》总思路之"幸福论—美德论—幸福论"三段论中的美德论。在传统希腊四大美德即勇敢、自制、公正、明智（加上"友爱"与"虔诚"，是六大美德）中，《尼伦》第3卷讨论勇敢与自制，第5、第6卷讨论公正与明智。"友爱"占了第8、第9两卷之多；为传统伦理甚至苏格拉底、柏拉图

---

① 在道德上，"优秀"（arete）即"优秀德性"，故我们下面译arete为"美德"或"品德"。

重视的"虔诚"却无处立锥；而第 4 卷讨论了一系列前面哲人未涉足的"美德"：慷慨、大方、胸襟恢宏、温和、诚实、机智、和善等。显然，与传统伦理观相比，这个体系从内容到分布上都有崭新特色，而亚氏的具体阐述也将引发许多理论问题。

在探讨这些具体美德之前，让我们先看看亚里士多德关于实践美德的一般理论。

一　美德总论

在《尼伦》第 2 卷第 6 节，亚里士多德总结了他的"实践美德"的总定义：

> 美德是一种选择方面的品性——依据相对于我们的中道；这中道由逻各斯所规定，正如一个有实践理性的人会规定的那样。（1106b35—1107a2）

这是一句浓缩的、提纲挈领的定义。它决定了其他许多章节的写作。其中，"品性""中道"是第 2 卷主题，"选择"是第 3 卷前几节主题，"实践理性"是第 6 卷主题。

这句定义用的是典型的亚氏"种加属差"的方法，即从最大的种（τι ἐστί）入手逐步限定至本质属性（ποιοῦ τί）。首先，"美德"隶属的最大的种是"品性"。当然，理论上说，这里最大的种应当是"感受—欲望的灵魂"乃至"灵魂"本身。不过，亚里士多德在此只取"品性"一层。他这么说时是把"品性""情感"与"能力"列为人的灵魂属性的三个"大种"，然后考察"美德"属于三者之中哪一个。在《范畴论》中，亚里士多德讲过"属性"有四种：品性、情感、能力、形状。在《尼伦》中，他显然感到没必要提"形状"这一种类，因为讨论的是"灵魂中的事"。情感与能力（感受情感的能力）在《尼伦》的讨论中被排除掉，断定为与"美德"无关，因为它们是天生的、不可选择的；而且，人们并不对之加以道德上的评判。（《尼伦》1105b30—1106a2）

这里已经显出亚里士多德对于美德的一些根本看法了。首先，作为"品性"，美德不是天生的。任何天生的东西，后天练习总是无法加以改变。石头的天性是"向下落"，怎样训练它，它也不可能"学会"上升。（《尼伦》1103a20—24）亚里士多德在《形而上学》中区分过两种潜能，一种是只能朝一个方向实现，这是"天生"的能力，如五官感觉。另一种，是不定的，可能在两个方向之一上发展、实现。后天的训练对其最后定位于哪个方向，有很大影响。[1] 这就不是"天生"的能力，而是与道德品格有关的能力。只有后天训练造成的对先天能力的一种持久态度，才是美德。不过，亚里士多德显然是承认自然禀赋在道德品格形成中的一定作用的。用《尼伦》中的话说，美德虽非"自然的"，但也不反自然。（1103a24）用《政治学》中的话说，则人的许多罪恶"都导源于人类的罪恶本性，即使实行公产制度也无法为之补救"。（《政》1263b22）灵魂中有理性、血气（血性）和欲望三种，所谓"罪恶本性"也就是人的无止境的欲望或贪心。（1267b1—10）至于"血气"（thumos）亚里士多德有时视为人的坏天赋，因为它会干扰理性统治（《政》1287a31—4），有时又视为美德的基本前提条件：人没有点血性，爱憎不分明，"精神卑弱、热忱不足"，则只配当奴隶。（《政》1327b25）[2] 而精神旺健的民族天生是自由民族，再辅以理性引导，当不难达成美德。（《政》1327b36）

美德就是在天赋的"多向潜能"基础上，通过朝好的方向引导、训练、实践，而渐渐形成稳固的心态习惯。一旦形成后，它呈现为"天性"——自然而然的品性——或第二天性。后面我们还将看到，这种"第二天性"——自然而然、发自内心、一点不勉强，愿意行德且好之——是美德的一个识别性标志。

再限定一步，这"品性"（习惯）是哪个方面的？它的对象域是什

---

[1] 参看亚里士多德《形而上学》，9.5。
[2] 亚氏举亚洲人为例。不过孔子既然告诫"血气方刚，诫之在斗"（《论语》16.7），看来亚洲人也不是那么天性驯服的。

么？它不是关乎思辨的，也不是关乎生产的，① 它是在情感和行动方面的选择与回避的一定模式；换句话说，是一定的快乐与痛苦的感受模式（《尼伦》1104b13—16）：

> 我们必须把伴随行动而来的快乐与痛苦 [的一定感受] 视为品格之表征；因为一个人避开肉体享乐并感到喜悦，就是自制；但如果他感到不舒服，那 [说明他] 是放纵 [的人]。如果一个人顶住威胁并感到高兴，或至少不痛苦，那就是勇敢；如果他感到痛苦，就是胆小鬼。（1104b3—10）

这种稳定的情感体验模式，当然是使人高贵的模式，是使人作为人能出色地发挥其功能的品质。（1106a14—24）人之为人（为实践领域中人），就生活在主动（行动）与被动（感受）当中，或者说生活在行为与情感之中。人不仅要行得好，而且要感受（情感）得好。② 什么构成了这种好的情操及好的行为的根本特征呢？这就限定到"美德"的"属差"了。

由于情感（快乐与痛苦的种种变形）对人选择的影响很大，尤其是快乐——它伴随我们感到值得追求的一切东西（包括有用的与高尚的），自幼就深深嵌入人的生命之中，正如赫拉克里特说的：与快乐斗争比与愤怒斗争还要困难（《尼伦》1105a1—9），所以伦理思想史中不乏哲人主张"消灭一切情感"或"避开一切快乐"。（1104b25）亚里士多德不可能接受这种极端理论，因为他作为"入世"的主流伦理思想阐释者，必然要面对有情世界、快乐和痛苦。离了欲—情动力机制体系，很难想象城邦生活如政治、工商、交际等等还能"进行"。亚氏的基本立场是：感情本身没什么不好的，关键是其方式。方式不好，是邪恶；方式正当的感情、处理适宜的快乐与痛苦，恰恰就是美德。（1105a12）

---

① 参看《尼伦》第6卷第5节。
② 参看考斯曼（L. A. Kosman），"适当地感受：亚里士德伦理学中的美德与情感"，见 Rorty, ed. *Essays on Aristotle's Ethics*, pp.104–105.

何为恰当？中道：美德是情感与行为上的中道（邪恶、错误即情感与行为上的不足与过头）。这个著名的亚氏美德观可作两个方面理解。首先，从量上讲，"中道"即指在（无限）可分的量中取相对于我们的适中量。（1106b15）只有既连续、又可分之量，才可或取其多，或取其少，或取中间，而情感正是这种量。所以，情感感受中存在着"正好"，如勇敢；也存在着过头，如鲁莽；还存在着不及，如胆小。（1106a25，1106b16）所谓"相对于我们的中道"，是指这"适中"不是抽象普遍的数学中点，如 5 之存在 1 与 10 之间，而是因人而异的"恰到好处"，如一个壮汉的"食量中道"是 6 份，一个瘦小者的则可能是 4 份。（1106a27—1106b5）

为什么"中道"即好？亚里士多德有一系列论证，主要是：

（一）一般直觉认为"过分"和"不足"都是不好的，适度则为美好之标志。格思里说亚氏这个思想不必"来自"柏拉图，而应是与柏拉图一道"体现"典型的希腊传统伦理观念。德尔菲神庙上刻着"凡事不过头"，悲剧家埃斯居罗斯在三部曲中写道："神处处证明中庸的优异，／虽则中庸之道形式各异。／这是千真万确的大道理：／你不要急躁，也不要迟疑。"[①] 柏拉图自己晚年对话录中，尤其体现出对"两种极端"都力求避免而走中间道路的辩证精神（参看第四章第四节）。

（二）身心类比：锻炼过多或过少都会损害体力；饮食过多或过少都会损害健康。唯有适度才能形成、增进和保持体力与健康。这些是"明白之事"。灵魂处于"不明"领域，但可以用明白事物加以类比来认知。所以美德如自制与勇敢等等，也被过度和不及所破坏，被中道所保持。（1104a14—28）

（三）以技艺作类比：创制之艺总是寻找着中道，努力按中道塑造作品。对于好的作品。人们的评价不都是"增之一分则太多，减之一分则太少吗"？（1106b10—15）

（四）正如毕达哥拉斯所说的，恶是无限，善则有限定。人们干坏

---

① 埃斯居罗斯:《奥瑞斯提亚三部曲》，第 214 页。

事容易、失败容易，因为离开正确点有多种多样可能；而干好事或成功则难，因为那只有一种。（1106b25—32）

这些论证都合乎人们生活直觉。不过，问题依然还存在，仅仅用情感的量上的多与寡和"中等量"，很难说明道德上的善，而且容易产生歧义。在遭遇令人愤慨之事时的勃然大怒难道比"适当发些怒"要邪恶吗？亚里士多德看到了这个问题，他把一些情感如恶意、歹毒、无耻和某些行为如通奸、偷盗、谋杀等归为"本身就是错误的"，没有什么中道、过头与不及。（1107a7—25）这段话他讲得并不清楚，不过它把我们引向"中道"的第二种意义——质的定义：

> 如果在应当的时间，涉及应当的对象，对应当的人，根据应当的情况，为应当的目的，以应当的方式来感受这些情感，那就既是中道又是最好，这也就是美德的特征。（1106b20—23）

相反，快乐与痛苦之所以使人变坏，正是由于人在追乐避苦当中时间、方式或对象上有某种不当。（1104b21—24）任何人都会发怒，任何人都会收、支钱款；但知道应当对谁，在什么时候，以多大数量，为何种目的，以什么方式发怒或收、给钱款，那就不容易了。只有有实践理性的人才能考虑具体环境和理性要求，恰当做出抉择。质的定义可以限定量的"中道"观本身的无规定性，从而带入道德内容。比如一个恶人也可能在遇到危险时有大惧、中惧、小惧。但无论他有多少惧怕，他的情与行都不合各种"应当"的条件，所以无论如何都不具备"美德"。要明白这种道德内涵，必须进一步考察亚里士多德的具体的、个别的美德项目分析。不过在此之前，我们先考察一下他的"美德定义"中的最后一个要素——选择。

二 选择与责任

《尼伦》第3卷的前五章讨论道德品性的选择性特征及其责任。其关注点与其说是在正面的、积极的美德方面，不如说是在负面的、消极的道德邪恶或错误方面，在于指出人应当尽量不为自己的罪行或过失寻找借口、推卸责任；作为道德行为主体，应当承担自己行为与情感的责任。第 3 卷一上来就指出研究美德时要区别自愿与非自愿的行为，因为这对于道德上的赞扬或责备以及立法者进行嘉奖和处罚颇有用处。（1109b30）往下论述中，我们可以看到亚氏更强调的不是后者（法律），而是前者（道德），而前者为主体定下的责任阈线显然高于后者。

亚里士多德的讨论仍然沿着"种＋属差"的思路，首先把道德行为定为"自愿行为"之一种，然后将道德行为限定为"自愿选择"，再把"选择"与愿望、意见等相类似现象区分开来，得出它的独特品性。

亚里士多德把行为区分为自愿与非自愿两类。所谓"自愿的"行为，即行为决定者（"出发点"）在主体内部；所谓"非自愿的"行为也即行为决定者在主体之外。注意不要把亚氏这种区分混同于"有意识的"和"无意识的"，因为没有"意识"的小孩与动物也可以有"自愿行为"。

非自愿行为又可分两种情况：被强迫或无知。前者如被大风吹走，后者如不知食品有毒而让人食。这是希腊法律乃至今天法律的常识。亚氏在有关讨论中值得注意的是从道德的高度批评不少人常有的寻找"非自愿"之类推卸责任的借口的做法。比如在谈到在胁迫下干坏事时，亚氏认为这种行为也不可仅仅归为"非自愿"，因为如果被逼干的事情实在是伤天害理，那么决不可为之；为之，亦不可原谅。（1110a24）再如，"无知"的非自愿，只可说是在对具体情况的不了解上。否则，恶人之为恶的原因——不知道什么是善，什么是一般规范——难道还可以充作"原谅"的借口？（1110b30）况且，干了好事就把原因归于自己，干了坏事就把原因推给外面——如"快乐冲动"，岂不荒谬？（1110b14）亚氏后来还强调，与胆怯相比，放纵更加是自愿的。因为放纵是追求快乐[过头]，而胆怯是逃避痛苦。前者是选择，后者是躲避。痛苦使人身不由己，并会毁掉人；快乐则不会这样。所以，放纵更应受责备。（1119a21）

道德品格不仅是"自愿"的，而且进一步，是"自愿"中的

"选择"。

所谓选择，希腊文是 *Proairesis*，指"在前面……做决定"。根据亚氏描述，选择是经过考虑之后的决定。考虑与决定是其必要两要素，缺一不可。有时亚氏把选择表述为"理知的欲望"或"欲望的理知"，[①]似乎也是在笨拙地传达这个"组合物"意思。

亚氏的"选择论"最令人头痛的问题是他所谓"选择不关乎目的，只关乎手段"的说法。许多学者为了解释它费了不少精神。亚氏认为，选择与"愿望"不同，其原因除了愿望可以沉溺于不切实际的幻想之外，就是愿望是关于目的的（如健康），而选择是针对手段的（如通过什么办法达到健康）。（1111b26）在选择时，目的不在考虑之列，而已事先立好。医生不会考虑要不要健康，而是"不加选择地"接受这个目的，然后探求怎样、通过什么手段来达到健康这一目的。这种手段探求是回溯性的，常常导致一连串手段链的出现，直至回溯到马上该做的第一件事。如何再现亚氏这个"考虑过程"（实践理性推理），许多学者做过各种尝试，包括按照亚里士多德自己的提示参照几何解题的思路来推导。罗斯有个较为清晰的流程图，不妨作为参考：

愿望	我欲 A。
考虑	B 是达至 A 的手段， C 是达至 B 的手段， ． ． ． N 是达至 M 的手段。
知觉	N 是我此时此地可为者。
选择	我选择 N。
行动	我做 N。

[①] 《尼伦》第 6 卷第 2 节。

在这当中，唯有手段是要经过考虑、计议之后加以选择的，目的则不选。对此，有些学者的反对是：这似乎与一般人对于"选择"的理解相差甚远。日常人们不仅说"选手段"，而且说"选目的"。况且亚氏自己有时似也把"选择"与决定人生目的运思等同起来。(《欧伦》, I, 1214b7—11)怎样看待这里的"理论漏洞"？麦金泰尔有一个解释可能与亚氏原意接近：任何选择必须参照一个确定的目的才能进行，这目的是我取舍手段的标准。如果我对此目的又进行"考虑"，那也行，但此时我就是把它当成手段之一，并参照进一步的目的来进行此"考虑"了。[①]这么考虑下去，最终会出现一个不选之目的，那就是"幸福"。我们只能说"愿望幸福"，总不好说"选择幸福"吧。(《尼伦》1111b29)

那么，在手段上有选择，从而有责任；但在目的上无选择，岂不没有责任了吗？初看起来，亚氏似乎对此看法让步。他说："无论是好人还是坏人，目的的呈现与固定总是由自然(本性)决定的，人们做任何事，都是比照[为了]此目的。"(1115b14)我们或者可以说，一个人天生气质近于沉思还是近于行动，会让他自然而然地认同学者人生或是从政生活形式。也就是说，某一特定生活会对他显现为"幸福"，这里的确不存在考虑、计议和多样选择。而一个人的品格是好是坏，又主要是看其目的。与此相关，有人还会说品格是第二天性。每个人在对具体事件做情感反应时，似乎显出是"自然而然"、不假思索的，怎么能对自己的"自然反应"负责任呢？

对于后一个看法，亚氏的回答是，虽然品格形成之后的行动与情感看上去不是选择的，但品格本身的形成，却在我们自己的手中。一个人如果朝某个方向常常做某种事(这是他选择的)，他便最终会变成那种人。(1114a1—30)人或许不能直接"控制"自己的具体情感反应，但是人可以控制容易导向情感模式(性情)之形成的自己的行为；对此，我们应当负责。至于说"一切人都追求[对他]显得好的东西，而无法控制显现本身，因为目的对于不同性格的人会显得不同——与其性格一

[①] MacIntyre, *A Short History of Ethics*, p.71.

致"（1114a32），那么亚氏的回答是：自然素质确实在很大程度上决定了一个人的目的（前面我们已讲到过亚氏对品格中"先天"成分的肯定），但是后天成分也"多少地"、"在一定程度上"起作用。（1114b1）这个"多少"是什么意思，学者历来争论不清。我们认为，除了人的后天行为的有意选择会有助于某类稳定心态的出现之外，亚氏还想表明：（一）目的（好）并非相对主义的，对任何人显现的好不可能都是真好，其中有真好，也有假好，所以还是有"选择"的余地——从而有批评的余地。唯有好的人所愿望的目的才是合乎真理的"好"："他们是准则与尺度"。（1113a10—35）（二）这么说来，好人与坏人的区分在于"知识"：是否认识到什么是真正的"好"（善）："一切恶人之所以干坏事，都是出于对目的的无知，以为所作所为能给自己带来最好者。"（1114b4）而对于无知，亚氏是不太"宽恕"的：

> 事实上，我们正因为一个人无知[犯罪]而惩罚他，如果他对自己的无知负有责任的话；正像酒醉犯罪则惩罚是加倍的一样。……我们还惩罚对法律一无所知的人，这些他们本应该知道，并不困难。……对于由于粗心大意而无知的情况也一样，我们认为他们能够不陷入无知，因为他们完全有能力注意、了解情况。（1113b31）

三 美德分论

虽然亚氏认为美德有内在统一性，一个有实践理性的人（1145a1—5）或一个"胸襟恢宏"的人（1124a1—5）在各个方面都会体现出最佳个性，但是他反对苏格拉底—柏拉图的过多追求（以及仅仅满足于）"多中之一"，过于专注于普适一切个例的"共相"。亚氏在总论美德之后强调指出，必须考察总原则在个别德目上的应用，"因为在关于行为的陈述中，普遍者虽能更为广泛地应用，具体者却更为真实。既然行为总是关乎个别事物的，我们的陈述就必须与这些个例中的实事和谐一致。"（1107a26）

在《尼各马可伦理学》中，亚氏按照一个"表"论述美德：

方面（关于……）		（恶）不足	（美德）中道	（恶）过头
害怕与自信	1	胆小	勇敢	鲁莽
快乐与痛苦	2	冷漠	自制	放纵
金钱的给、取	3	吝啬	慷慨	浪费
大量财物的给取	4	小气	大方	无度
名誉	5	自卑	胸襟恢宏	虚荣
小的名誉	6	没志气	好名	野心
愤怒	7	无血性	温和	暴躁
真诚性	8	不诚	诚实	夸张
开玩笑	9	呆板	机智	粗俗
交往	10	坏脾气	友善	谄媚
感情	11	易羞	有耻	无耻
对别人不义之得	12	妒忌	正当愤怒	恶意

估计这个表是亚氏上课时挂在教室里的。他似乎说这个表是"完全的"（穷尽的）（1115a5）。不过这显然不能令人信服。比如他在《欧台谟伦理学》中排出的表就又列入了"公正""高尚""坚韧"和"明智"。（《欧伦》1120b36）况且，亚氏也没有告诉我们根据什么原则可以"穷尽"从情感到行为的各个种类。关于这个表的序列，学者也有许多争论。为什么要按现在这个顺序讲？罗斯认为这个表完全是"随便列的"，[①] 他将其重新归类为：（1）三种对待原始的害怕、快乐与愤怒之情感的正确态度（1，2，7）；（2）四种与人在社会中的两大追求——财与名——有关的美德（3，4，5，6）；（3）三种人际交往中的美德（8，9，10）；（4）两种并非美德的品性——因为它们不是意志的习性（11，12）。罗斯的这个分类，除了将"7"上移之外，其他与亚氏自己的论述基本一样。还有人对这个分类作了进一步的说明，指出第一组（勇与自制）的特点与社会不一定有必然关系，主要关系到人的动物性一层的情感。第二组（大方、珍惜荣誉等）则只能在社会中展现，但总的来说属

---

① D.Ross, *Aristotle,* Routledge, 1995, p.202.

于个人性格而非人际关系美德。"温和"（7）是一个过渡。至于第三组，便全然是社会行为中的品德了。

这些新分类企图可以帮助我们的理解。不过，它们有一个共同缺点，即似乎都没注意到所有这些"美德"都是社会性的，都只有从亚里士多德对当时主流社会伦理规范的理论总结的角度看，才能得到真正理解。亚氏的基本看法是，如果理想城邦实现了，则"好人"与"好公民"的特征是完全合一的。（《政》1277a16—b30）在《尼伦》第5卷，亚氏所用来说明法律要管的事情的例子，恰恰就是被罗斯称为"非社会的""纯个人层面的"勇敢、自制与温和。（1129b19）而广义的公正——对待他人时的正当——正是遵循法律的规定行事。

"勇敢"是希腊传统四大美德之一。亚氏首先讨论它，花的篇幅较多，似乎是为对其他德性的讨论设下一个方法论的解题典例。亚氏对个别美德的分析，总是先指出这是哪个方面（哪种情与行）的，其对象为何，再考察其"中道"为何，其"两端"为何。亚氏描述"方面"的方式是用两个对立的词，如勇敢属于"恐惧与自信"方面，自制属于"快乐与痛苦"方面，慷慨属于金钱的"给与取"方面等，这么一来，至少从理论上说，每个方面中有两种中道和四种偏离，比如"恐惧量"可过多、适中、过少；"自信量"也可以过多、适中、过少。但两种中道往往是合一的，而四种偏离又可以大略合并为二种（如"过多恐惧"可以大致等同于"过少自信"），所以亚氏自己也没一贯坚持这种过于复杂的分析。我们将主要按"三项式"模式来考察。

勇敢是恐惧与自信方面的"适中"。它的对象必须是极为可怕的事物——死亡。（1115a30）勇敢即是面对死亡的不畏惧，顶住。然而，这还应从目的（何所为）上进一步加以限定：必须是在最高尚的情况下面对死亡而不畏惧。"那些在战斗中死亡的人，是勇敢的人。因为他们所经受的是最大、最高尚的危险。因此他们受到城邦与国王的奖誉。"（1115a30）后来亚氏还把"勇敢"分为五类，并指出知识的、激情的、乐观的和无知的勇敢都算不上真正的勇敢，只有公民战士的勇敢才是最大的勇敢，体现着真正的美德。（1116a19）

这些论述看上去都不错。不过仔细分析一下，就显出不足了。亚里士多德局限于主流伦理思想的框架中，他看到的是城邦、公民、战争的勇敢，但看不到比如苏格拉底那种在错误的政治面前为维护人民的更大利益表现出的真正大勇。与苏氏弟子及后来斯多亚派不同，亚氏很少推举"苏格拉底理想"来讲道德。

自制也是传统希腊四大美德之一。它是"在快乐与痛苦方面的中道"。（1117b25）实际上，在讨论"自制"美德时，亚氏谈的更多的是"快乐"。我们在前面已指出，亚氏对于"快乐"基本上是肯定的；但在这里，他基本上取批评态度——谴责"放纵"。这是因为在此他把"快乐"（与自制和放纵相关的）逐渐限定为肉体的、纯动物性的、触觉的快乐。吃喝与性这些享乐都来自接触，所以有个贪食者祈祷让他的食道比鹤的还长（以便多接触点食物）。纵欲应当受责备，因为它使我们降到动物水平。（1118b4）纵欲之错又分两种，在自然欲望方面，人们的错误是过多量；在非自然欲望方面，错误就五花八门了：对象、方式、限度等等方面都可能违背了"应当"，比如以不正当的方式喜爱某种东西，或喜爱本应受憎恶的对象等等。后面亚氏更清楚地点明了"自制"的社会性含义："……法律命令我们做自制的行为（如不得通奸和满足贪欲）"。（1129b22）

讨论了勇敢和自制后，亚氏转入到不出现于传统几大美德之中的一系列性格特征上。伦理学为什么要讨论看上去"非伦理"的个性？人们或许怀疑他把伦理学与心理学（文学？）搞混了。但，如果从当时主流伦理精神角度看，纳入这些"中性品德"就完全是自然而然的了；城邦的道德就在于有一批在实践领域中人品优秀、气质高贵的公民。"慷慨"是财物方面的中道。亚氏并不推崇"厌弃财物"或"毁家兴善业"。他告诫浪费的人说这是在毁灭物资，而毁灭物资就是在毁灭自己（的生命）。（11120a）慷慨的人不忽视自己的财产，否则他拿什么去慷慨助人呢？（1120b4）而且花光了自己的财产，还不得不接受周济。不过，鄙吝比浪费更令人讨厌，浪费是年轻人的没经验，可以通过成长而改正；鄙吝则是与生俱来，到老也无法获救的。（1121b11）"大方"也是慷慨

213

的，但是是在大量花费上的慷慨。这只适合于有产业、出身高贵的人，是富人为城邦事业（战车、战船、建神庙、祭献）的慷慨捐助，其花费巨大，其方式目的要适当。

这些讨论自然导向亚氏所描述的著名"美德"——*megalopsukhia*。此词的希腊原文直译是"大的心灵"，英语中就已难找到对应词（highmindedness，pride，self-esteem 等等），中文更难。"自重"、"自尊""骄傲""自我肯定"等等都译不出其精神。我们姑且译为"胸襟恢宏"（大气），试图既照顾原来的字根义，又传递一些亚氏心中的所指。亚氏说，这一品德是关乎人对于荣誉的态度的。一个人如果确实有大价值，又肯定自己有大价值，那就是"胸襟恢宏"的人。如果他没有大价值，却自我估价甚高，就是"虚荣"。如果他有大价值，却低估自己，就是"自卑"。

所以胸襟恢宏者必是美德之顶峰——这才是真正的大价值——一个在一切"好"方面都做得充分尽致的人，怎么可能在撤退中甩开膀子跑或干其他不义可耻之事？（1123b30）社会对他只能用社会拥有的最好东西——荣誉——来嘉奖。他重视并接受——但也不是过多看重它。在一个胸襟恢宏（心灵伟大）的人眼里，有什么能显得重要、值得看重呢？（1124a6—20）

这样的大气之人傲视贵族，平易接近一般人。他明白说出自己的恨和爱（"因为掩饰就是怯懦"）；不记恨坏处——对小事念念不忘不可能是胸襟恢宏的。他并不议论人。在困难中也从不喊叫或乞求帮助。因为他已成竹在胸。他所要的东西，都是美好的，而不是实用的，因为他是完全自足的人。他举动迟缓，语调深沉，言谈稳重。一个把一切都看小的人，用不着来去匆匆；一个不把任何事看大的人，是不会因为激动而喊叫奔走的。（1125a1—15）

这些描述在后人心中引起不同而有趣的反响。罗素十分不喜欢，认为"虚伪"，[①] 罗斯也认为这幅图景暴露了亚氏伦理学中不好的一面——

---

① 罗素:《西方哲学史》（上），第220页。

太关注自我。[①]格思里则宽容地说这样性格的人肯定不多，在一个太容易激动的雅典，有那么几个深沉稳重人，也不无补益。[②]感受归感受，我们想提请人们注意的是，"荣誉"曾是希腊传统伦理精神的一个核心要素。荷马史诗明白无误地告诉了我们，古代一切生活形式是围绕它展开的。所以亚氏对"胸襟恢宏"的描述，让我们既看到他对传统的继承，又把主流价值体系提升到城邦公民道德的新高度，注入了新的内容。比如，胸襟恢宏的人重视荣誉，但决不使自己完全与荣誉等同，而是超于其上（即超于社会评价之上）。这是阿基里斯们完全无法理解的。再者，荣誉的内在支持主要地已不是出身、权力和财富，而是美德的完善。（1124a24）离开美德，拥有传统的外在"好"东西的人，只是一个空壳。相比之下，阿伽门农与阿基里斯还是靠外在的东西来要求荣誉的。最后，"不激动而喊叫奔走"也不仅仅是句讽刺的话。阿基里斯（以及亚历山大王？）正是这样的人。在亚氏看来，易"激动"可能表明人的内心力量不够，过于受制于外在遭际变化。一个人如果富于智慧和洞察力，识透宇宙中的重要与不重要之事，就不会为尘世之事激动不已，伤神费心了。

总结起来，亚氏的美德论既注意美德的外部作用，又注意其内在一面。前者是道德主体行为的社会效应——对城邦和他人的助益与损害，这也是"法律"要干预的。没有这一面，道德虚悬在空中。然而亚氏同时强调美德意味着主体内心的完善、美好人格之出现的"大写的人"之形成。这种价值论上的"以人为中心"，使亚氏作为雅典（希腊）主流伦理思想家，与基督教伦理思想有很显著的区别。

第三节 公正、友爱与城邦

《尼各马可伦理学》对公正与友爱二品德的讨论占去了与其他诸德

[①] D.Ross, *Aristotle*, p.208.
[②] Guthrie, *A History of Greek Philosophy*（Ⅵ）, p.370.

相比很不相称的巨大篇幅（整整三卷：5，8，9）。这么做的原因，只能解释为此二德是城邦国家的根本基础，是真正的"社会美德"。相比之下，亚里士多德前面在第4卷末尾讲到的"社会美德"如"有话直说""机智幽默""脾气和善"等就显得分量不够、无关宏旨了。本节我们将从亚里士多德的政治伦理学的角度入手考察其公正、友爱理论。

一　公正的逻各斯

亚里士多德正确地指出，"公正"（正义）在希腊是个含义颇多的词，不可笼统地一概而论。（1129a29）他首先区分开两种公正，一个是"一般公正"，另一个是"特殊公正"。一般公正实际上就是所有美德之总汇，包括前面列举的各种美德。但要补充一点：称它们为"公正"，乃是就这些美德之"与别人关系"而言。勇敢、慷慨、胸襟恢宏、温和等等，无不首先可以视为主体自己的美好品性。但从这些品性的外在效果看，则往往影响他人，使他人受益。正是因为此，希腊传统有个倾向，把有美德利他者，称为"公正的人"（《理想国》开始时色拉西马库斯等曾点明之）。这应当是较高层级的道德；不仅仅是不侵害，或亲人之间的互助，而且是对"邻人"的积极的、牺牲自己利益的帮助，所以此层道德应当列为我们讲的"公正→伦理→道德→普爱"体系（见导言之三）中的"道德层"。在讨论"慷慨"时，亚氏便指出，由于钱财的"给出"是帮助别人的，而且比"接受"或"不取"困难，所以是高尚的，受人称赞的。（1120a13—25）不过，要注意的一点是，亚氏的一切思考都是在城邦体系中进行的，他谈的并不是抽象的、孤立的个人之间发生的"利他主义"，而且是城邦公民之间的团体公共利益在公民的"利他精神"中得到维系。所以他又强调："一般公正"即是城邦法令所规定的，而不公或"邪恶"也就是法令所禁止的。（1129b20—25，1130b24—26）现代社会很难想象"法"会规定强道德要求如勇敢、慷慨以及在美德上做到面面俱"伟大"，然而亚氏的信念是：法律总是为了社会共同利益而制定的，"守法"就是（一般）公正，公正也就是促进整体利益。（1129b15）

一般公正是"守法","特殊公正"是什么呢？是"平等"。特殊公正是一般公正的一个部分，一个方面，所以它也属于"与别人有关的"美德（同属一个大"种"）。但它特指在与别人的物利关系上的美德。所谓"物利"，是指可以划分、大家可分享——从而可以分到或多或少——的、美好生活的物质条件。（1130b31）在此领域中的公正，就是在"多得"与"少得"中的获得物利之量"正好"。不公则是多占一份（少承担"不利"，也等于多占了"利"）。

可以看出，亚氏讲的"特殊公正"的内容，正是当代（西方）讨论最多的"公正"（"正义"）。

亚氏把特殊公正又分为三种——三种"比例平等"（逻各斯 analogos），即分配公正、矫正公正和交易公正。

分配公正是"几何比例"中道，即分配时依据的"平等"并不是把人人都看成完全一样，而是看成价值上不同，然后根据其价值进行"对等分配"。如设 A 与 B 要分某份财产，则由分配者 C 根据 A、B 各自"价值"而相应分以 x 与 y，使得：

$$A:B::x:y, 或 A:x::B:y$$

也就是说，分配的结果不会改变两个人原先的"价值"（应得量）。现在的问题是："人"怎么会有不同"价值"，什么是"人的价值"？亚氏说这是个众说纷纭、争执不下的难题，民主派说自由是价值，寡头派说财富才是价值，而贵族派则说出身高贵才是价值。（1131a29—31）所以分配公正本是为了用逻各斯（比例）来解题（利益冲突），但问题看来不那么简单。

矫正公正指的是当人们交往中出现了一方对另一方的伤害，产生了"不平等"，于是诉诸仲裁者（中间人）。仲裁者则按"算术比例"从多占者手中取回一份还给受害者，"拉平"。换句话说，如果是财物之争，是将二者现有财物加在一起，再平分。不公正的人就得吐回先前从别人那儿捞来的一份。

原先：A=x+y
　　　B=a+b

不公：A=x
　　　B=a+b+y

公正：A=x+y
　　　B=a+b

矫正公正与分配公正不同之处在于：它不考虑人的"价值"，把所有人视为一样。无论是好人还是坏人，只要犯了罪，法律毫不区别地都要加以处罚，要恢复由于不公正而被干扰、打乱的正常秩序。

要注意的是，这种公正看上去是典型的古希腊传统公正观（"以牙还牙，以眼还眼"），用的术语也是"利得与损失"。但实际上亚里士多德并不同意传统公正观。他说有人如毕达哥拉斯派把公正看作"回报"（报复），这是不对的。无论分配公正还是矫正公正，都绝非那么简单。（1132b20）不过，"回报"在另一个领域中倒确实是"公正原则"，这就是"交易公正"。

在经济领域中，"回报"是原则。人们首先是为了相互需要对方的劳动产品，才组成社会，而产品必须交换——平等交换，才肯互相给予。既然产品不一样（否则无人需要别人的东西），就需要一种共同的东西来衡量，来"等价交换"，这共同者就是货币。设 A 农民有粮食 x 斤，B 鞋匠有鞋 y 双，两人交换时，必须是 x 与 y 的货币值相等（=π），亦即符合"回报比例"：

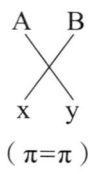

A　B
 ╳
x　y
（π=π）

这三种"公正"都是对利益关系中出现"难题"时采取逻各斯的、

解题的、准数学式的寻求"平等"的态度加以对待。这将成为后来西方政治、伦理思想的主导思考方式。直到 20 世纪，才受到人们从多元的、其他思考模式中提出的质疑。我们这里暂不展开，只讨论亚氏的"作为平等的公正"在当时的意义。亚氏为什么关心这些"特殊公正"？他的"分配公正"是分什么东西？

学者对这些问题有大量猜测和细致的史学考证。比如乔金在《尼各马可伦理学评注》中说，亚氏无疑想到了分配（从银矿来的等）剩余国库收入或是公共基金的多余部分——如外国送来的谷类礼品、国家没收的财物等等。还可能是俱乐部团体内部的基金分配。最主要的，是上法庭的两方对同一份财产（或官位、或避免公事负担）都宣称有权利时的案子。[①] 这些恐怕都不错，但是乔金似乎没注意亚里士多德在《政治学》中反复地强调"分配公正"的主要领域是国家权力和生产资本。正是这些最根本的"好处"的分配方式，决定了一个国家的基本宪法、政体和制度。（《政》1290a7）

亚氏在《尼伦》中谈完三种特殊公正后说："我们不要忘了，我们在寻找的不仅仅是抽象一般的公正，而是政治 [城邦] 的公正。这种公正只存在于为了自足而共同生活的人中间，这些人必须是自由、平等的——或是比例平等，或是算术平等……"（1134a25—36）在《政治学》中，亚里士多德详细阐述了人为什么要生活在城邦社会中的道理：因为单个人无法自足存在，只有通过交换不同生活必需品即组成经济体系，才能存活。（《政》1253a25，1321b15）亚氏讲的"第三种公正"（交易中的等价交换）显然是使这样的基本共同经济生活得以维系保障的理性原则。

人生活在一起是不容易的。日常交往中的种种伤害都可能威胁共同生活（所以要第二种公正：矫正公正）。更重要的是，不同经济利益集团对如何分配国家的政治、经济利益持截然相反的看法，形成破坏性的

---

① Joachim, H. H., *A Commentary of Aristotle's the Nicomachean Ethics*, Oxford University Press, 1955, pp.139–140.

敌对冲突。亚氏在《尼伦》中讲到第一种公正时为阐明问题所举的不同阶级对"人的价值"的不同看法的例子，在《政治学》中则被表述为现实国家生活中面临的重大冲突问题之一。

不同阶级的冲突的一个有意思的特点是，他们全都以"公正"的名义说话。对于平民来说，经济上瓜分富人的财产是"神明鉴临，这是最高统治机构在依据公正（依法）行事。"（《政》1281a16）政治上的公正在平民看来当然是算术平等，即全体公民无论财产、出身、才德有何差别，价值完全相等，每人都应当得到同样一份政治权利。（《政》1317b3—10）相反，富人认为公正就是维护贫富差异，而且主张应当根据财产分配政治权利，也就是说主张"几何比例平等"之公正。

无论哪一方面的"公正"，一旦感到被迫坏，就会产生与公正有关的"愤怒"之情（见导言之三）。亚里士多德对此看得很清楚。而且，作为主流伦理思想家，他不会号召"以德报怨"；相反，他认为"温和"不可过头，"太轻率地化解冤仇，挨打时也不动气"并不是"中道"，而是"不及"，是奴性。对别的人不该得而得到的好运，应当表示"义愤"。（《欧伦》1222b，1233b25）然而，在实践中，亚氏看到不同阶级总是由于"不平等"之愤怒而酝酿动乱：一些人由于"看到和他们相等的人占着便宜，心中就充满了不平情绪，企图达到平等的境界。另一些人的确有优越之处，看到那些不能和自己相比拟的人却所得相等，甚而更多，心中也激起不平之情，企图达到优越（不平等）境界。……于是，较低的人们为了求得平等而成为革命家，同等的人为了取得优越（不平等）也成了革命家。"（《政》1302a24—29）

所以，"不公"有瓦解作用，公正有"生生"作用。既然建立政体是为了求一个城邦的长治久安，就不能仅仅采取某一方的公正观从而过多损害另一方，真正的公正必然只能是某种"兼顾"。人类社会是异质的、矛盾的、普遍存在冲突的。冲突的人们还要抱成一团向前走，"妥协公正"是唯一出路。这是梭伦开创的雅典主流民主制的真正精神之一。亚氏对梭伦赞美有加，指出梭伦消除了以前雅典的过度向富人倾斜的政治经济制度，加入民主因素，并使"各个因素都被融合起来而各得

其所"。(《政》1273b37）

亚氏因此主张政治公正的精髓就是"中道"。作为平民，为了平民自己的长远利益，恰恰不应消灭富人，而是对之适当保护（亚氏十分反对柏拉图的"没收私产、实行公有"的方案，见《政治学》Ⅱ.5）。反过来，富人了为自己的长远利益，恰恰不应该采取种种措施迫害平民，而应认真注意如何适当照顾穷人的利益。(《政》1310a1—10，1309a15—30）

加强中产阶级的力量，是"中道"在政治中贯彻的捷径。"过头"总是与理性相悖的。富人常常逞强放肆，致犯重罪；穷人则往往懒散无赖，易犯小罪。富人势大骄纵，不愿也不能受人统治；穷人又太卑贱而自甘暴弃。前者只愿发号施令，不肯接受任何权威；后者只知服从而不堪为政，全然像一群奴隶。中产阶级（小康之家）既不像穷人那样希图他人的财物，他们自己的资产也不像富人那么多得足以引起穷人的觊觎。所以，"最好的政治团体必须由中产阶级执掌政权。"(《政》1295b29）

另外，亚氏还有个独特的看法。近代学者往往认为"公正"是一种客观关系，不是个人"品德"。[①]但亚氏强调"公正"与"不公"都是人的道德品德上的问题。具体来说，"不公"大量产生于政府官员的贪欲，这对国家的损害极大："如果当权者行为傲慢而又贪婪自肥，公民们一定会议论纷纭、众口喧腾，不仅会指摘这些不称职的人，而且进一步也要批评授权给这些人们的政体。"(《政》1302b5）所以，"为政最重要的一个规律是：一切政体都应订立法治并安排它的经济体系，使执政和属官不能假借公职，营求私利。在寡头政体方面，对于贪污问题更加应该注意。群众对自己不得担任公职，不一定感到懊恼；他们甚至乐于不问公务，专营家业；但一听到公务人员在侵蚀公款，他们就深恶痛绝，感到自己在名利两个方面都损失了。"(《政》1308b32）这些话或许多少解

---

① 参看 B. 威廉斯，"公正作为一种品德"，载于 A. O. Rorty, ed., *Essays on Aristotle's Ethics*, p.189.

释了为什么亚里士多德是政治伦理史上极富洞见的一位伟大思想家。

二　友爱

亚里士多德讨论的最后一个"道德"品格是友爱，这已经接近他整个伦理学体系的尾声（8，9卷）；也就是说，全书的思想进程将从品德论回到幸福论了。而亚氏对友爱的讨论显然也更多地带上了这种品德与幸福（快乐）的两者过渡乃至相互交融的特点。

近现代西方伦理学很少讲友谊。这多少也是由于与此相关的一个理由；友谊太像是与道德无关的生活品性，更不要说友谊的"区别对待原则"（先帮助朋友、后帮助陌生人）似乎与康德建立的普遍道德律令相冲突。最近，有些人又开始从伦理学角度考察友谊的意义，也有学者探讨亚氏友谊理论。[①]但他们多只强调友谊的"纯道德"一面：无私的利他性（利友性）。在遇到亚氏屡屡论及的友谊的"自利"（快乐、互惠）一面时，则显得尴尬起来，要么避开，要么加以批评。实际上，这一面没什么可回避的。需要清除的，反而是近代西方思想中根深蒂固的"形块思维"。这种思维习惯来自希腊的"凝视"传统，它把一切现象都想象成一种形块，一种在交换中可以衡量大小、取得"均等"的形块。然而亚氏是希腊人中少有的几个企图用异质范畴解释不同现象、避免形块思维一统天下的哲人。

亚里士多德确实首先关注友爱的生活的、一阶的价值。城邦为何？人的自足。这已是我们熟悉的亚氏定义。人如何才能自足？经济交换等等，只满足了众人肉体生命的延续，并不算充分意义上的自足生命。城邦的理想是优秀的人的共同生活，这就是幸福——也可以说是"互惠互利"，但不是"形块"式的谁捞到自己袋里一块什么东西的得利或快乐，而是一种本质上即在一起生存或生命活动的"场幸福"："没有什么比共同生活更是友谊的标志"，"在一起生活并相互愉悦，这是成为朋友

---

① 参看 J. M. 库柏，"亚里士多德论友谊"，载于 A. O. Rorty, ed., *Essays on Aristotle's Ethics*, p.301.

的最主要标志","最使人快乐的还是现实活动,同时也是最可爱的"。(1157b21,1158a9,1168a19)共同生活、交谈和思想交流,使人认识到自己在过人的共同生活,它和牲畜的生活不一样,不仅仅是在一处喂养。(1170b10)友爱本身令人快乐。母亲爱孩子并不求回报,本身已感到极大喜乐。(1159a27)

亚氏看到,如果普遍的友爱实现,则城邦更加稳固:"友爱把城邦联系起来,与公正相比,立法者更重视友爱。他们的目的就是加强类似于友爱的团结,并致力于消解仇恨。既然做了朋友就不必再论公正;但对公正的人却须增加一些友爱。最真正的公正中看来具有友爱因素。"(1155a21)亚氏讲的"友爱"是广义的。在希腊传统中,*philia* 甚至可包括自然界中的相聚与合一。亚氏虽然说广义 *philia* 与现在讨论无关,但亚氏自己的用法也把人事的一切吸引与亲情包括进去了。"友爱"讲的不仅是一般现在理解的朋友感情,而且家庭中各种伦常亲情也都是"友爱";更重要的是,政治团体(包括国家)中的情谊是亚氏最关心的。不同的政体,只要是"正常的",就会有不同的友爱,如君主制中有对臣属的"父爱",贵族制中有类于丈夫对妻子的爱,富豪制中有类似兄弟之间的友爱或平等与高尚的人之间的爱。在蜕化的政体中,友爱与公正同样稀少:"在暴君制下既没友爱也没公正。在民主制下则友爱与公正最多;因为当公民平等时,他们也就会有许多共同的东西。"(1161b9)

"平等"确实是亚氏友谊观中的一个重要成分。相互不平等、差距太大的人,难作朋友,或难以长久作朋友,因为友爱意味着互惠。亚氏把友爱定义为"衷心愿对方好",并且公开表露这种愿望,从而形成友人"相互之间的好意"。(1155b29)这种初看类似于实用的观点,在仔细分析后不会显得太功利主义。亚氏认为友爱可以分为三种:为了实用,为了快乐,为了善。为了快乐的友谊多见于青年,一旦对方外貌吸引力消失友谊也就消失。为了实用的友谊多见于老人,对方没用了,也就不来往。这两种"友谊"不仅持续不久,而且都不是出于"为了朋友自身好",所以不算真正的友谊,它们完全可以存在于坏人之间。真正的友谊不是看重朋友的外在属性（有用、漂亮），而是看重对方的内在价值，所以只存在于"好人"之间——所以也很稀少。但一旦形成，便能持久。（见《尼伦》第8卷，第2—3章）

好人（good man）也需要回报，好人也自爱："他作高尚的事情，帮助他人，同时也有利于自己。"（1169a14）但他们的自爱不是像"假友谊"中那样为自己多占钱财、荣誉和肉体快乐，而是为自己选择真正好的东西——高尚。他们为了朋友、为了祖国不惜舍弃金钱和荣誉、权力甚至生命。但是他们这么做便是把最大的"好"（高尚）留给自己了。这才是真正的自爱。（《尼伦》第9卷第8章。）

这段话表明亚氏已看出道德价值虽然是二阶的，是对生活（一阶价值）的操作，但从价值论上讲，完全可能远远高于前者。[①] 用他的话说，即是："一年的高尚生活胜于多年的平庸时光，一次高尚伟大的行为胜于多次琐碎活动。"（1169a24）这个看法后来在康德伦理学中得到进一步集中阐述。在斯多亚派那里，也有一个极端化的强调，走向了专门追求道德价值而完全否定任何生活（一阶）价值的立场，从而有"道德自爱"（self-righteousness）的危险。[②] 不过亚里士多德总的来说还是一位以人的幸福（快乐）为旨归的主流伦理学理论家，他并没过多谈论和强调"纯道德价值"的自身至高性。

三　谁的公正，哪种友爱

与近世伦理学家抽象一般地谈"人性""人权""公正"等等不同，亚里士多德公开而明确地限定自己伦理理论的适用范围——城邦公民。虽然亚氏自己在雅典是无公民权的"暂居者"（《政》1278a35），但他在理论中完全以主流伦理精神的捍卫者自居。东方式专制和柏拉图不切实际的"共产主义"以及智者激进派的"所有人平等"理论，都不会为亚氏所接受。他认为"公民"就是雅典政制最佳状态时的那些有充分权力

[①] 参看本书导论"二"关于两阶价值的分析。
[②] 参看本书第五章第六节。

参与决定自己命运和国家命运、有闲暇培养道德人品上的优秀的人。他们是平等的，而公正只在平等人之间存在。奴隶与主人之间没有平等，所以也不存在公正。奴隶并不是独立主体（从而不是公民），而是主人的财产与工具，所以可比附为手、脚等之为身体的一部分，完全没资格向主人要求"平均—公正"的对待。（《政》1253b34，1254a14；《尼伦》1134b10）如果奴隶反对主子，那就像我的手脚反对我一样，是极端的"不公正"，（《大伦》1194b5—23）①处罚起来，不是以牙还牙，而是要加倍，才算矫正公正。（《大伦》1194a34，1132b30）

亚氏还论证奴隶制的"天然合理性"，说自然界中存在高低之别，高者应当统治低者。有些人缺乏理智，但能感应别人的理智，"就可以成为而且确实成了别人的财产（用品），这种人就天然是奴隶"。从身体上讲，"奴隶的体格总是强壮有力，适于劳役，自由人的体格则较为俊美，对劳役便非其所长，而宜于政治生活。"（《政》1254b）

在第二章中我们曾指出过，希腊（雅典）民主政治生活形式是需要付出代价的：必须要有一批人从事艰苦、单调甚至异化、奴役的必要生产劳动，才能让一部分人全身心地解脱出来，从事合于人的本性的社会活动。梭伦立法以来，雅典把这代价的负担从公民身上转嫁到奴隶和外国人身上。亚氏比别人深刻之处，在于他感受到异化劳动确实是人类摆脱不掉的一个伴随物（参看马克思《资本论》第3卷关于人摆脱生产之必然性领域的困难），是一个无可奈何的"恶"。如果要想让一部分人成为"全人"（充分意义上的人），必须要有另一部分人成为"完全非人"。这不仅仅是指奴隶，而且包括所有非政治的生活形式（当然"思辨生活"除外）。吃喝及求利生活并不是人的本真生活，在成年累月的经济生活中，与其说能熏陶出"高贵优秀人"，不如说更易造就"卑贱狡诈人"。所以，不仅奴隶不得不承受这种"非人一生"代价（亚氏曾设想过如果有自动工具能按人的意志工作，则可以放弃奴隶制。参看《政》1253b35），而且技工、匠师、商人也大体来说与政治生活无缘：

---

① 下面在引用亚里士多德的《大伦理学》时，将简称为《大伦》。

> 组成最优良政体的城邦诸分子便就是绝对公正的人们，而不是仅和某些标准相符，就自称为公正的；这样的城邦显然不能以从事贱业为生而行动有碍善德的工匠和商贩为公民。忙于田畴的人们也不能作为理想城邦的公民；[因为他们没有闲暇，而]培育善德从事政治活动，却必须有充分的闲暇。（1328b37—42）

在对其他民族转嫁危机的问题上，亚氏一方面反对霸业为政治家目的，（《政》1324b33）另一方面又说"对于原来应该服属他人的卑下部落，倘使竟不愿服属，人类向他进行战争（掠取自然奴隶的战争），也应该是合乎自然而正当的"。（《政》1254b24）希腊主流乃至西方文化长久以来主流伦理精神的正反双面性，在此流露得十分明显无误。

说亚氏有主流伦理学（城邦生活与公民本位）的眼界局限，还有更深的一层含义。麦金泰尔曾指出亚氏看不到人类生活的本质上的悲剧不可解决性。[①] 罗素也批评亚氏伦理观点只代表着流行的、循规蹈矩者的规范，投合可尊敬的中年人的胃口，但对于任何一个感情深厚的人，它却只能令人感到失望。[②] 这些话没错，大约柏拉图就已经不喜欢这个执拗地把眼光盯在经验世界上的、不懂数学的"常识派"学生。不过，我们仍不妨反问一句：人们想从"伦理学"中寻找什么？伦理生活本来就仅仅是生活中的一个部分。超出它，还有许多有价值的、激动人心的东西，比如艺术。然而人又不得不共同生存于社会中，不得不需要一定的安全保障和衣食供应。这就必须要有"单调乏味"甚至压抑人激情欲望（弗洛伊德）的道德。主流伦理学家们往往显得没才气，不够大胆创新，但他们在维护道德领域时却常常不乏实践智慧和清醒洞察力。比如，柏拉图的"共产共家"方案当然是一个打破世俗观念的大胆设想，但亚氏却指出，这个设想的原意是想达到小我的消失和大我的出现，使人人皆以"国家事务为自己的事务，全心全意地加以关怀"。但实际上，"凡是属最多数人的公共事物常常是最少受照顾的事物……，人们要是

---

① MacIntyre, *After Virtue*, p.163.
② 参看罗素《西方哲学史》（上），第 225、238—239 页。

认为某一事物已有别人在执管，他就不再去注意了。"(《政》1261a33)柏拉图与苏格拉底是认识到友爱对城邦至关重要性的，因为它可以造成举国一致的团结，但是假如"共家"制度真的实现，则父子兄弟之间的亲缘关系就会变得稀薄而不明确了，原先来自"我的所有物"（我的父亲、我的儿子）的爱便会消逝，这岂不恰恰会使城邦失去凝聚力？(《政》1262b1—24)

这些讨论使我们进一步揭示亚氏伦理体系中的"友爱"的界域。亚里士多德谈的不是基督教式的普遍爱一切人、爱不如自己的人，不考虑回报地为大众牺牲自己等等。他谈的毋宁说是儒家式的人伦亲情、"爱有差等"和"爱即自爱"。而且，他也缺乏儒家对人生抱有的深刻的、忧患式的仁者同情。亚氏更着重的是希腊文化中的"胸襟恢宏"以及中产阶级的平等、独立和自由。在这种胸襟恢宏的人看来，同情弱者，本身就是弱者的表现。

与基督教的不分贵贱的泛爱相比，亚氏强调"真正的友爱"只存在于少数人之间。与许多人交朋友，那就什么朋友也没有。(《尼伦》1171a10)友爱需要双方都是道德优良的人，需要平等，还需要时间，需要经常地共同生活，所以条件苛刻、极难达到。

与基督教及在基督教影响下形成的"普遍道德原则"相比，亚氏强调友爱道德的局部性：对朋友犯的错比对陌生人犯的更大、更不应该；从朋友处骗钱比从一般人那儿骗更可恶；殴打自己父母比殴打别人更可耻。"随着友爱的增加，对公正的要求也同时增加。"(《尼伦》1160a1—10，《政》1328a1—15)

公民与奴隶之间不存在平等，当然也就不存在友爱。工匠总不会对工具有爱心。奴隶不过是有灵魂的工具，正如工具是无灵魂的奴隶，所以人不可能对奴隶（作为奴隶的人）有友爱。(《尼伦》1161b1—5)

妇女不是奴隶。亚氏反对野蛮民族中把女人置于奴隶的地位的做法，说那只不过说明男人也只处于"男奴"水平。不过，男子总的来说比女子优越。"从天赋来说，夫唱妇随是合乎自然的，雌强雄弱只是偶尔见到的反例。"(《政》1252b1—9，1259b1—2)什么是男女拥有的不同的天赋呢？原来是妇女的"实践理性"不够发达——奴隶则一点也没有。之所以没有，我们前面已提及，是由于奴隶的天生缺乏"血性"（thymos），会阻碍逻各斯的充分发展，使得他们只能遵循——听从别人的。谁缺血性？亚洲人。谁不缺？欧洲人。（《政》1327b24—33，1260a13）至此，亚氏伦理思想眼界限阈已十分明白。

总体来说，亚氏的许多看法确乎显得保守，有的学者甚至说亚里士多德的看法比起他的同时代人来说也是相当落后的。不过也有人认为，亚氏之所以持主流伦理观念的流行看法，主要是因为他是个外来的、没公民权、宗教权和财产权的人，而且常常被人怀疑是马其顿党人，被迫离开雅典。他不得不小心。相比之下，柏拉图的富有的雅典贵族家庭背景保护他不受随意攻击，所以他可以大胆说出与社会习俗相悖的话。[①]

第四节　实践理性与教化

亚里士多德与柏拉图一样，视教育（德育）为国家大事；而且他比柏拉图更看重道德教化在政治命运上的决定性作用。一般来说，亚氏开创的"品德—习惯"教化方式与苏格拉底—柏拉图开创的"知识思辨—辩证法"教化方式恰成对立，形成西方德育传统中两大潮流或两大范式，影响至今。20世纪中期的自由主义教改运动（在德育中以科尔伯格道德发展理论为代表）高扬"知识法"对抗"品德法"，曾成为一时风气。近20年来，以麦金泰尔等人为代表的"品德法"又在批评自由主义范式之中再次复兴。最近还有学者如哈贝马斯企图在这种"新苏格拉底主义"与"新亚里士多德主义"的争论中求得某种折中与均衡。这更告诉我们弄清亚氏教化理论基本精神的重要性。有些哲学思想，不管人们喜欢不喜欢它，总会在人类史上一再重新出现。

[①] 参看努斯鲍姆《欲望的治疗》，徐向东等译，北京大学出版社2018年版，第53页。

一 为什么关注教化

这个问题对于现代伦理学家来说，有三层含义：第一，关注"教化"岂不会降低伦理学的纯科学地位——使其从知识变为说教？第二，教育有多大作用？制度改革才是硬件。第三，怎么教化？构造理论大体系，学者不觉太难；实际地改变一个人，谈何容易。似乎谁也没成功地教化出道德的人。这三种疑问，亚里士多德会怎么看？

就第一点来说，亚里士多德很明确地在自己的知识分类体系中把"人事学科"（政治学、伦理学）划归实践而不划归思辨，明确其旨归为实际效果而不为思辨求知：

> 我们现在进行的研究并不像其他学科那样以理论知识为目的（因为我们的探讨不是为了知道美德是什么，而是为了成为善良者，否则我们的研究就毫无益处了）。所以我们必须考查行为的本性，即我们应当怎样行动，因为这也决定了由此产生的品性的本质。（《尼伦》1103b25—32）

前面已阐明，亚里士多德在论证纯粹思辨的不容置疑的首要地位（最高幸福）时，可以令今天竭力维护伦理学"纯知识"地位的学者们黯然失色。另外，当亚氏在断定实践科学的实践性取向时，也毫不含糊，自信而不心虚，又非现代伦理哲学家所能比拟。其中原因，主要地仍在于古典主流伦理思想家都有很强的"立法家"意识，总在实际中或理论中定位自己于社会体系中的"立法者"身份角色（孔孟奔走诸邦干什么？）。所以他们必然关切实际的品德生成、社会的改善。只有当哲学从社会中心完全退至社会边缘后，哲人（"伦理学家"）才会对社会道德失去兴趣，才会大规模地或沉溺于个人解脱（疗法哲学）或封闭于纯概念分析的"元伦理学"之中。

至于第二个问题，道德教化在城邦建设中的作用，亚里士多德比今天许多看轻教育的人、甚至比十分看重教育的柏拉图，要看到的多得

229

多。在《政治学》中讨论了立法的实际措施后，亚氏紧接着说："在我们讲到过的保全政体诸方法中，最重大的一端还是按照政体（宪法）的精神实施公民教育——这一端也正是被当代各邦所普遍忽视的。即使有了完善的法制，而且为全体公民所赞同，要是公民的情操尚未经习俗和教化陶冶而符合于政体的基本精神（宗旨）……这终究是不行的。"（《政》1310a12—16）创立何种政体，原来就无普遍规律，而应具体看那一地方人民性格的特点，然后再定；但是，一旦定下是某种政体（如平民政体），则必须随后教育人民，使其形成相应性格（如平民主义的性格），才能使该政体得到维护从而持存。（《政》1337a10—18）

所以，在亚氏看来，教育应当从私事转为公事，由城邦统一规划。既然城邦即全体公民拥有一个共同目的，而且公民并非私人，乃城邦的一个必要组成部分，那么如何教育个人，就要从全体的需要出发加以考虑。在这一点上，亚氏难得地表扬了一下斯巴达人，因为他们把少年教育作为公共的要务，周密地安排了集体措施。（《政》1337a22—32）

我们看到，在此亚氏与柏拉图相近，都对斯巴达模式加以肯定。但是一超出这一共识，亚氏便立即与柏拉图分手，不赞成他的用"共产共家"的制度改革来塑造人的品德的主张。亚氏比柏拉图更重教化而非制度的塑造品格作用，把担子完全放在教化之上。①

也许，这是由于亚氏比柏拉图离古典希腊黄金时代更远，加上自己的"暂居者"身份不利，所以没有心力与勇气去提出柏拉图那样的宏大改革方案。也许，由于亚氏更为清醒的人性现实认识和综合稳当看问题的习惯使他认为这些新奇的方案未必能行。或者，即使能行之，也要付出更大代价。总之，亚里士多德反复强调人的天性根深蒂固，用制度改革的方法无力撼动，唯通过教化加以变更。比如讲到"财产公有制"时亚氏说："人们听到财产公有以后，深信人人都是各人的至亲好友，并为那无边的情谊而欢呼。大家听到现世种种罪恶，比如违反契约而行

---

① 许多学者注意到在亚氏"政治学"中，宪政体制只说了个抽象的大纲，大量篇幅却用在详尽讨论"教育学"上。

使欺诈和伪证的财物诉讼,以及谄媚富豪等都被指责为导源于私产制度,更加感到高兴。实际上,所有这些罪恶都是导源于人类的罪恶本性,即使实行公产制度也无法为之补救。那些财产不分而且参加共同管理的人们之间比执管私产的人们之间的纠纷实际上只会更多。"(《政》1263b15—23)什么是人的罪恶天性呢?"人类的恶德就在那漫无止境的贪心……人类的欲望原是无止境的,而许多人正是终生营营,力求填充自己的欲壑。财产的平均分配终于不足以救治这种劣性及其罪恶。唯有训导大家以贪婪为诫……"(《政》1267b1—6)"人欲没有止境,除了教育,别无节制的方法。"(《政》1266b30)柏拉图的兴趣焦点不在个人,在"集体"。其"制度改革"的目的,也在于不加区别地造就一个阶层集团的"大公人"。亚里士多德则将本体重新下调至经验个体,所以着力于用教育塑造在生活中正确自主选择的一个个道德主体(而非"集体的部件")。

对"罪恶天性"的讨论便引出我们的第三个问题了:教化可能吗?如果品德主要地由天性决定,那么后天教育到底能收多少功效?教化可以活动的空间有多大?亚里士多德认为,人的品德的形成有三种力量在起作用:天赋、习惯、理性。天赋是重要的,人先天地确实赋有一定的向善或向恶的倾向。亚氏虽被人称为经验论者,实际上却从不认为我们出生时是"一张白纸"。有人天赋"血性热忱",——这是造就优秀品性的良好原胚(《政》1328a1以下),而大多数人生而即有的"无止境欲望"则是倾向于破坏公正的自然冲动。对先天禀赋我们无能为力,只能祈祷命运。[①]但禀赋如何发展,则取决于后天的习惯与教化,这就脱离命运的管辖而进入人类知识和意志的领域。在这个领域中,立法家大有可为之余地,可以制订种种教育方针(有时亚氏又称为"法律"),来训导塑造美德的出现。(《政》1332a30—1332b14)前面说过,亚氏关于潜能与现实的理论中有一个看法:潜能分为两种,一种是非逻各斯的,它

[①] 亚氏也讨论过挑选天赋最佳的民族进行教化的问题,(参看《政治学》,1332a42)但未将其详细落实。

只能朝一个方向"实现",如目之必"看"。另一种是逻各斯的,它有朝相反方向实现的可能;对此,后天的训练与教育可以决定到底是哪一个方向得以实现。正如人不会"天生必然成为艺匠"一样,人也不会"天生必然成为好人"或"坏人"。所以教化的作用正不可忽视。①

主流伦理学在教化中视欲望为大敌,《政治学》中说到无止境欲望是人的罪恶天性,《尼各马可伦理学》也讲到儿童的追求快乐的欲望,如果教导得法,可达到自制即美德状态;如果任其在放纵态中"活动",则这些活动本身会增强本能,压倒逻各斯,最终导致邪恶品性之出现。(1119b1—20)

后天教化重要;如何行之?当从"训练习惯"和"教导理性"二者入手。前者又应当在后者调节之下进行。(《政》1334b7—30)所以我们首先看一下亚氏对理性在道德和道德教化中的作用的论述,然后再讨论为人争议颇多的亚氏"品德训练法"。

二 实践理性

行文至第 6 卷,亚里士多德在谈完了几乎所有美德(除了"友谊")之后,进入到对古希腊四大美德之一的"实践理性"的探讨。phronesis 一词在英译的"prudence"和中译的"明智"中都有"考虑自己利益""小心谨慎"的含义。这些含义似乎不必为古希腊原词所蕴含。所以我们将更多用"实践理性"一词。实践理性指的是美德生活中的逻各斯作用。前面提到,《尼伦》第 2 卷第 6 节提出了一个"美德"的总括定义:"美德是一种选择方面的品性,它依据相对于我们的中道,这中道由逻各斯(理性原则)规定,正如一个有实践理性的人会规定的那样。"这个定义的后半部分(1107a1—2)告诉人们:你想知道什么是"中道"吗?并不存在具体入微的明确规定,但也不是模糊随意的——看看一个有实践理性的人在各种场景下是怎么选择行事的吧。既然只有实践理性才规定了什么是中道,那么也只有具有实践理性的人才是真正具有美德

---

① 参看亚里士多德《形而上学》,1047b31。

的人。倘若不是发自内心深思决定的、仅仅偶然或外在巧合于美德行为的，不能算是有美德的人。所以亚氏认为，苏格拉底把全部美德等同于实践理性，那太过头，是错了。但亚氏又主张，人只要具备了实践理性这一美德，也就具备了全部美德，这么说却一点不为过。（1144b32—1145a2）

那么人人都应当具有这种美德了？亚氏在此，立场似有动摇。传统希腊认为只有统治者才具备实践智慧。柏拉图的《理想国》分工图景便体现了这一流行看法，亚氏似乎也同意这一传统。他说统治者的职位既然寄托着最高权威，其机能就应当是一位大匠师——"理智"。至于被统治者，各有其职务所需之品德就够了。奴隶完全没有"实践理性"；妇女有，但不充分；儿童如果说有，程度也很不成熟。（《政》1260a9—19）他后来还说自然给予青壮年以体力，而给予老人以智虑；所以照自然的顺序，给青壮年以军事权力，给老人以议事参政权力，"最为合宜"。（《政》1329a5—14）另外，亚氏又认为在民主政体中，并不存在"上、下不变等级"；既然公民是自己统治自己——轮流当领导者，那么统统都应当具有实践理性之美德。（《政》1277a21—23，26—32）

这种实践理性是什么呢？让我们回到《尼伦》第6卷。在那里，亚氏的讨论是采取他习惯的近义词辨析限定的现象学方法，把实践理性从各种可能混同的类似心理活动中区分开，并说明他与其中某些活动的联系与相关之处。首先，作为理性，实践理性和其他四种理性活动方式——技术、科学、智慧、理性直觉——一样，都以真理为目的。但是，它与科学、智慧、理性直觉不同，并不对永恒不变对象作纯粹认知，而是对可以改变的对象的达成进行盘算（*logistikon*）与考虑。不过，实践理性虽是实践的，却与"技术"不同，不是要制造什么客观东西，其目的或"对象"就是行为本身。（1140b5）

亚里士多德着力指明实践理性与思辨型理性的区分，也许是为了强调他对柏拉图式"唯知识论"伦理学的不满："有些人什么合于美德的事都不做，而是躲到有关美德的道理言谈之中，认为他们是哲学家并因此能成善人。这么做就像认真听医生讲话但并不按其指示做的病人。"

这样的人，在道德上不可能有任何进步。（1105b15）

思辨理性认识客观中性对象，实践智慧的人则善于考虑对自己好和有益的事务——并非具体的某个方面，而是对整个生活的好和有益，因为他具有进行给人带来善的实践行动的真正的和思虑过的能力。（1140b5—20）实践理性追求真理，但它追求的不是普遍真理，而是与正确的欲望相一致的真理。（1139a31）

维金斯（D. Wiggins）在《考虑与实践理性》一文中总结了"亚氏诠释传统"中的一些常见看法，指出人们认为在《尼伦》中可以发现关于"实践理性"的说法有一个变化。在第3卷中，亚氏把它看作为确定目的寻找手段（技术比喻）；在第6、7卷中，则把它看作由规则进入到个别例子（rule—case）的"实践三段论推理"①，亦即：

大前提：做某种事对此人是好的；小前提（知觉）：此处正有这么一种事；结论（行动）：此人做此事。②

许多学者企图精确复原这种三段论，为此做了不少尝试。但也有人如哈迪（Hardie）和索拉吉（Sorabji）等认为这种复原根本不可能，因为亚氏自己说法颇多而且从没明确给出过今人所"复原"的精巧的"实践三段论"。③

更大的争论，仍然还是围绕老问题：实践理性究竟是关于"目的"的还是关于"手段的"。因为即使在第6卷中，亚氏仍然在不断重复他第3卷的看法：人只对可以改变的事物进行思虑（运思，用智慧），人只盘算手段而不盘算目的。"……美德决定了目的，实践理性令我们做导向该目的的事。"（1145a5）"美德使我们朝向正确目标，实践理性使我们采用正确手段。"（1144a8）"美德保全第一原则，邪恶则毁之；在行动中，最终因［目的因］就是第一原则，正如［基本］预设在数学中是第一原则一样。行动与数学一样，第一原则都不能靠论证传授，唯

---

① Rorty, ed., *Essays on Aristotle's Ethics*, p.241.
② 麦金泰尔认为整个推理还必须假设第四种成分：行动者的需要与目标。*After Virtue*, p.161.
③ 索拉吉："亚里士多德论理性在美德中的作用"，见 Rorty, ed., *Essays on Aristotle's Ethics*, p.208.

有天生的或由习惯造成的美德才告诉我们关于第一原则的正确意见。"（1151a16—20）此类说法，比比皆是，反映出亚氏的很强倾向性。

但这种看法未免与我们通常所持之观念——担负"确定中道"重任的实践理性应有目的性思维品格——相去太远，况且在亚氏自己的说法中也可以找到实践理性不仅仅是关乎手段，也关乎目的的说法。比如在讨论实践理性与"聪明"的关系时，亚氏指出实践理性推理（"三段论"）必然以目的为出发点（大前提），即必然始于形如"既然如此这般是好的"命题。（1144a30）如果不是为了"好"（高尚）之事，则善于达到目的者，只能被称为是"聪明"的。只有以真正的"好"为目的而又善于达到目的者，才可被称作"有实践理性"的。

现代人认为一个人是否道德，首要在于他的目的是否选对了头，至于是否能聪明地达到好的目的，已不是很重要的事。[1]亚氏当时也面临着类似问题：在道德中，要思虑、理知干什么？倘若理知是需要的，起多少作用？（1143b20—32）亚氏反复强调实践理性重要，而且说它要慢慢进行，需要很长时间探索。（1142b1—15）今人会说：见义则勇为，哪有时间容人"考虑"？总不能说迅速见义勇为者没有美德。

亚里士多德可能会回答：许多"见义勇为"或积极有为其他道德行为者，并不算道德——或至少不算十足意义上的美德展现，因为行为者可以缺乏或不充分地具有能合中道的实践理性。在《尼伦》第6卷最后一节（第13节）中，亚氏讲到许多人认为美德是天生的。但他不同意。不错，"自然"会提供一些禀赋、冲动类似于美德，然而并不等于美德。如果没有理性指引中道（在应当的时间、应当的地点、以应当的方式，对应当的人……）之渐渐达到，"天生美德"完全可能走偏，更不要说有害。（1144b8）。一个自以为"见义勇为"的半醉青年，可能会阻拦执行公务的人员，而让罪犯溜走。"见而为之"的"见"，本身即实践理性的工作。不是人人都能合如其分地"见"到该为之义的。[2]

---

[1] 这在所谓"动机伦理学"中有一个夸大的表述。
[2] "通过经验，〔老年〕人长上了一双看得正确的眼睛。"（1143b14）

天生的或幼儿期当中灌输的一系列情感倾向虽然是健康的，但只是些抽象、空疏、一般的大原则。比如"要追求真正的幸福"，"要对敌狠、对友善"，但什么是对于你的真正幸福？什么人是敌，什么人是友？多大的狠是狠，多少善够善？这些，只有靠经验——时间才能获得。而不获得这些智慧，人们在行动中难以说有了美德（能"优秀地行使功能"）。道德，却是实实在在的每日行为，（1142a11—30）尤其是亚氏及希腊哲人所讲的"实践理性"多指称政治家所需的实践理性。政治家决策更是一个复杂、困难、需要智慧与时间的领域；哪个政治家不知道自己的"目的"是为国家"好"，可是光知道这一点有什么用——称得上是"优秀"（有政治美德）政治家了吗？只有善于盘算、考虑、谋划，明察什么是对自己这么一个国家在当下（以及将来）这么一个时代中怎么具体去做才是最"好"（这已远非前面那个空泛的"好"）的人，才当得上是好政治家。这种人当然重要，这种人也当然不会多，伯里克利是一个。（1140b7）[①]另外，亚氏在第 5 卷之"公正论"中曾讲到有比公正还要高的"合宜"（equitable，也译为"公平"）之德。其实此德也是这种能在普遍原则下因地制宜的本领。（《尼伦》5.10）具备此德，显然需要成熟的智慧。而能具备此德者，显然又将"真正的完美之德"推进了一步。

三 "品德教育法"本义

我们对亚氏"美德"的构成已有一个完整的看法：先天禀赋，后天品性与实践理性。先天者，只有接受。后天这两样（品性与理性）相互密切交融，（《尼伦》1144b30）但也可以区分。那么，各自应该用什么方式培养呢？亚氏的总看法是：首先培养品性，然后培养理性。究其理由，一是因为这最符合儿童发展心理学，（《政》1334b19—30）二是人的情感反应模式如果不预先塑造好的话，则后来的理性教育必收效甚微："虽然理论似乎有力量鼓舞正直的青年，使生性高尚、真正热爱美

[①] 一个有趣的对比：柏拉图在《高尔吉亚》中是批评伯里克利的。

好事物者趋向美德，但却没能力促使大多数人去追求善和美。……理论怎么塑造这种人呢？用理论改变性格上根深蒂固的东西是十分困难的，或许根本不可能。"(《尼伦》1179b10—18）于是，造就儿童品性的种种方法如"习惯"法便十分重要。

教育哲学家中浪漫主义与自由主义的"大家"们如卢梭、杜威、科尔伯格等一贯倾向于对"习惯法""训练法"等作贬低评价，认为这是不尊重主体的自主思考，是洗脑愚民，甚至是野蛮的压迫（在弗洛伊德与福科那里也能听到这种伤感的热情回应）。他们的看法不无道理，但恐怕也不太现实。亚里士多德的看法不浪漫也不吸引人，像老生常谈；但可能更为现实，从而更为深刻。

品性如何培养呢？首先是外界环境。亚氏同意柏拉图《理想国》中的看法，认为孩童的最初印象极端重要。他说悲剧名角色多罗的话"观众总爱他们最初听到的歌声"含有深刻意义，我们在日常生活中也正是对最初接触的人和物留下最强的印象。"所以，人在幼时，务使他隔离于任何下流的事物，凡能引致邪恶和恶毒性情的各种表演都应加意慎防，勿使耳濡目染。已经安全地度过了开始的五年，儿童就可以在往后的两年，即到七周岁为止，旁观他人正在从事而他们将来也应从事的各种功课工作。"(《政》1336b29—35，参看1336b1："儿童七岁以下……最容易熏染，任何卑鄙的见闻都可能养成不良的恶习。"①)

尽量早地反复从事"应当从事"的工作（高尚的职业），以便从中养成相应的高尚习惯，是品德教育法的重要一环。亚氏的名言是：我们必须先进行有关美德的现实活动，才能获得美德。"立法者通过在人们当中造成习惯来使他们成为善良的公民，每个立法者的意愿都是如此；这方面没做好的立法家必走入歧途。"(《尼伦》1103b5）"总之，品格来自相应的现实活动。……我们是否从小养成这种或那种习惯，关系

---

① 关于"风气"，亚氏不仅讨论过儿童的，也讨论过成人的：领导人的习尚会使大众很快效仿，所以应尤其检点注意。(《政》1272a40）

重大……关系一切!"（1103b23）①亚氏的"同类行为造成习惯"的话很多，强调得很厉害，引起的争议也最大：难道机械重复能造成以良知为特征的道德？其实这是误解，正如索拉吉指出的，亚氏由于要与苏格拉底的"知识即美德"的强理智主义作斗争，常常着重肯定习惯在美德形成中的重要性。但是亚里士多德显然不只认定一个习惯法；而且，亚氏理解的习惯法也不是无心的被动重复。在亚氏看来，道德外部行为的内部相应"心态"是重要的：必须是有意识的选择和下决心坚持到底。（1105a29）如果亚氏讲的习惯法讲的只是"外在重复"，那么必然得出：他的"勇敢培养法"一定类于斯巴达式的从小苦练筋肉、多多凶猛掳掠。但实际上亚氏对斯巴达教育很不以为然。相反，他主张真正的勇敢培养在于造就高尚雄强的心怀。"只有真正勇毅的人们才能正视危难而毫不畏缩。""凡属最凶猛的往往未必真正勇毅，凡真正勇族和猛兽，其性情毋宁是比较温和的……"（《政》1338b17, 30）

在习惯造就中，实践理性的指导已经渗入其中。比如实践理性要命中"中道"，而人的天性却往往使人偏过或不足。亚氏建议要因人而异，拨偏反正。（《尼伦》1109b15）至于对人性影响更大的"偏"，更是应当首先加大力度纠正的。比如人天生偏向快乐，所以"放纵"比起"冷淡"，与中道（"自制"）的对立更大，所以我们在教化中首先应当对付快乐。这正像特洛伊老人说海伦的话：把这东西送走了，我们就会少犯许多错误，（1109a15，1109b5—12）就会更容易达至中道。亚氏的美德论的一个关键之处是美德不仅是"知之"，而且是"乐之""好之"。如果只是知之，却在情感喜好上并不趋向之，就不能说美德已经形成。这样的人仍会出现理智与情、欲的冲突，在冲突中，如果理智战胜了情、欲，就叫"自控"，否则，就叫"失控"（incontinence）。"自控"者有个特点，就是他理智上知道什么是"好"，所以假使他有时不能完全控制住欲望，犯了错误，事后会感到羞耻，会后悔。后来伦理学家，从基督

---

① 亚氏因此反对公民子女从事"卑陋"行当。（《政》1337b5—21）这可否作为争议颇大的孟子"君子远庖厨"命题用意的一个引申解？另外，儒家之重日常行为举止，与亚氏的"品德来自同类活动重复"思想十分相近。

教（保罗）至康德，都把"自控"及"有耻"（能知过忏悔）视为道德最高境界。也许亚氏比后世伦理学家对人性的完善抱有更大乐观信念，他不以为"自控"是最高境界，而视其位置在"美德"之下，虽然"自制"与"自控"都值得表扬，但前者高于后者：自制属于"美德"之一种，已经没有"思想斗争"，已经不会"忏悔"，事事中的，由理入情，情只好德，行德于是顺顺当当、自然而然了。①"一个有了美德的人是不会有羞耻感的，因为羞耻来自卑劣的行为，而他根本不会做这些卑劣之事。"（1128b21）

所以，"正确的苦、乐感受"就是美德。而教育就是要从小培养起对事物的正当的快乐和痛苦（喜好与厌恨）的情感。（1104b2—12，参看1172a20—24）亚里士多德认为每种活动都伴随特定快乐，只有从事该种活动者，才能逐渐体味之。从事愈多，则愈能体会，从而愈（主动、从内心地）要求多从事，形成相互促进的正效应。我们由于避开享乐而成为自制的人；我们成了自制的人以后，又更能避开享乐。我们由于多次习于蔑视可怕事物并抗拒之而成为勇敢者；当我们成了勇敢者之后又能更坚定地抗拒之。（1104a35）这，也许是"习惯法"的更深一层用意吧。

在情感教育的具体方法中，亚里士多德推荐音乐教育。音乐与其他艺术种类如绘画不同，已不是间接描写性格，而是直接表现性格与情操本身，"有些人干脆说灵魂本是一支乐调。"（《政》1340b17）所以应当选最优良的培养美德的乐曲用于教育。（《政》1342a3）而且，音乐包含有甜蜜怡悦的性质，易于渗入儿童灵魂，寓教于乐，（《政》1340b13—16）至于"痛苦教育"就是惩罚了。亚氏在《尼伦》最后一卷最后一节中反复强调城邦要制定法律，惩罚卑劣的人，使之改正。（《尼伦》1180a1—15）前面他也讲过："惩罚的媒介是痛苦，因为惩罚是一种治疗，而疗法的本性是要通过对立而进行。"（1104b16）所以治疗快乐上的放纵要通过痛苦。

---

① 《尼各马可伦理学》，1146a10—12。

上面讲的是品性的培养，下面我们谈一下实践理性的培养。这一部分难讲，因为亚氏自己的"教育论"(《政治学》第7卷、第8卷)在讲完了童年、青年的品性方面的培养后，戛然而止。罗斯认为亚氏的书最后没完成(参看《政治学》中译本第434页注3)。于是，人们今天似乎再也无法看到亚氏心中的中、老年的，偏于理性(实践理性)的教化方案了。不过，我们以为不必太悲观，亚氏这方面的考虑，已经大致透露。只要对亚氏有关著作详细阅读，还是能发现有关的一些基本原则。

第一，"遗失"的实践理性教材是什么？基本上可以推断，就是《政治学》与诸"伦理学"著作。何以见得？《尼伦》第1卷第2、第3节已经讲明了亚氏要讲的科目是"政治学"，并说"政治学不是青年人所适合学习的科目，他们对生活尚无经验，而政治学理论却来自生活经验，并且是说明生活经验的；而且，他们易于陷入激情，所以其学习无效也无益……但对于那些欲求并按逻各斯行动的人，有关知识会带来很大利益。"(1095a3—12，参看1095b5—10)这些话的意义我们在快要结束对亚氏伦理思想的讨论时，已经可以较为明白地看清了：亚氏的"伦理—政治学"显然是为了培养政治家或公民(政治公众)而开设的("目的不是为了理论，而是实践")。政治家(统治的公民)与众不同之处，就在于富于实践理性。而且，在亚氏看来，这种学科，是需要先培训好的品性(情感爱憎的正确模式)后才能聆听的。再者，实践理性的习得法主要靠系统讲课法进行。(《尼伦》是一本教材)系统讲课法正是用来培养理性的。亚氏在《尼伦》第2卷一上来就说："美德分为两类：理智的与伦理的，理智美德主要由教学而产生和增长，所以需要时间与经验；伦理美德由习惯造就……"(1103a14)

第二，讲课式教授法的内容是一般与具体的结合。这种教学首先是对一般的、普遍的知识的传授。比如用人学本体论论证人的真正幸福是什么，论证人的美德或本体功能实现有几种。一个社会集体及个人可能朴素地、自在地对此类知识已有一定共识，但从理论高度加以自觉、明晰化，亦有其意义，能更好地导致或加强社会共识与最终目标的一致。尤其是政治家，通晓科学知识后才能更好地立法，帮助大众进步。(1180b15—29)"辩证法"亦即不独断地倾听并辨析不同看法的自主思考法，在此种知识传授中起重要作用。[①] 另外，实践理性来自经验，因为实践理性不仅是关于普遍事务的，而且是针对特殊事情的，即涉及行为。这须通过经验才能熟习。经验的取得需要时间，它随着年龄的增长而增长。(1141b14，1142a13，1143b6) 严格地讲，实践理性的经验直觉方面的习得不能仅仅通过听课——或基本上不通过听课，而必须经由长期实践。只有普遍知识与实践经验的结合，才能造成一个真正具有实践理性的人，一个善于判断好与坏、善于使自己和他人行动合于中道的人。(1181b4—11)

[①] 参看《尼伦》第1卷与《政治学》第2卷。这应该是近现代批评亚氏德育方法缺乏帮助受教育者形成自主精神的"自由主义者"所始料不及的。

第五章 走出主流

本章主要讨论所谓"晚期希腊哲学"或"后亚里士多德哲学"的伦理学。这是个令人感到饶有兴味的学术领域。一方面，此时伦理学毫无争议地超出本体论和认识论而占据了哲学中心的地位，哲学史家如文德尔班干脆称这个阶段为"伦理学时期"。[1]另一方面，研究者又隐约感到不舒适，不踏实，总觉得这个阶段的"伦理学"不像是伦理学。而且，对这一时期哲人思想的阅读，又易令人感到其中没什么大的伦理思考上的创造。于是，人们在失望之余，往往对整个"后亚里士多德哲学"判以贬词。十年前，我们曾提出过一个看法：要真正理解这个阶段的哲学，必须首先弄清它的类属。[2]它是伦理学吗？是哲学吗？我们的回答可以概括为两句话：广义地说，是。严格地说，不是。它已走出主流伦理学乃至主流哲学。走出主流，走向何处？难道还有其他天地？有，还有十分丰富、崭新的生存与思考的可能性空间。比如绽开在"希腊化时期"哲人面前的可能道路就有：既可以走向以消解整个希腊主流"凝视—反思"型逻各斯哲学为己任的"反哲学"（anti—philosophy）；也可以走向抗议主流社会伦理生活规范的"批判哲学"；还可以走向放弃讨论"好城邦中的好公民"之类话题，而以治疗人性的根本疾病为任务的"疗法哲学"，等等。

---

[1]　见文德尔班《哲学史教程》，罗达仁译，商务印书馆1987年版。文德尔班将整个希腊哲学史分为：宇宙论时期，人类学时期，体系化时期，伦理学时期和宗教时期。
[2]　参看拙著《希腊怀疑主义研究》，1984年（未发表之硕士论文）。

怎么看待这些"新学术"？国际学术界在经历了长久的轻视与不理解之后，终于在20世纪的最后几十年中渐渐把注意力从柏拉图、亚里士多德等主流思潮的名门大派上转向晚期希腊。我们以为，断然评定"主流"还是"非主流"伦理思想孰高孰低没有多大意义。不如取"范式"思维方式：它们代表不同的学术范式。而一种范式往往是只适宜于解决一个特定时代的特定的伦理问题。所以，只要某个范式还能顺利解题，那它就是个好范式、"有用范式"，否则，只能求诸其他类型的范式。如此，则为了正确看待晚期希腊"非主流型"伦理学的意义，我们必须首先认识其时代的类属。为此，我们又必须回顾一下雅典伦理精神的发展与其宏观时代发展的紧密关系。

雅典在其崛起当中进行的历次"改革"沿着逐渐压低氏族贵族、抬高平民势力的民主制方向发展。①波斯战争胜利后，雅典国势迅速达到顶峰，俨然自居为世界中心。雅典民主制城邦与斯巴达、罗马不同，利用战后鼎盛的国势大力发展文化事业，全面培养广大公民。人们无不竞相使自己和子女接受各种教育，无论在心灵上还是在体魄上，都刻意追求"美的人格"（看看柏拉图开出的青少年教育的丰富课程！）。民主制鼓励自由思考，确认"雄辩面前人人平等"，青年人热心倾听来自文明早开的外邦哲人、智者的教诲与辩驳，各种思想的火花交汇于雅典，质朴无文的阿提卡人很快转变成博学多艺的雅典公民。伯里克利曾自豪地说："我可以断言，我们每个公民，在许多生活方面，能够独立自主；并且在表现独立自主的时候，能够特别地表现出温文尔雅和多才多艺……"②

前面说过，这种自由民的全面的文化素养，这种社会范围的对学术的普遍兴趣及相当的理解力，加上雅典城邦的政治独立和学术宽容政策，是产生成熟而深刻的博大哲学思辨的温床，是后来各种"学派"能雨后春笋般地出现在小城雅典并经久不衰的雄厚基础。

---

① 亚里士多德：《政治学》，1274a10。
② 修昔底德：《伯罗奔尼撒战争史》，第133页。

不过，真正在"伯里克利黄金时代"，雅典在哲学上并没超出前人：一方面它还处于一个学习、吸收和思考的阶段，另一方面人们还更多地在外在领域（政治、建筑、雕塑、悲喜剧等等）中肯定自己的存在，发挥自己的优秀才能（*arete*）。

但是，"雅典帝国"的繁荣毕竟建立在奴隶制（内部）与霸权（外部）之上，①所以一开始就极不稳定。雅典在内战中的失败，使原先由霸权带来的利益所掩盖、转嫁的内外矛盾一起激化，贫富冲突日趋尖锐。战争是暴力的教师。交战城邦甚至把希腊战俘卖为奴隶或杀掉，而政客又利用民主制的特有弊端煽动国内狂热的党派斗争，操纵大众进行残酷迫害，无情打击。兵变、瘟疫、缺粮、投机商的猖獗，动摇了传统的主导伦理生活秩序，"对神的畏惧和人为的法律都没有约束的力量了。"②古典希腊奇迹般的光辉顶峰很快变成了下降的波谷。打天下的老战士目睹理想时代在自己有生之年被无情粉碎。③

雅典娜的猫头鹰到黄昏才起飞。哲学与政治、经济的发展往往不同步，而是或迟或早。雅典本土伦理哲学的真正高峰恰恰是在它的外部高峰消逝之后才出现，似乎应验黑格尔老人的名言："哲学开始于一个现实世界的没落。"④柏拉图与亚里士多德开始他们的学术生涯时，希腊文明的第二次没落已经出现。⑤但这两位古典哲人设计了一套套"理想城邦"与"理想公民"方案，一有机会还想批评政治、干预现实（立法家角色意识），虽然实际上早已回天无力，被人视为不合时宜者。不过，他们创立的皇皇大观的主流伦理学体系却在头脑中把现实中刚刚逝去的主流伦理生活精神（古典精神）充分展现了出来：全面、美好、宏大，对现实的执着与肯定，对城邦政治与公民生活的推崇，对理性至上和压制反理性因素的详细论证。

---

① 修昔底德：《伯罗奔尼撒战争史》，第 1 节。
② 修昔底德：《伯罗奔尼撒战争史》，第 141 页。
③ 参看阿里斯托芬《马蜂》，1059—1121。
④ 黑格尔：《哲学史讲演录》，第 2 卷，第 54 页。
⑤ 第一波大规模没落是在本土之外的诸殖民地城邦中发生的。见本书第一章论赫拉克里特及毕达哥拉斯。

然而，就在主流伦理学的边上，雅典的第一、第二批"非主流"伦理思潮人物——智者们与小苏格拉底派也在积极活动，努力使他们的声音为世人听到。随着时代推移，雅典第三批非主流伦理思潮——晚期希腊诸派也很快出场。不错，这批哲人多非雅典出身，但之所以仍称其为"雅典非主流伦理学家"，是因为他们都以雅典为活动中心。因为"雅典"汇聚古代人文精华而承担了替前5世纪以降一千多年古代世界反思生活意义与苦难解救的使命，其哲学意义已远远超出更早希腊文明城邦如爱菲斯、米利都和克罗同的地位与意义。

智者运动我们已讨论过。下面我们将用第一节讨论与主流伦理学并存并激烈对抗的第二次非主流伦理学——小苏格拉底派伦理思想。然后在第二、第三、第四节中分别讨论第三次雅典非主流伦理学的几大主要派别，即怀疑派、伊壁鸠鲁派和斯多亚派的思想特点。

第一节 喜剧化抗议的后面

"小苏格拉底派"指追随苏格拉底理想的三个学派：麦加拉学派、犬儒学派和享乐学派。其中，后两派在伦理学上的独创性和影响比麦加拉派要大得多，我们将主要讨论它们。"小苏格拉底派"的"小"想来不会是这些学派自己采用来称呼自己的，这显然是来自主流范式的贬称，以显其并"非主流"也。它们自己确实也十分明白地意识到自己的使命正是在于对主流社会及其"正统哲学"进行激烈批评。

犬儒学派与享乐学派理论上下的精深工夫不多，他们留在哲学史上的真正印象更多地恐怕是喜剧化或闹剧化了的言行。在行为上他们与众不同甚至惊世骇俗，或穿破衣，食菜根，住破桶于街头，或急急奔走于富人之家及时享乐。在言语上面他们用机智、简练、尖锐、挑战的话（逻各斯）与大众交锋或互相交锋。比如犬儒派第欧根尼喊住享乐派的阿里斯提普斯："如果你学会做自己的饭，就用不着向君主献殷勤了。"回答却是："要是你懂得怎样同人交往，就用不着自己洗菜了。"（D. L. 2.68）再如，有人问阿里斯提普斯为什么总看到哲学家往富人家跑，没看到富人上哲学家门上来？回答是："哲学家缺东西而且知道自己缺什么。富人也缺东西但却不知道自己缺什么。"（D. L. 2.69）

哲学史往往把这些喜剧化的言行当成笑料，穿插书中，为枯燥无味的概念跋涉增添点润滑剂。我们以为这是不公平的。小苏格拉底派自有其重要伦理学贡献，而且，这贡献正要从"喜剧化"这一原始现象学事实入手加以探讨才能呈现。

一　喜剧时代与小苏格拉底哲学

古典时代雅典主流伦理生活的一个重要部分是观看悲剧，而现实生活的品格中确实也具有悲剧精神的一些基本要素：充沛的生命力，大胆的思考；气派豪迈的古代高贵王族在慷慨激昂地为人生社会伦理大原则生死斗争。日常生活虽然没有那么强烈的冲突，那么激昂的热情，那么惊心动魄的壮举，但公民们却正是在观剧中净化与提高自己，心向神往那种亚里士多德所谓的"胸襟恢宏"式的优秀的人。

但是，就在上演悲剧的同时，舞台上还在上演从内容到格调上截然有别的另一种戏剧——喜剧。喜剧也可以看作一种伦理逻各斯，在雅典，它经历了由旧喜剧（以阿里斯托芬为代表）到新喜剧（以米南德等为代表）的发展，即从政治讽刺到人性嘲讽的发展。黑格尔认为罗马世界是讽刺的土壤。[①] 我们这里也认为喜剧逻各斯反映的基本上是一种失望与不满、一种普遍的不高兴的心态，这最先出现在雅典古典世界下降时期（阿里斯托芬），后来绵延整个晚期希腊至罗马时期。

与悲剧的超出平凡琐细而追求伟大言行的风貌精神相反，喜剧里面充斥的是平庸的、日常的、琐屑的性格与言行——而且常常还甚至降到这个水平之下。与描状"想象出来的"、绕着英雄光环的远古君主贵族取向相反，喜剧重在"写真实"——写周边的醉汉、老糊涂、恶棍，他们唠唠叨叨，插科打诨，言语粗俗，争吵骂街，用棍子互相痛打出丑，尖声叫喊着抱怨。雅典现实生活中的人物都被或明或暗地嘲弄着、丑化

---

① 黑格尔:《美学》第 2 卷，朱光潜译，商务印书馆 1982 年版，第 267 页。

着。人类性格中的弱点被在滑稽的、喜剧化的镜子中放大了出来让大家观看。大写的人不见了，剩下的是街坊都认识的小无赖；高贵的英雄不见了，出场的都是缺点百出的凡人；伟大的政治家失去光环，成了丑陋的政客……一切都像掉入了一面哈哈镜。不是每个人都喜欢这种品位转变的。尼采在讲到与喜剧精神很近的悲剧家欧里披得斯时说："靠了欧里披得斯，世俗之人从观众席挤上舞台，从前只表现伟大勇敢面容的镜子，现在却显示一丝不苟的忠实，甚至故意再现自然的败笔。"① 机智的家奴和日常理解力占据了戏剧趣味的中心，悲剧必然死于这里。

不过，喜剧会认为，现实之真实正是如此，为什么要用虚浮华丽的外包装欺骗自己？喜剧用它对人生万象的哈哈笑声来表示伦理思考者的不满、拒绝、分离与抗议。阿里斯托芬的许多喜剧批判了自荷马到克勒翁（雅典民众煽动家）以来构成希腊主流生活形式的对外战争。这种批评是冒着被指责为"叛国者"的危险的。他还在《云》和《马蜂》等剧中批判雅典主流生活形式之一——逻各斯（"说话"）生活——的流弊，即整日沉溺于诉讼与诡辩。在《马蜂》中马拉松老战士唱道："想当年我曾经使敌人丧胆，自己却毫无畏惧；我乘三层桨的战船直达彼岸，征服了敌人。那时候我们无心发表美妙的演说，也无心诬告别人，只想看看谁是最好的桨手。……"② 当然，喜剧还是对现实的直接抗议。它是失望与不满。但这种失望又不是完全绝望从而掉头而去，仍然还在不惜用丑化的方式——甚至丑化自己——来"刺"社会。用黑格尔论讽刺的话来说，即"一种高尚的精神和道德的情操无法在一个罪恶和愚蠢的世界里实现它的自觉的理想，于是带着一腔火热的愤怒或是微妙的巧智和冷酷辛辣的语调反对当前的事物。"③

二 对城邦伦理的抗议

小苏格拉底派的喜剧化般的哲学言行正可以从这种"喜剧化的抗

---

① 尼采：《悲剧的诞生》，第45页。
② 阿里斯托芬：《马蜂》，1090—1100。
③ 黑格尔：《美学》第2卷，第266页。

议"的角度来理解。既然社会生活、城邦政治早已弊端重重，丑陋之处颇多，干什么一本正经地板着脸在理论上说些堂而皇之的大道理，好像现实中一切都很美好一样？为什么不嬉笑怒骂、嘲讽对象世界的不合理性、瓦解主流伦理学家的虚伪性？这种嘲讽与丑化以自身被丑化为代价，以自己出场扮演"人间喜剧"为代价。然而，正是这样，才有希望把生活于喜剧中却浑然不自觉的大众警醒。况且，即使演剧之小丑，也有自己的尊严。

犬儒派的主要代表人物是安提司泰尼（约前446—前366年）和第欧根尼（前404—前323年）及克拉底、希琪娅夫妇。享乐派（居勒尼）主要代表人物是阿里斯提普斯（前435—前350年）、赫格西亚与第奥多罗（前4世纪末）。这两派的主张正相对立：一派讲禁欲，另一派讲享乐，但又都声称继承苏格拉底真传，在认真实践按"自然"生活的理想。他们相互间在许多主张上是交叉重叠的；相反，两派各自内部许多人看法却往往不尽相同。所以我们将把这两个学派放在一起来论述。

从方式上讲，这两派对主流社会的批判与旧喜剧一样，火气很大，还属于愤懑激越、挖苦奚落、直接对抗式的。犬儒派在市场上活动，第欧根尼那个当"家"来居住的"桶"就放在街上。我们知道，"市场"是希腊城邦社会生活的必不可缺的中心。犬儒哲人们在市场上故意着破衣，啃菜根，与人拌嘴甚至干出其他出格的惊世骇俗之事，这都是为了在主流社会中打入一块活生生的"飞地"，一块反叛的、大拒绝的亚文化存在实体。这还是对救治城邦之弊的可能性没有彻底绝望的、还是十分古道热肠的批评。他们这么做的良苦用心是引人注意、引人围观，然后引人反省。据记载，第欧根尼在市场吃早饭（啃菜根）时，许多人围观并叫嚷"狗"，他喊道："你们才是狗，围着看我吃早饭。"有两人要溜走，他又喊："不用怕，狗是不喜欢甜菜根的。"（D. L., 6.61）他当然不希望人走掉，他希望人们注意他。犬儒这么做，被有些人斥为"好名"之心尚未断绝。[①]实际上，这些作为不可仅仅归为"好名"。应当看

[①] 参看D.L., 第6卷第8节，第26节。

到，犬儒的怪异之行与他们在理论上说些惊人之言（如用阿那克萨戈那的种子论论证吃人肉不违背自然①）一样，都是企图以夸张的方式激起波澜，从而起到像苏格拉底那样的"牛虻叮醒城邦这匹马"的效果。犬儒派第一人安提司泰尼对自己这批人与城邦社会的关系描述得很精确：既分离，又不想完全脱离，就像烤火一样。

小苏格拉底派仍在批判城邦。安提司泰尼说："很奇怪，我们从谷物中剔除毒物，在战争中剔除劣者，却不在国家事务中剔除恶人。"他还建议雅典人投票赞成驴子就是马。当人们说这太荒谬时，他便说："你们中间那些将军并没经过训练，不过只是被你们选举出来而已。"（D.L，6.8）安提司泰尼这是在批评雅典主流生活形式——民主制程序中的特有弊端。他的批判与苏格拉底的不完全相同，带上他特有的外邦人的角度——他十分反感"雅典至上论"的无根据骄傲。他由于母亲不是雅典人（色雷斯人），凭战功才得以获公民权；而且他只能在"Kynosarges"健身场——一个专让非"纯雅典血统人"人活动之处——讲他的哲学（这可能是"犬儒"一字来源，Kyno 希腊义为"犬"）。

色诺芬在《回忆苏格拉底》中记载了一大段"苏格拉底"与享乐派开创者阿里斯提普斯的对话。色诺芬的本意是想维护主流伦理思想对非主流伦理思想的"训诫"的（这里的"苏格拉底"实在是更像色诺芬式的"正统派"），但反映的却更是非主流伦理学对主流价值的拒绝。苏格拉底问阿里斯提普斯：将要当统治者的人是不是应当在生活需要上具有忍耐力？这话看来是要诱导他承认，为了当统治者必须学会种种节制（传统"美德"）。可阿里斯提普斯虽然同意忍耐与节制对于"统治"很重要，但却说："我从来也不想把自己放在那些想要统治人的人一类；因为在我看来，为自己准备必需品已经是件很大的难事，如果不以此为满足，还想肩负起为全国人民提供一切必需品的重担，那就真是太荒唐

---

① D.L.，第 6 卷第 8 节，第 73 节。

了。"[1] 当统治者是主流伦理生活价值系统视为当然的理想好事,"苏格拉底"没料到有人会根本不在这个价值框架中思维,于是努力设法把他先诱导向主流框架:你想想,是当统治者幸福,还是当被奴役者幸福?可是阿里斯提普斯却回答:"不过,我并不是一个拥护奴隶制的人……我以为有一条我愿意走在其中的中庸大道,这条道路既不通过统治,也不通过奴役,而是通过自由,这乃是一条通向幸福的光明大道。"这种从根本上反对主流伦理生活视为天经地义的奴隶制或一部分人当主子、另一部分人当被奴役者的社会制度的看法,显然大出"苏格拉底"意料之外。他只能用"现实"来威胁:现实中总是强者奴役弱者。对此,阿里斯提普斯说:那我就不单单守在哪一个国家当公民,我去四处周游。况且,奴隶主或强者为了统治别人而经受统治术(忍耐与节制)的约束与训练不也是吃尽苦头,又有什么幸福可言?(这里阿里斯提普斯的讥讽似乎已远远胜过了与他对话的一本正经的"苏格拉底"。)这番对话最终以"苏格拉底"引经据典宣传主流伦理学特有的"只有劳动和汗水才是获得一切美好事物的代价"的寓言说教为结束。[2] 在这番对话中,"苏格拉底"(实为主流伦理思想代表、传声筒)显得平庸与保守,反而是"阿里斯提普斯"在思想上新颖与开放,对城邦生活自以为是的流行价值提出了深刻的反省和批判。

三 抗议文明

小苏格拉底派不仅批判主流伦理生活形式即城邦公民政治,而且进一步,批判伦理道德即人类文明生活本身。这代表着思想者与世界的一种更彻底的"分离",更深一层的反思批判。犬儒派著名人物第欧根尼有一句名言:"重估一切现存价值"。(D. L.6.20)文明可以看作一套价值(荣辱)体系框架,人们通常所作的伦理思考与批评,总还是在这个框架中进行的。小苏格拉底派的激进性在于它已力图从文明框架本身当

---

[1] 色诺芬:《回忆苏格拉底》,第43页。
[2] 色诺芬:《回忆苏格拉底》,第44—51页。

中撤身而出。①

文明价值体系的"名""利""耻辱"等等的伦理意义，在于能维护人们的政治、经济、家庭等社会生活的正常进行，因为对它们的追逐和回避使人热心于种种"有为"。"无为"（严格义的）会令社会生活停止，也使人的道德层面价值永远得不到发挥的机会。主流伦理学集大成者亚里士多德在与"隐者"生活形式的辩驳中努力论证"有为"（包括思辨）生活是幸福的必要前提。（《政治学》1325a15—34）小苏格拉底派则全面瓦解这一推动社会运转并规范其运转有序的"文明"价值体系。

第欧根尼认为"自然"比"人为约定"要更为真确。他反对埃斯居罗斯悲剧以及"普罗泰戈那论辩"中歌颂的那位给人类带来文明与进步的盗火者普罗米修斯。人类在用"高超理性"掌握自然力为自己服务的同时，也就开始了朝向邪恶与坠落的下降历程，所以，宙斯惩罚普罗米修斯是完全应该的。"火"与"文明"是使人类趋向柔弱奢侈生活的根本原因。②

文明的主要价值如"高贵的门第、声誉和一切显赫的东西"，是"浮夸的罪恶装饰品"；金钱是一切罪恶的渊源。③正是出于此考虑，犬儒们抛弃一切物质生活手段，以街头行乞为生，不受制于文明的种种约束。当然，这么做时他们不免有过火与浮躁之气。比如第欧根尼既然认为人的高贵就在于"蔑视财富、名声、快乐和生命，并不受制于其对立面：贫困、坏名声、艰苦和死亡"④，便不免四处出击去宣传，去挑战，去与主流伦理学思想家柏拉图交锋，在他家踩踏华丽的地毯，还说："我践踏柏拉图的虚荣。"⑤而犬儒派夫妻克拉底与希帕基娅据说竟然在公

---

① 比较：苏格拉底一生不愿出城邦，被判刑后宁死也不肯背城叛邦而逃。犬儒派却特意在城邦的中心开出一块"飞地"，以显示与城邦的格格不入。
② 参看 Ranlcin, *Sophists, Socrates and Cynics*, p.231.
③ D. L. 6.72。
④ Ranlcin, *Sophists, Socrates and Cynics*, p.233.
⑤ 柏拉图的问答是："你用貌似不骄傲的方式表现得多么自傲"。参看汪子嵩等《希腊哲学史》（Ⅱ），第 573 页。

共场合性交。① 这显然无非是想告诉人们：一般社会所持的耻辱观都是文明的虚伪、"人为"制造之物。至于自然本身，原本没有这套价值评判外衣。

相比之下，"享乐派"（居勒尼学派）似乎走相反的路，奔走于富人之家，不批评任何人。实际上，这批人以貌似随大流的方式与主流伦理学进行更大的抗衡。文明与道德的成立必须是普遍理性对欲望与快乐的一定批判与压抑。阿里斯提普斯却反其道而行之，认为要保住自己的"真实"。所谓真实，不是空洞而无内容的大道理，只能是人的一点真实感受——舍此岂有其他？据塞克斯都·恩披里克的记载，"居勒尼学派主张感觉是标准，只有感觉才是可理解的、不会错的；而引起感觉的事物是不可理解的、不是确实可靠的。"② 比如吃了一块糖，你感到了甜味，这甜味是千真万确的，可这糖到底甜不甜，就无法知道了。也许你这时生着病口味正好不同平常呢？在其他一切事情上莫不如此。人能把握的只是他自己的内在感受，外面的别人评说、善恶褒贬，天下大事，都是没有共同标准的，不能确定的，关心它干嘛。所以享乐派追求快乐，不管手段，常常出入于王宫富豪之室，显出喜剧化"自我作贱"的特点。但是，在这当中享乐派体现出的恰恰是对一切文明价值的鄙视。如西西里国王狄奥尼修问阿里斯提普斯为什么到他那儿去。他回答说："我需要智慧时就去苏格拉底那里，我需要钱时就到你这里。"（D. L. 2.78）有一次狄奥尼修啐了阿里斯提普斯一口，他忍了；别人说他，他却答道："渔夫为了捕到一条小鱼不惜让海水溅湿，我要捕一条大鱼，有什么不可忍受的。"（D. L. 2.66—67）这些话仅仅是贪图享受而毫无人格者的自我开脱吗？似乎不那么简单。因为从阿里斯提普斯许多言行中可以看出，他与庸俗意义上的"享乐"者或贪欲者不一样，并不受制于一般感性追求特有的种种弊病。社会上许多人抨击享乐，义正词严，实际上要么是心里希望过享乐的日子而嘴上不敢说，要么是舍不得钱而惊诧于有

---

① 参看汪子嵩等《希腊哲学史》（Ⅱ），第 575 页。
② 塞克斯都：《反逻辑学家》第 1 卷，第 191—196 节。

人不在乎花钱，甚至要么是"上等人配享荣华，你我下等人不配"的等级观念在作怪。(D. L. 2.68—77) 阿里斯提普斯虽貌似追求享乐，实际上对享乐生活及一切文明生活取不严肃、不顶真的游戏态度；并不与之等同，对一切都泰然处之。(D. L. 2.66) 有人称他是"唯一一位在富贵与贫贱中都神气的人。"确实，当他被人问到他从哲学学到了什么时，他回答说："在任何社会中感到自在的能力。"(D. L. 2.67) 文明社会中的人大多为固定价值体系所左右，得之大喜伤神，失之忧心如焚。实际上，"做一个有道德的人"，"花费有度"，"脸面荣誉"等等，何尝不是令人劳神伤力的文明规范。阿里斯提普斯的"哲学"使他能不黏滞于文明价值体系的锁禁，从而感到游刃有余。

讨论至此，我们便自然达到小苏格拉底派的喜剧化批判的最终目的了，这就是：如何在一个败坏的世界中保持真正的自我，保持自由与尊严。据说自称为"狗"的第欧根尼在大白天打着灯笼四处走，别人奇怪而问之，他说他在找"人"。苏格拉底当年在街上抓住一个愿意谈话的人总要告诉他：要关心自己的灵魂而非只是挣钱，否则外在的东西积挣多了，到头来却发现吾丧我。如果那个人说他是关心自我的，苏格拉底就要与他认真讨论什么是心灵的美德的问题，最终使对方承认他并没真正下功夫关心过，没有真正的知识。小苏格拉底诸派在"游戏"、嘲讽中所欲认真严肃加以保护的，也是真我。但这真我已不是公民之我，现实之我。而是人类之我，"世界公民"的我。[①] 纯粹个体"自我"的价值已在萌芽，它的价值基础并不在史诗传统乃至城邦价值体系中的地位、财富、国籍（公民权）、男女之别、主奴之别上——这些统统能被"学过哲学的人"玩于掌中。外在的一切都可以拿来开玩笑、戏谑，因为自我已不再与自己的"外在之物"等同。真正的自由与尊严是每个人都有的——而且可能正是在除去了（不再受累于）外在名利的人那儿才能享受得更充分。常为人引说的"亚历山大王与第欧根尼对话"充分体现了这一总旨。据说亚历山大王站在第欧根尼面前说："我是亚历山大，伟

---

① 犬儒派的第奥多罗曾说："世界是我的国家"，见 D.L.，第2卷第99节。

大的皇帝。"问答却是:"我是第欧根尼,犬儒派。"(D. L. 6.60)这里的潜台词是:皇帝又怎么样?大家都有自己一份同样的尊严,即使像小丑一样生活在贫穷粗陋的处境中的人,在精神上也一点不比谁低一头。又有一次,亚历山大王对第欧根尼说:"你可以向我请求你要的任何恩赐。"回答是:"请让开,不要挡住我的阳光。"(D. L. 6.38)这一次对抗以亚历山大王更大的失败而告终:他想以世俗社会的权力价值体系来压一下第欧根尼,没想到第欧根尼已超出整个世俗社会价值构架,所以根本不受其影响。相形之下,反而是亚历山大王显得鄙俗。

总结起来,小苏格拉底派的"非主流伦理学"是一种挑战的、夸张的、勇敢的"非议主流"运动。如果说这可以看作一种救治社会疾病的疗法,那么也是一剂重药,是以"反潮流"的面目出现对主流伦理生活和主流伦理学说的直接冲击。在犬儒与享乐二派身上,仍具有旧喜剧特有的爱之深、恨之切,骂之烈的特点。

从另一个方面讲,此时希腊民族还拥有信念,从而能构成"主流"与"非主流"之间的冲突;还有思考,从而还会好奇、会关心、会驻足围观这批"喜剧化哲学家"的表演,而不是漠然无动于衷从旁边走过;还有教养与幽默感,从而不会把他们当疯子或罪犯抓起来,反而津津乐道,参加对话,评头论足。

时代继续在下降。希腊悲剧与旧喜剧同时消失。主流伦理学式微,与之互补的小苏格拉底派也随之消失,代之而起的"希腊化时期"非主流伦理学与主流社会的距离将会愈来愈远,关心的问题也将愈来愈不同……

第二节 怀疑论:是悖论还是一种新智慧

从本节起我们将进入到希腊(雅典)第三批非主流伦理学家,即晚期希腊的怀疑派、伊壁鸠鲁派和斯多亚派。本节的任务是先对三派的总特点做一个概述,然后剖析怀疑论的"伦理学",为下面对伊壁鸠鲁派和斯多亚派的讨论打下一个总体基础。

一　晚期希腊伦理学概观

到了"晚期"各家哲学在希腊创立学派时，不仅雅典海盟黄金时代早已成为百年之前的遥远回忆，就是整个希腊的自由城邦制度也在他们目睹之下，被马其顿王的重装兵方阵彻底踏平了。马其顿人一次次击败了忒拜、雅典、斯巴达等城邦的起义（拉弥尔战役，323 B. C. 克瑞摩尼德战役，266 B. C.），又东征亚非、一举摧毁了波斯帝国（阿黑尼门斯王朝）。公元前323年，亚历山大王去世。就在第二年，希腊古典城邦制的现实维护者（德摩斯提尼）和理论辩护人（亚里士多德）也先后去世，这标志着一个旧时代的结束和一个新时代的开始。亚历山大的部将混战三十年左右，瓜分了埃及、小亚与希腊，[①] 陆续形成了托勒密（Ptolemy）、塞流古（Seleucus）和安提柯（Antigonid）王朝。几乎同时，伊壁鸠鲁在雅典郊外创建"花园"（306 B. C.）；芝诺在城内柱廊创立了"斯多亚派"（294 B. C.）；随亚历山大东征归来的皮罗在爱利斯传播他的怀疑主义。

"希腊化时期"开始后，人们立即感到马其顿人给希腊带来的巨大变化。首先，政治、经济、文化中心纷纷东移，希腊本土衰败下去。海上中介贸易的枢纽由雅典移到罗得斯（Rodes）等地，柏加马（Pergamos）、亚历山大里亚（Alexandria）等城成了新的文化中心。政治的真正舞台更是转入东方各君主的宫廷中。当然，希腊的原有城邦还存在，甚至还享有一定的独立，还在进行着公民大会之类的活动。但这一切都已无足轻重了。雅典人自己也看到："……我们的城邦，也曾是所有希腊人避难之所，从前全希腊使节冠盖往还之地——现在，雅典已经不是为争夺全希腊的霸权而战，而是为了保存自己这一隅之地而斗争了。"[②] 希腊不再有自己的历史，而成了它的某个邻国的附庸。"马其顿、埃及、叙利亚、罗马，这些邻居们每一个对希腊命运的作用都比希腊人

[①] 公元前301年，伊普索斯战役结束了大战。
[②] 转引自塞尔格叶夫《古希腊史》，高等教育出版社1957年版，第425页。

自己要更强大"。①

晚期"伦理学"是典型的非主流类型伦理学，但却第一次占据了"主流"地位，柏拉图与亚里士多德的学园或学派虽仍存在，但其地位反而不如它们显赫。怀疑派、伊壁鸠鲁派与斯多亚派共同的"非主流"型思考特征是：

首先，走出"公民—城邦"本位。哲人不再充满"立法家"角色意识，不再关心"好城邦中的幸福公民"、人际关系中的荣誉、财产等等goods（利益）的公平分配，以及勇敢保卫祖国等标准道德问题。关注点放在人生苦难与内在灵魂的治疗之上，放在人与自然的和谐之上，放在人与自己的观念和谐之上——总之，放在另一个尺度的关系上。

其次，"伦理学"因此走出学派象牙塔的小圈子，放弃"纯粹思辨"的自足生活，自觉地普及为大众安身立命的手段。此时，人性和人的内心价值逐渐觉醒，心理学受到更多关注。②曾为人类长期司空见惯的残暴已变得不可忍受。"苦难"而非"秩序"成了普遍思索的一个大问题。人们更愿了解的不是怎样优秀地充当一个城邦家庭中的角色，而是在命运面前保持人的自由与尊严；不是如何与政治经济接轨——那永远接不上，反而令人焦虑不安，得不到内心宁静；而是如何脱轨——与社会价值体系全面脱轨（"分离"），以期寻找并保住真我的独立。

从理论上讲，晚期哲学三派不约而同地越过主流伦理学而到前面或同时的非主流哲学中寻找理论资源与价值资源。前苏格拉底哲学中"时间"意识很强，史诗与悲剧以及赫拉克里特哲学都是在宇宙大时间尺度面前思考人的命运。主流哲学家如巴门尼德、苏格拉底、柏拉图等，则企图在概念中抓住穿越时间的永恒，从而在"沉思"型生活形式中得到慰藉；然而如此一来，代价是把"个体"抛弃不顾。苏格拉底为道德理念而牺牲，则是另一种瞬间即永恒，也超出了个体——时间的束缚。主流思想理论上的目的论，也是对自然哲学和希腊诗性伦理传统的"哥白

---

① Grote, *A History of Greece*, Routledge, 2000, Vol. 12, p.245.
② 参看努斯鲍姆《欲望的治疗》，第 487 页。

尼革命"：从以自然为中心转到以人为中心，让人类在茫茫命运之海中有了一线乐观主义的依据。然而，到了希腊化时代，这种暗暗假设以人为中心、城邦文明为中心的乐观主义信念再度失去基础，人们不得不又一次在思想的基础深处发动"革命"，回到以自然为中心的宇宙论中去，再次以个体的生命勇气去抗衡广漠无边的"原子雨大千世界"（伊壁鸠鲁派）或"熊熊宇宙大火"（斯多亚派）的威胁亦即个体死亡的威胁。失去意识形态屏障的个体在此处境中感到真切的痛楚，但是却有新的哲学告诉他们怎么挺住而内心不垮掉。于是，被主流伦理学消灭掉的悲剧感再一次出现。

在这样一个大的背景下，我们可以来分别阐述各派"伦理思想"的意义。由于晚期希腊哲学在知识论类属上有极不同于古典哲学的巨大变化，所以首先讨论以"知识批评"为自己主要思考任务的怀疑论，是合宜的。怀疑论的意义用一句话来概括，就是瓦解主流伦理学。这句话不要作狭隘的理解。怀疑论的许多讨论不是只以伦理理论为主题的。它也谈——甚至大量地谈认识论等纯理论问题。但是我们前面已说过，"伦理学"广义地讲，首先包括对人生（一阶）价值或生活理想的描述，即什么是"最终只为自己而再也不为其他的"目的自身。这终极目的往往不是"道德"——尤其在幸福论伦理学占主导地位的希腊。从毕达哥拉斯到柏拉图，再到亚里士多德，这个最高人生价值一直被定位在一种叫作"凝视"的纯粹思辨生活上，其理论基础是深信在现象界之上有永恒不变而且更为明白可知的本体世界。怀疑论的"纯理论讨论"正是旨在解构这个在生活世界上叠架出来的又一个"生活世界"。所以，我们对怀疑论"伦理学"的讨论，首先将从其对传统理论哲学的怀疑入手，然后进入较为专门的对传统伦理学的怀疑与批判。这两步工作将以讨论怀疑论如何在处理自身中的两个"悖论"当中逐步展示自己本质的方式进行。

二 第一悖论：哲学反对哲学

"怀疑派是什么？这是一种能力或心态，它用各种方式把感性对象和思想对象对立起来,从而首先把人们引向心灵的'悬而不决',进而给心灵带来一种平静无扰的状态。"①这段话把怀疑论发展近千年积累起来的纷繁理论提纯、概括为一个三段式大框架,即:1."二律背反"→ 2."悬而不决"→ 3.心灵宁静。②

三段式的第一部分(1—2)是怀疑论的纯粹理论部分,或可称为它的"认识论"。第二部分(2—3)是怀疑论的最高目的,也可称为它的"伦理学"。我认为在这两个部分中分别隐藏着两个悖论,它们多多少少被怀疑论的敌人察觉并被用来抨击怀疑论,而怀疑论也正是在不断的反击中才达到对自己本质的清晰自我意识。

先考察认识论的或纯理论的悖论。希腊怀疑论十分明白自己的使命是理论的"消解"。所谓"怀疑一切",矛头实质上指向理论哲学。塞克斯都十分明确地指出:"怀疑论体系的主要基本原则,是每个命题都有一个相等的命题与它对立。"③这个原则可以简称为"二律背反"原则(或"对立面等效"),它构成塞克斯都《反理论家》各卷对哲学所有具体部门进行批判的主线。无论是在《反逻辑学家》(反认识论)、《反自然哲学家》(反本体论)、还是在《反伦理学家》中,怀疑论总是一成不变地为哲学上的各种命题的正反两面找出连篇累牍的"论证"堆砌起来,从而指出我们无法理性地接受任何一方,只好逻辑地放弃哲学理论上的一切追求。

如果说亚里士多德肯定性地总结了整个希腊哲学史,那么怀疑论就是对希腊哲学的全面、系统的否定性消解。让我们展开看一下。希腊哲学中的可知论往往表现为一系列素朴直接的命题,如"世界的本原是水""宇宙的原则是理念"等等,这可以记为 A (p,q,r…)。

不可知论者如柏拉图新学园哲学家则断言,由于对一切命题都有

---

① 塞克斯都:《皮罗学说概要》,第 4 章。
② 希腊怀疑论的主要代表人物是:皮罗(365—274 B.C.),蒂孟(320—230 B.C.),二人为"创始期大师";阿西劳斯与卡尔尼亚德,二人为"柏拉图中学园怀疑主义者";安尼西德穆与阿格里巴,二人为罗马时期怀疑论者;塞克斯都·恩披里克,公元 2 世纪前后怀疑派理论汇集成书者。
③ P.H. 第 9 页。P.H. 是塞克斯都的《皮罗学说概要》简写,下同。

逻辑上等效的反命题可证（"二律背反"），认识是不可能的，这可记为：~A（p∧~p）。

彻底的怀疑论则认为自己的怀疑指向一切立场、一切命题——不仅可知论，甚至不可知论，也一样不可确证，或同样可以确证（对二律背反再施以二律背反），从而任何判断都必须停止。这可记为 π（A∧~A）[①]

在这种"怀疑一切"的全面否定面前，各种哲学流派的利益都同等遭到威胁，所以各种反诘纷纷而起。怀疑论攻击哲学时头脑清醒、不纠缠于枝节、不介入任何一派，时时抓住"二律背反"大原则，认准一切理论命题不免矛盾悖理。哲学在反击怀疑论时也牢牢抓住关键："怀疑一切"不也使自身可疑？如果命题 p，q，r 或 A，B，C 必然陷入矛盾，那么 π 不也一样吗？大家不都一样是一个命题（或命题系统）、一种立场、一种"独断"吗？如果一切言说都应当"终止"，塞克斯都自己为什么写了九卷大书喋喋不休呢？早在古典哲学与第一次大规模的怀疑思潮（智者们）论战时，亚里士多德就指出：全面否定者常常"自相刺谬、戳破自己的理论"，"一切皆假"也使自己本身成为假的。"（《形而上学》1012b10—20）伊壁鸠鲁派的卢克莱修也曾抗议怀疑论："如果有人认为任何东西都不能被认识，那么他也就不能知道这一点本身是否能被认识……"（《物性论》第 214 页）。学园中独断论者安提帕特在反对卡尔尼亚德的怀疑主义时也指出："以谁认为无物可以确切被知道，至少要相信他能确切知道这一不可知本身。"（Cic. Acad. ii 9，28，34，109）

这一批判对怀疑论来说是抓住了根本。怀疑论也尽其全力加以化解。我认为怀疑论的化解之法分析起来有两种。一种是承认自己构成了"悖论"，即"全面怀疑"也把自身包括在内。也就是说，π 与 A、p 等系列没有实质区别，都属于对象性存在，都是"可疑物"集合的分子。塞克斯都在《皮罗学说概要》第 1 章就宣称："我下面要说的一切都不是十分确定的……"，并告诫人们对概括了怀疑论主要立场的各种"口

[①] 参看 P. H. 第 29 章以下，这里选用不同的字母以标示语义层次的不同。

号"（如"没有一方更可取"，"不断言"、"我什么也不决定"、"万物都是不确定的"）也不能以绝对态度接受，因为"它们仅仅是怀疑心境的表达，而不是十分肯定的绝对真理"，而且都可以自反运用，比如"一切皆假"也断定了这话本身为假①。在批判可知论的认识——《反逻辑学家》——中，我们有些惊讶地发现塞克斯都在反复严密地驳倒对手后，并未得出可知论不成立的结论，而是说成立与否"都一样"可证（"no more"）。在大段驳斥了认识中"真理标准"的存在后，却语气一变说："必须注意：我们并不是主张真理标准是不实在的（因为这就是独断了），但是既然独断论者似乎有理地证明了真理标准的实存，我们也似乎有理地证明了反题，那么虽然我们并不肯定它们比对手更为可信，只是因为它们与独断论者提出的论证具有明显同等的可信性，我们也就可以导向悬而不决。"②

"悖论法"是怀疑论中较老的方法③。怀疑论认为以自身被摧毁为代价，就能完成摧毁所有哲学的使命。这种态度与维特根斯坦很相像，两人用的例子甚至都一样。维特根斯坦在拒斥"形而上学"后，认为拒斥者自身也随之毁灭："我的命题可以这样来说明：理解我的人当他通过这些命题——根据这些命题——越过这些命题（他可以说是在爬上梯子之后把梯子抛掉了）时，终于会知道是没有意思的。"（《逻辑哲学论》6.54）塞克斯都在批判"独断哲学"的"论证"后也说："就像泻药在把体液从身体驱出时，也排除了自己一样（P. H. 第 123 页，注意塞克斯都是个医生），反论证的论证在摧毁了所有论证后，也摧毁了自己。再者，就像一个人完全可以借助于梯子爬上高处，再用脚蹬开梯子一样，"怀疑论也可以在用论证批判了独断论后，否定这论证本身④。

---

① P. H.，第 11 页。
② P. H.，第 201 页，参看 A. L. I.，第 443 页。A. L. 是塞克斯都《反对理论家》简写，下同。P. H. 与 A. L. 皆为英希对照洛布古典丛书本。
③ 皮罗派先驱梅特罗多洛普说："我们谁都不知道任何事物，甚至不知道'我们究竟是知道某物还是什么都不知道'。"（北京大学编：《古希腊罗马哲学》，生活·读书·新知三联书店 1957 年版，第 341 页。）
④ A. L.，第 487—488 页。

在这种严厉标准对照下，怀疑论自身根本无法构成一种"立场"或观点，甚至无法被说出。因为如果证明了一切判断都是矛盾的（"二律背反"），那么我们的语言—逻辑的基本法则就会陷入全面崩溃。旨在摧毁逻辑的话无法在逻辑系统本身中说出。"我们不能谈非逻辑的东西。"（《逻辑哲学论》3.03—3.05）所以怀疑论所导致的不是一种新的断言、肯定或理论，而是一种状态或心境、一种一切言说统统终止的状态，这才是"π"的本质。尽管如此，怀疑论认为自己虽然无法"说出"，却仍可以"呈现"或表明出来。试想一个人如果一直追随怀疑论的在一切水平都把判断对立起来、而不加任何肯定与否定的无止境后退的活动（怀疑论把这叫作"探研"活动：enquiry），就总会在某一刻突然彻悟到这种活动本身所"呈现"出的（但无法逻辑地"说出"的）"立场"：一切都可疑、一切都不可说（αφασια）。这也就是维特根斯坦所说的："确实有不能讲述的东西。这是自己表明出来的；这就是神秘的东西。"（《逻辑哲学论》6.522）

但是，"与对手一起毁灭"也许并不令人人感到恬静。我们在怀疑论中还可找出一种不认为自己构成悖论的化解方法。塞克斯都在回答人们说怀疑论"反论证的论证也毁了自己"时曾说："它并不完全毁掉自身，因为许多东西都蕴含着例外；正像我们说宙斯是'众神和万物之父'时，就蕴含着宙斯神本身是例外的（他当然不能是自己的父亲）；同样，当我们说'论证不存在'时，我们的命题也暗含着这一例外：证明论证不存在的论证不在其中，因为唯有它是论证。"① 这一"例外"说已包含近现代解决悖论的基本思路的一些萌芽：区分语义的层次以避免不合法全称带来的大全集，从而避免否定性自指。这样，批判的火力与被批判对象在质上属于不同的类型，从而后者（p、A）的消灭并不意味着前者（π）的消灭。π 不仅仅是一种状态，而且也可以作为一种判断而成立——它是一种元学说，一和表述在元语言中的立场。这种解法的关键是区分对象语言与元语言，怀疑论当然没有明白意识到这一

---

① A.L., 第487页，参看P.H., 第123页。

点。但它确实区分过两类语言：独断的（肯定了对象实在性的）与现象的（仅仅描写"呈现"的），并说自己用"二律背反"摧毁的只是独断语言，至于"显得语言"则是非独断的、对对象客观性无所言说的，所以完全可以用来说出怀疑论的立场。

在这两种解法中，怀疑论者们普遍倾向于第一种解法，即认为自己是悖论，并因此而超出一切哲学争论之上，无论对可知论还是不可知论都一概怀疑。然而，"我们判断一个人不能以他对自己的看法为依据"。在哲学史研究中同样也应区分古人自觉意识到的观点和未自觉但更为本质的观点。我认为怀疑论基本上肯定了"不可知"，即 π 等于 $\sim A$。在对"悖论"的化解中，其实所取是第二种方法。因为怀疑论对可知论的批判蕴含着一种内在信念：人们从根本上（"先验地"）不能认识哲学家所断言的那些"原则上无法经验的"东西——幽暗不明者。更重要的是，人们如果对能追求到真理还存有一丝期望并从而不断追求，那么势必会在没得到时一直处于"心灵焦灼"中；倘使得到，又会"大喜过望"，破坏了内心的宁静与平衡……，而这正是怀疑论所最无法容忍的。

在我看来，无论哪一种解法，都向我们启示着怀疑论的本性或归属。我认为怀疑论不能像人们通常认为的那样，属于哲学的一个流派或部分，并因此而有其意义（作为"否定的环节"？）。π 或者是一种流动的过程、一种令一切种类的立场都不断塌陷的流沙；或者是一种彻底否定一切哲学可能性的不可知论的宁静立场，都体现出怀疑论站在完全不同的另一种知识层面上，应当归入"哲学学"、"元哲学"或"哲学的导论"的范畴中，这与哲学分属于两个十分不同的层面。元哲学有肯定的，也有否定的。怀疑论是一种否定的元哲学。

所以，怀疑论与哲学的斗争，不是学科内部的辩驳。这一点怀疑论和它的对手们都很清楚。这是整个哲学与"反哲学"的生死较量，它在历史上形成了另一种"巨人与诸神的战斗"。哲学自诞生起，就出现了一股彻底否定它的思潮与它伴生或寄生，这在每次哲学范式濒临解体之际尤为明显。希腊哲学理性范式由于过分夸大演绎逻辑（不矛盾律与推理）、否定生活、否定现象界，就埋下了自杀的种子，构成了潜在的悖论。怀疑论其实不过是"轻轻一推",把这种自我否定因素点明出来,或"接生"下来(取苏格拉底义)而已,未曾多加一词也。近代这股怀疑思潮愈演愈烈,康德的"批判哲学"以"形而上学导论"引路,却引向一切形而上学的终结。"分析运动"更是明显拒斥形而上学,而自身又被更彻底的罗蒂等所"超越并废弃"。当代更是各种"消解主义"、"新相对主义"盛行,大有不再满足于"双线共生",而企图一举压倒并取消哲学一线的势头。

怀疑论在这股"反哲学线"中并非最精巧、最富思辨的,但它是第一个。而且它以鲜明的立场公开、反复地强调自己消灭一切哲学的使命,这就比家族中许多其他后进要更具典型性。

三 第二悖论:生活反对哲学

下面我们进一步深入到怀疑论的第二大悖论——伦理学悖论中去,考察怀疑论与生活本身的关系。哲学从社会功能的角度看就是伦理学——为整个社会提供取代宗教、传统习俗的理性价值指导。希腊哲学家对此尤为自觉,无论苏格拉底,亚里士多德、还是斯多亚派等等,都同意幸福生活的关键在于运用理性来确定"真正的"客观价值并按其指导而行动。

怀疑论的伦理学实际上是一种"反伦理学"。它贯彻"二律背反"原则,在伦理领域中处处寻找逻辑矛盾,并证明它们无法取消,从而否定建立客观价值系统的任何企图。塞克斯都说:"所有的人都同意伦理学是研究善和恶的区别的……,"[①]但一旦询问到什么是"善",哲学家们的观点便立刻分歧冲突,莫衷一是了。斯多亚派认为善是美德,伊壁鸠鲁派与享乐派却认为善是快乐(而快乐在斯多亚派看来正是恶!),等等。这说明不存在什么"客观自然的善恶",否则人们早就会对它们形成一致的看法。[②]

---

① 《反伦理学家》(下面简写为 A. E.),第 385 页。
② P. H.,第 463—483 页。

不仅在哲学家之间，即使在传统宗教、神话、习俗等等之间也充满各种矛盾说法。比如我们尊敬长辈（习俗的要求），但克洛罗斯却砍伤其父，宙斯更是把老爹打入地狱（神话如是说）。各民族间习俗也不一样，罗马法规定儿子是父亲的财产与奴隶，别的国家却认为这是骇人听闻的专制。即使同一民族，其风俗伦理在历史上也常常变化，导致自相冲突。比如梭伦立法中是允许杀子的，现在的法律却加以禁止……总之，无数的对立冲突说明了在伦理领域中不存在真正的客观价值真理，必须放弃哲人们用"知识"（真知）规范来指导人们生活运行（"提供行为标准"）的独断狂妄。

有批判就有回击。哲学家们也抓住怀疑论体系的关键之点指出：这种"怀疑一切"的态度必然会毁掉怀疑论本身。怀疑论与当时所有哲学流派一样，也向人们保证能为幸福生活提供支柱。怀疑论的良方是：只要放弃一切认识、对一切持怀疑态度，便能达到心灵的无比恬静即真正幸福。但是在怀疑论体系三段式的这一步推演（悬而不决→心灵恬静）中，似乎隐隐有一个对于怀疑论的成立构成了灾难性威胁的"悖论"。人们嘲讽地指出：怀疑论认为通过无所信、无所求、便会无烦扰。但如果严格按怀疑论原则行事，不要说"幸福生活"了，就连起码的活动都势必成为不可能——一切行动必先知道场景是什么和知道怎么做才是应当的，而否证一切知识与信念，必然会使行动丧失基本前提，从而寸步难行（所谓"皮罗逸事"显然反映了人们对怀疑论者能否生活的怀疑）。以追求幸福生活为最高使命[①]的人到头来使生活根本不可能，这难道不是一个巨大的悖论吗？

怀疑论者对这一危险性更大的"悖论"攻击的回答，立足于怀疑派的本质信念——"现象论"——之上。所谓"现象"即明白的、无法质疑（enquiry）的、人们被迫（不得不）接受的。它包括感性现象：怀疑论者在感到热时当然不会说"不热"，手指疼时也绝不会"怀疑"说不疼。"现象"还包括理性对象甚至习俗、法律——只要人们不肯定它

[①] P.H.，第9页："我们认为怀疑论的根本起因在于寻求心灵平静。"

们的"客观实在性",它们就是"现象"。怀疑论是有其不疑、有其所知、有行为所依之标准的:"怀疑论的标准就是现象……"因为,"相信现象,就能非独断地按照生活的正常规则而生活。"①怀疑论认为这种生活的"现象标准"可以概括为四条:1. 自然的指导(如我们天生能感觉与思考),2. 感受的驱使(如饥渴令我们去饮食),3. 传统的法律习俗,4. 技艺。总之,在需要做出选择时,怀疑论绝不会像布吕丹的驴子那样取"都一样"(no more)的态度,如果暴君逼他作恶,他是会按祖传法律与道德作出反应的②。所以从理论上说,怀疑论的"伦理学"并无悖论,它能说明日常生活。怀疑论者完全能生活。

进一步,怀疑论者认为自己比追寻客观善的哲学家更能达到幸福的生活。"一切不幸都源于某种干扰,而干扰来自追求与逃避。"③哲学家虽然要人们不追求物欲满足而追求道德上的善,但这是换汤不换药,甚至会造成"双重烦恼"。人们一旦知道了道德上的善、恶,就不免常常反省自己,从而平添许多悔恨与懊恼。当没修成真善果时,为"恶"而苦恼不堪;一旦获得真善,又会"由于过分激动与兴奋,不能安宁",还要为自己不是唯一的拥有者而备感压抑,并时时惧怕好运不常④。

相比之下,去掉生活本身之外的一切价值参考系的怀疑论者有福了。虽然一位怀疑论者仍然会受感性现象的影响,仍为冷热饥渴所动,但他从哲学家和常人所受的"双重折磨"(境遇感受再加上"这些境遇本质上是不好的"之类念头)下解放了出来,从而最大限度地享受幸福。有蒂孟诗为证:"生活在十分平静的状态之中,永远免去操心与烦恼,不理睬哲人的所有谎言。"⑤

哲学本来以为"救世"在于给生活添加一层意识形态,怀疑论却认为只有去掉意识形态才是救世的唯一途径(伊壁鸠鲁派反对宗教,其目

---

① P. H.,第11章。
② A. E.,第455—463页。
③ A. E.,第439页。
④ A. E.,第441页。
⑤ A. E.,第385页。

的与怀疑派的主旨可以说是异曲同工）。这种截然相反的主张表明古典哲学与晚期哲学在基调上发生了巨大变化。这种变化的根源是什么？怀疑论对"幸福生活"的理解应当怎么看？它有没有避开"悖论"的批判，能不能行动与生活？我认为国外学者如休谟常有的怀疑论者不能行动的说法仅仅流于表面，而国内论者所谓"颓废没落"之类观点更是过于简单化。怀疑论围绕自己伦理悖论展现出的新生活原则的意义，在于它曲折地反映了整个历史发展中的辩证性、并从而揭示了某种规律性的东西，这一点只有从意识形态与社会基础之间的复杂关系中才能找到说明。

如果说古典时期（至少在自由民范围内），个人与社会有一定的和谐与统一，国家用政治权力抑制本族内部经济上的两极分化（富人有义务，穷人有津贴），全面培养公民；公民也不视国家为异化，而确信个人的全面发展只有在社会事业中才能实现，从而具有产生麦金泰尔所谓的以"品德论"为代表的古典伦理哲学的现实基础，那么在希腊化时期，小城邦的直接民主制被中央集权化的僧侣＋官僚＋君主的专制大国所取代，为祖国和家园而战的公民军（民兵）被为金钱和将军打仗的常备军（雇佣兵）所取代。社会明显两极分化：一极是与人民大众远远分离、高高在上的"公共权力"，另一极是对政治、对这种"冒充的集体"、"虚幻的共同体"疏远、敌对、漠不关心的私人。社会氛围完全改观："希腊人爱好自由、勇敢刚毅、自我牺牲的精神被不纳税、不服兵役，而接受国家援助的唯一欲望所取代。利己主义与个人主义破坏了昔日使雅典出色的城邦统一。"[①]

哲学反映时代精神。小苏格拉底派开始的"出世"倾向此时日益严重，而且那种激扬任气、愤懑不平的格调在"晚期哲学"这里也一变而为平淡冲和、超然事外、回避与现实的直接冲突。伊壁鸠鲁派、怀疑派、斯多亚派虽然三足鼎立，互相不让，实际上都反映了共同的时代精神——"内的觉醒"与"外的否定"。所谓"内的觉醒"即意识到主体

---

① 德谟克利特语，转引自塞尔格叶夫《古希腊史》，第406页。

人格的尊严具有最高价值（从而"伦理学"上升为哲学的王冠之珠），它是一种在任何外部痛苦威胁下都凛然不可侵犯的内心独立与自由、一种充实宁静的自足境界（由于对个体的珍惜，当时各派哲学大量讨论"死"的问题）。与"内在觉醒"相应的必然是"外的否定"。只有外在权威、规范、价值被"看破"，才有内在人格的觉醒与追求。怀疑论的意义正是在于它夸大地凸出了这一重要精神。

表面上看，怀疑论顽固地反哲学而"服从现象与习俗"，似乎被日常现存状态所吞噬。实际上，怀疑原则与现实之间存在着很大的否定性张力。因为一旦接受了"客观世界无法认识"的结论，人们也就不再会对仅仅属于人的尺度的、梦幻化的世界太认真（"世界很像我们梦中或精神恍惚中所呈现的境界或现象"①）、执着了。如果一切价值都被证明是"二律背反"的、相对的，那么虽然人们还会被"必然发生的感受"所扰动，但这种感受本身恐怕已很难激起多少了。

必须指出的是，怀疑论并没公开否定与批评现实。它的批判不是指向原本，而是指向副本。在怀疑派看来，为了达到主体的真正自由，最重要的不是改造对象，而是改造自己；不是医治现实，而是医治执着于现实的理论家（元哲学治疗——"批判独断！"）。整个希腊哲学可以看成是一种企图用理性论证取代传统宗教而为社会提供新价值基础的"启蒙运动"。但是哲学所提供的、建立在城邦与公民直接合一基础上的"品德论"价值体系在晚期希腊—罗马已丧失了现实根基，从而变质为一种掩盖现实中的基础断裂的虚幻意识形态。怀疑论代表日常生活攻击一切伦理理论，以完全非哲学化的、前反思的"现象"四标准坚决抵制各种哲学价值体系规范或"指导生活"的企图，这实质上是在对意识形态的自欺与不诚态度进行无情嘲讽和批判。未曾著述但却深受人们推崇的希腊怀疑论大师皮罗说："我下功夫做一个诚实的人。"②

当然，怀疑论的批判仍然充满局限与悖谬。正如马克思在批判黑格

---

① 阿那克萨尔柯语，参看《古希腊罗马哲学》，第341页。
② 《古希腊罗马哲学》，第342页。

尔辩证法对现实世界的非批判性时所指出的:"黑格尔在哲学中加以扬弃的存在,不是现实的宗教、国家、自然界,而是本身已经成为知识的对象的宗教,即教义学;法学、自然科学、国家学也是如此。"① 这只是想象中的扬弃而已,异化在现实中原封未动。人类本质上是对象性的。情欲、追求与苦恼无法在分裂状态上被超越。而且,人不是抽象地栖息在世界之外的东西,人就是人的世界。晚期哲学把一切都当"外在物"而否定掉,甚至否定古典哲人视为第二生命的城邦政治②,这正说明现实中主体的丧失与空虚。所谓"内在幸福"何尝不反映整个社会的不幸,所谓人的觉醒何尝不也是人的可悲呢?

社会固然在进步,甚至怀疑论用各民族习俗的冲突作为批判哲学家的"二律背反"依据,也反映了希腊化—罗马时期的"世界主义"、"一体化"趋势,表明了人们超出了以奴隶制为基础的狭小共同体,摆脱了希腊是"世界上邦"的傲慢与偏见③。但这种进步有不可逆转的代价,这种前进深深印着迷惘。历史发展中的这种悖谬性或辩证性,不是一再出现、愈来愈明显吗?怀疑论的深远意义,正在于它和它的一切貌似悖论的论辩曲折地反映了这一真理。

第三节 伊壁鸠鲁的哲学疗法

这一节中,我们要考察"花园学派"或伊壁鸠鲁(前341—前270年)学派的伦理思想。

研究伊壁鸠鲁,首先要搞清的也是其哲学的"类属",否则难以理解其意义。一般人习于称伊壁鸠鲁为"快乐主义伦理学",结果许多麻烦问题接踵而来:快乐主义是自我中心的(egoism),于是,它从理论上

---

① 马克思:《1844年经济学哲学手稿》,第127页。
② 亚里士多德说:"人本质上是政治动物。"(《政治学》1253a3)伊壁鸠鲁却说:"人本质上不是社会动物。"
③ 只有当现实中人与人、民族与民族有平等时,哲学家才会在理论上承认不同习俗的价值等效。否则,"优等民族"与"野蛮人"之间是谈不上双峰对峙、"二律背反"的。

说似乎肤浅，不能解释道德现象；从格调上说似乎平庸俗气——如果不说"自私自利"的话。"唯物主义者"难道就要落入这么个境遇吗？有人窃喜，有人难堪。

我们认为，虽然广义地说，伊壁鸠鲁哲学确实仍在古典"幸福论"伦理学的某些概念网络当中运作，但它更应被恰当地称为"疗法哲学"而非"伦理学"。哲学曾经有过许多功能——至今仍在滋生新功能。比如从理论高度指导社会政治经济发展，为大众提供统一世界观，为科学寻找基础（甚至直接充当"科学的科学"），分析语词，规范伦理，追求终极存在……在历史的发展中，许多哲学功能过时了，消隐了，但并不妨碍哲学仍有生命力，因为它还有别的功能。一个不相信哲学具有我们这里列举的所有功能的人或许还会兴致勃勃地读哲学，因为他还可能看到了哲学的其他功能。"疗法"（therapy）便是哲学的一大功能。这指的不是心理治疗，而是哲学治疗。在心理医生认为无病健康之处，哲学家认为大有病待治。晚期希腊哲学、斯宾诺莎、尼采与存在主义、晚期维特根斯坦等等，以及整个宋明哲学主流，都属于"疗法哲学"。从其人学取向上看，它们关注的主要不是此世界价值规范体系的建立，人与人相处的"公正"、"利他"等利益协调方式，而是对人的生存的意义、本真态进行思考，对生命中根本"大惑"（存在之病）加以救治。智者曾许诺用逻各斯为人治疗"灵魂"之病。① 更多的哲学家企图用逻各斯（哲学道理）治疗生命的痼疾，而且，还有"反哲学"家对哲学本身进行"元治疗"（参看前一节）。随着哲学的政治功能和认识论功能等自信自负的使命渐渐动摇，哲学的这一疗法功能将日益突出（更多的人将为了这个目的而读哲学书）。

在古代，哲学的各种功能没有分化，都融于一体。所以，称伊壁鸠鲁"疗法哲学"② 为"伦理学"原也没什么大错。不过，当时人们就感到这不是一般的哲学伦理学，而是另一种——比如说准宗教——的东西。

---

① 参看汪子嵩等《希腊哲学史》（Ⅱ），第 86、125、148 页。
② 国外已有学者从"疗法"的角度看晚期哲学，参看努斯鲍姆《欲望的治疗》，第 11 页以下。

（宗教也有很强的本体疗法功能一面）伊壁鸠鲁学派对伊壁鸠鲁怀有异乎寻常的崇拜之情。[①] 这似乎很难解释，因为从伊壁鸠鲁的学说和其日常起居看，他既不教什么玄虚之学，又不搞什么神秘教仪。一个合理推断是：这种崇拜不是迷信，而是学生们由于真正明白了清朗的哲学道理后达到了整个生命的大改变，由病态生存进入健康境界，自然而然产生感激与钦佩之情。[②]

下面我们将从伊壁鸠鲁所诊断的生命中的大病，他开出的哲学疗法，以及他指出的正常生命理想等三个方面讨论这个特别的"疗法哲学"。

一　诊断

不同的时代有不同的需要。晚期希腊—罗马时代也许对心灵的治疗有异乎寻常的需求。公元 2 世纪的伊壁鸠鲁派奥罗安达的第欧根尼（Diogenes of Oenoanda）曾在大路上立了一块大碑，写道：如果只是一、两个人或更多人，但不是大批的人处境悲惨，那么我可以一个个召呼他们。可现在大多数人都"病"于关于事物的观念，如瘟疫一样，而且"病人"会越来越多，那么我决定本着仁爱之心而公开立这块碑，把拯救众生的药方公之于众。……（碑上列出了伊壁鸠鲁哲学主要学说的精要）[③]

确实，伊壁鸠鲁在旁人觉得正常之处感受到深重的病态。病态种种，不一而足，伤害生命至深。总括起来，这种病是为了*虚幻而丧失了本真*。人类为了人为构造的东西（意识形态、观念、文化等等）而丧失了自然、自性、自己，从而太容易动心（达不到"平静无扰"），太容易受伤（达

[①] "你是我们的父亲，你是真理的发现者，你给我们以一个父亲的告诫；从你的书页中，啊，贤名远播的你，正像蜜蜂吮吸繁花盛开的林地的每朵花，我们也以你的黄金的教言来养育自己，——黄金的教言，并且最配得上永远不朽。"卢克莱修：《物性论》，方书春译，商务印书馆 1981 年版，第 130 页。所以，伊壁鸠鲁学派中，老师的"教义"历经几百年而没有改变过。我们完全可以用卢克莱修来阐释伊壁鸠鲁。
[②] 参看《物性论》，第 351 页。
[③] 参看努斯鲍姆《欲望的治疗》，第 137 页。

不到安全无恙），活得焦虑，苦恼、不自由（达不到自足与自由）。

这个诊断，与怀疑论的诊断相近。自然生命本身虽有苦难，但原本无大苦难。然而人在"治疗"此苦难时发明出来的种种意识形态，使原先苦难放大了，而且还增生了新的病苦。疗法哲学在其方式上可以是"加法思维"的，如大多主流宗教与主流伦理学；也可以是"减法思维"的，如伊壁鸠鲁与怀疑论哲学。在日常生活当中，人类由于对安全没有把握，就拼命竞争而追逐权力、财富、永生来保护自己。国际社会中，国家由于对安全没把握，也全力"竞争"（赫西阿德所谓发挥"良性妒忌"竞争来超出别的国家一头，以期把握"安全"）。"加法思维"式的哲学与宗教则用添加一层意识形态的方式来向人担保安全：神为人间主持公正（宗教），而美德与名利使人"出众"（哲学与社会观念）。然而，从"减法思维"的疗法哲学角度看，这些都更增加了欲望的虚妄和永远填不满，①增加了人际仇恨，增加了人心的忧乱从而不能凝神会聚于真正有价值的东西上。也就是说，宗教等社会观念成了"恶"的原因；"促进幸福"者，恰恰最阻碍幸福的达至。亚里士多德其实已在《政治学》中讲过，不满（动乱之源）来自高期望值。而雅典国家的普遍教育素养（有文化、有哲学、有各种伦理逻各斯的浇灌，公民经过启蒙……成为"特别能评判"的主体），使其期望值比别的希腊国家高得多。更易使人们生活于"不恬静"的病态中。

既然观念的虚妄是病之主因，治疗也必须从观念入手——从哲学入手。也就是说，必须借助逻各斯的理性论证力量，拨乱反正。

二　哲学治疗

伊壁鸠鲁十分明确自己研究哲学的目的：

> 哲学家的逻各斯如果不治疗人的任何苦难，就毫无意义。因为正如医学如果不能驱逐身体的疾病就毫无益处一样，如果哲学不逐

---

① 参看《物性论》，第179页。

出心灵的苦难也就毫无益处。(残篇54)

很明显,伊壁鸠鲁把哲学视为治疗心灵苦难的工具。正由于此,他鼓励人们学习哲学:"当一个人年轻的时候,不要让他耽搁了哲学研究;当他年老时,也不要让他对他的研究发生厌倦,因为要获得灵魂的健康,谁也不会有太早或太晚的问题。说研究哲学的时间还没到或已经太迟,就像说享受幸福的时光还没到或已经晚了一样。"(《致美诺寇的信》,D. L.1 0.122)[①]

伊壁鸠鲁在治疗心灵苦难中所启用的哲学资源是非主流型的,是自然哲学的——德谟克利特的原子论,以及小苏格拉底派阿里斯提普斯的感觉主义快乐论。伊壁鸠鲁对理论哲学有很强的工具主义态度:只要能为"幸福"服务,什么都可以。那么,他为什么启用原子论和感觉论这些看上去似乎最不能为"幸福"服务的哲学呢[②]?因为原子论给伊壁鸠鲁提供了:(一)个体本位的,即不是柏拉图与斯多亚哲学所偏好的那种由"有机体类比"所建立的"大一"本位式的宇宙图景。在原子论世界里,最原初真实的事件是纷繁多样的万千原子在无限的虚空中静静地漫天降落、"倾斜"、碰撞……其余一切事物如世界、人类社会、心理现象,都是原子的构造(或虚构);(二)感觉论。感觉论是说一切认识源于感觉,由感觉衡量,感觉是明白而直接的(D. L. 10.32)。如果我们怀疑感觉,那还有什么评判认识的标准呢?"如果你排斥一切感觉,你就连你所能指称的标准也不会剩下,这样,你就会没有可以用来判定你所斥责的错误判断的东西了"[③]。而且,从伦理学上说,感觉论也导至个体本位:人是感觉引导的——苦与乐这两种"内感觉"决定了人生的趋向与回避。理性应当为此服务。

---

① 中译文主要用北京大学编:《古希腊罗马哲学》,商务印书馆1962年版。
② 剥去自然界的精神的、目的论的、向善进步的文化成分,还其"以自然为中心"的本貌,是伊壁鸠鲁、庄子、萨特等的共同特征,但前二人在这种"天地不仁"的世界图景面前仍然快乐,近代存在主义却感到荒谬与焦虑。近代哲学史家大多不能理解古代哲人怎么能在这个纯物理自然世界中"快乐"。
③ 伊壁鸠鲁:《基本要道》(*Principle Doctrine*,简称P. D.),23,参看24。

"个体本位"是个有歧义的词，也许，"还原论"更加好些。"原子宇宙"与"感觉主义"都属于还原论式思维，即把一切都还原到自然的、无装饰从而也无扭曲的、本真的东西。这样便能发现原先干扰我们心灵平静的一切事物和观念，都是虚幻的——从而也是很容易消除的。

对人们心灵平静的最大干扰，是来自意识形态（"宗教"）的对神的恐惧与对死的恐惧。宇宙中其实除了自顾自地、无意识地下降、结合、分散的原子大雨之外，什么也没有，人类却对着星空怕这怕那。这显然是由于没有真知而受了文化体系所弄出的"干预人世的神灵"观念的干扰："如果一个人不知道什么是宇宙的性质，而是生活在对那些关于宇宙的神话所说的事的恐惧之中，对于这个人来说，排除对所谓最主要的事物的畏惧，就是不可能的。所以一个人没有自然科学知识，就不能享受无疵的快乐。"（P. D. 11）神是有的，而神是"不朽和幸福的实体"，从而根本不会去干预人世——神怎么可能有忧虑、愤怒等心灵骚动——"这些事只发生在有懦弱、恐惧以及依赖他人的生灵那里。"（《至希罗多德的信》，D. L. 10.77）伊壁鸠鲁的论证显然诉诸希腊人特有的"完满、自足"幸福观的共识。①

其次，伊壁鸠鲁用"自然科学"解除人们对于死的恐惧。恐惧之源在于重视生存，重生之源又在于重个体。这是由于不知道原子与虚空才是唯一真实，它们无限量、无穷尽地运动着。它们的偶然碰撞生成了一个个世界和世界中的生物，而有形可见世界最终又会分解、消灭——但原子总量不变。在这个宇宙图景中，人并不是目的（反苏格拉底—柏拉图），只是本体原子的暂时凑合，所以有什么资格强求不死呢："我们凡人就借着永恒的互相取予而活着。／有些民族强大了，有些衰落了；／在短短的时间内许多世代过去了，／像赛跑者一样把生命的火炬递给别人。……"（《物性论》第65页）赫拉克里特与庄子式的洞见在同属一种类型哲学的伊壁鸠鲁派人生观中屡屡得到呼应："因为旧的东西

---

① 神保护道德，这是主流伦理学的基本信念之一。伊壁鸠鲁对此的攻击，对宗教与道德伤害人性的批评，显明其学说不可与一般"伦理学"归属为一类，或显明了其"非主流性"。

/被新的东西排挤，/总得让开来。/一物永远从牺牲他物获得补充。/……生命并不无条件地给予任何一个人；/给予所有人的，只是它的用益权。"(《物性论》第181页）

再者，从感觉论角度看，既然人的一切都不过是感受，而人死（原子散掉后）已经没有感觉，所以也不会有痛苦与忧虑了："所以一切恶中最可怕的——死亡——对于我们是无足轻重的，因为当我们存在时，死亡对于我们还没有来，而当死亡时，我们已经不存在了。"(《致美诺寇的信》，D. L.10. 124—126）"对于那不再存在的人，痛苦也全不存在。"(《物性论》，第175页）如此，为何惧死？

对于惧死的批判还有更深一层意义，即批评众生为了保存个体（追求"安全感"）而徒劳地过度聚敛财富或追求名位，从而失去了真正的自由自主生活："一个自由的生活，不能获取许多财产，因为不向大众或君王谄媚是很难发财的，但是自由生活自身充充足足地拥有一切……"（P. D. 67）"有些人期望出名出众，觉得这样他们就可以在与人交往中有安全感。那么，如果那些人的生活确实安全了，他们就获得了自然的善；但如果不安全，他们就没达到在自然本能驱使下当初努力追求的善。"（P. D. 7）

这种病态的求安全心理把人驱赶了去干出种种丑陋的事，但仍然不能帮人真正获得"安全"："贪婪和对荣誉的盲目追求，/……迫使可怜虫干违法的勾当，/并且常常变为罪行的帮凶和工具，/而夜以继日地以卖命苦干的劲头/想爬上权力的峰顶——/这些生命的创伤的很大部分/都是由这种对死亡的恐惧所培养。/……他们就用同胞的血来为自己积累好运，……/嫉妒就常常使他们憔悴，/因为在他们眼前谁带着光荣的名位走路，/谁就有权有势，/谁就被人敬羡，/而他们则在泥污和黑暗里面滚来滚去。/……这个恐惧对廉耻之心是一个瘟疫，/也是它叫人破坏了友朋之间的联结。……"(《物性论》，第133页）

伊壁鸠鲁告诉人们，如果我们真正明白人的本质（从而人的幸福所要求的条件），就会从文化或意识形态为我们设立的种种盲目追求的怪圈中"扬帆远遁"（残篇33），返回到考虑如何达至自然快乐的满足上。

这就是伊壁鸠鲁的"快乐论"。这理论,不要说在后世,即使在当时就受到很深误解。许多人认为伊壁鸠鲁在鼓吹"纵欲享乐"。①伊壁鸠鲁不得不出来澄清:"当我们说快乐是最终目的时,我们并不是指放荡者的快乐或肉体享受的快乐(如有些人所想的那样,这些人或者对我们意见是无知的,或者是不赞成我们的意见或曲解了我们的意见),而是指身体上无痛苦和灵魂上无纷扰。"(《致美诺寇的信》,D. L.10.131—132)

伊壁鸠鲁的快乐论,是主张"自然的快乐"——身体健康与灵魂平静,并用这个最合乎健全理智的识见反对各种各样做作姿态的"反乐主义"、"唯心主义"。但是这样的快乐论与一般理解的"快乐主义"正好相反:关切自然快乐是告诉我们满足于有度的、让身体正常发挥功能即可的欲望。一般快乐主义追求的却恰恰是受观念毒化过了的、永无止境的、变态的、不自然的欲望。伊壁鸠鲁有句至理名言:"凡是必要的,也就容易满足;凡是难以满足的,也就是不必要的。"(残篇67)他还区分:有些欲望是自然的和必要的,有些是自然的而不必要的,还有些是既非自然又非必要的,"它们的存在是由于空洞的意见而来"。(P. D. 30)追求"虚妄快乐"只会带来更大痛苦,而且不可避免地要陷入竞争与仇恨,容易失败,令人时时生活于沮丧的阴影之下,这恰恰是伊壁鸠鲁所主张的快乐主义要反对的:"知道生命限度的人也会知道,能消除由于缺乏而产生的痛苦和使整个生命完满的东西是不难获至的,所以也就不需要竞争活动。"(P. D. 21)

在伊壁鸠鲁派中,这些哲学教导不需讨论,更不需争论。学生们被要求熟读、牢记与领会。大部头的理论著作毫无意义,伊壁鸠鲁常用书信或格言方式总结自己的"处方"(逻各斯),让学生刻入脑海,形成坚定的人生信念。这种"治疗法"往往被后人斥为"独断"或"不民主"。然而学者式"自由讨论法"何尝没有其弊——夸夸其谈甚多而从未打算认真实行,改变生命。

---

① 近世误解主要出于人们习惯用英国经验论的功利论来比拟伊壁鸠鲁快乐论。于是人们就到伊氏著作中去寻找快乐大小之衡量标准以及如何"最大化快乐"的理论等等。实际上,功利主义作为一种现世伦理学与伊壁鸠鲁的摆脱人世束缚的疗法哲学谈的根本不是一件事。

三 健康

通过哲学逻各斯的治疗，人们可以逐渐摆脱文化带给灵魂的种种虚幻观念，恢复健康的生命。这是一种什么状态呢？东方疗法哲学喜欢用动物或婴孩来比拟这个"天真无邪"的状态。努斯鲍姆（Nussbaum）也指出，伊壁鸠鲁常常提到尚未被教化和言谈所污染的儿童，谈到健康的动物，如第欧根尼·拉尔修记载：

> 为了证明快乐是目的这一事实，他［伊壁鸠鲁］指出，动物一出生就喜欢快乐而摆脱痛苦，这是自然的和不用语言的，因为我们由于天生情感驱使而逃避痛苦。（D. L. 10.137）

所以，伊壁鸠鲁的核心观念似乎是：如果我们能在想象中把握住败坏之前的"人类动物"的特质，看到它在邪恶的社会化过程扭曲了它的偏好之前的自然倾向，我们就能真正找到人的"好"，找到把我们诸种欲望中的健康者析离出来的方法。①

这一看法不无道理，但也容易引起误解。说其有道理，是伊壁鸠鲁确实认为健康的、自然的欲望是没有被"文化"所污染的、简朴的生命要求；说其容易引起误解，是伊壁鸠鲁并不号召一种"无知无识、混混沌沌"的禁欲主义生活。他十分推崇理性、哲学在健康人生中的重大作用。他的"健康人理想"可以由他的这段话概括："使生活愉快的乃是清醒的理性，理性找出了一切我们的取舍的理由。清除了那些在灵魂中造成最大纷扰的空洞意见。……这一切的开始以及最大的善，乃是明智。因此明智甚至比哲学还要可贵，因为一切其他美德都是由它而出。它告诉我们，一个人除非能明智地、正大光明地、正当地活着，就不可能愉快地活着；没有人会明智地、正大光明的、正当地活着而不愉快的活着。……你还能想得出比这样一个人更好的人吗？——他对神灵有虔

---

① 参看努斯鲍姆《欲望的治疗》，第 106—107 页。

诚的看法，对于死亡完全没有恐惧，他正确地思考自然所规定的目的，他领会到主要的善是容易完成并且容易图谋的，而最大的恶只能短期内存在并且只能致使顷刻的痛苦。他不信有些人拿来当作万物之主的那个'命运'，他认为我们拥有决定事变的主要力量，……"（《致美诺寇的信》，D. L.10.132—133）

这段话有好几层意思。首先，为了达至愉快的生活，最重要的是改换人的思维习惯（当然是病态习惯），让人学会从无限（度）攫取型追求中收回眼光、珍惜质而非量，从而从永远的抱怨、不足，懊恼心态（病症）转向满足和感激（健康）。也许有人会认为这是"自欺欺人"，是没有创造力与生命力时代的人的不得已（见罗素评价），但是伊壁鸠鲁会说：即使在"最有创造力""最有生命力"的时代，人如果不明白这个道理，还是永远无法幸福。在这个意义上，伊壁鸠鲁的"疗法"是超时代的。伊壁鸠鲁的"自足"并不像表面上看来的那么容易达到，必须借助勤奋哲学修行彻底扭转人的思维（"哥白尼革命"）才可能。然而一旦达到，人就不会追求财、名，不会追求"加时式"的永生。这倒不是因为追不到而无奈放弃，而是确实认为真正的价值不在那儿——追它干什么？一个知道珍惜生活中的自然快乐的人，活一分钟也比活了几万年仍在"扔掉到手，渴求将来"的人要真正生活过了（没有虚度生命）。后者虽然活着，还睁着眼，却与死去没有差别，把生命大部分时间浪费于睡觉，甚至醒时也在打鼾（《物性论》第 185 页）。对任何东西，没得到时苦苦追求，一旦得到了，又立即弃之不顾，想渴望别的东西，"永远是那同样的对生命的焦渴，苦恼着张大着嘴巴的我们。"（《物性论》第 187 页）"你总渴望没有的东西，蔑视现成的幸福，以致对于你，生命不完满而无用地过去了。"（《物性论》第 180 页）

所以，问题不在于某个时代（如衰败时代）、或某种人（如过着清贫生活的伊壁鸠鲁派）能不能获得更多的享受品——也许能，也许不能，但那与问题无关。多也好，少也好，哲人的态度都比"病态的人"正确："我们认为知足是一件大善，并不是因为我们在任何时候都只能有很少的东西享用，而是因为如果我们没有很多的东西，我们可以满足于很少的东西。我们真正相信,最能充分享受奢侈品的人,也就是最不需要奢侈品的人。"(《致美诺寇的信》,D. L. 10.129)

人的精力就那么一点,或是放在对量的无限追求上,或是放在对质的深度珍惜上。也许有人想"二者兼得",但这两种生存态度或许是根本对立的,更不要说人生时间有限,所以几乎不可能。况且,也许只有放弃对虚的东西的追求,才会更加珍惜真正有价值的东西如自然界的美好与友谊深情:"理性使我们如此完备地得到生命所能得到的一切快乐,以至我们没有必要把永恒纳入我们的欲望之中。"(P. D. 21)

这样的人才是真正热爱生命的人。他既不畏惧死亡,也不会像柏拉图那样"盼望死亡"——伊壁鸠鲁认为宣传这类看法的唯心主义者过于做作:他如果真这么想,为什么不去死呢?"有智慧的人对生命,正如他对于食品那样,并不单单选多的,而是选最精美的;同样,他享受时间也不是单单度量它是否最长远,而是度量它是否最合意。"(《致美诺寇的信》,D. L 10.126)

这样的人是自由的人。自由是伊壁鸠鲁的健康人理想。什么是自由?首先是不受外界的干扰、即通过哲学的学习而最终达到不被种种观念(对神灵的恐惧和对死的恐惧,仇恨与妒忌……)所扰乱的境界。其次是反对"命运"已经决定了一切的观念,主张我们能对自己负责。伊壁鸠鲁在理论哲学上是采取"毋意毋必"的态度的。如果自然哲学与我们的人生需要不合,那么要改变的是自然哲学。在他看来,自然哲学中的"命运"观比关于神灵的神话还要可恶,因为它使我们成为必然的奴隶,毫无活动余地。(《致美诺寇的信》,D. L. 10.134)于是伊壁鸠鲁便给"自然哲学"动手术,让原子在下降中出现无法说明的"倾斜",以便让自然界中有打破"必然"一统天下的契机。(《物性论》第79页)人对自己行为负有一定责任,即人是自由的,从而不要指责"外部原因":"让我们不要指责肉体为大恶的原因,也不要把我们的痛苦归咎于外部环境。"(残篇63)倘若外界环境压力太大呢?比如我们身体病得太重呢?伊壁鸠鲁认为此时我们仍然可以自主地选择采取何种态度:"必然性是一种恶,但生活在必然性的控制之下，却不是一种必然。"（残篇9）"有智慧的人即使在拷刑架之上，也是幸福的。"（注意这与亚里士多德的看法大不一样，参看《尼伦》1153b19—21）总之，人可以不做环境的奴隶，人可以承受命运的打击。伊壁鸠鲁一直有重病，但他并没怨天尤人，因为从他的理论看，没受文化观念放大过的身体疼痛是不会长久的，"就是极端的痛苦，也不过出现于一个很短的期间内。"（P. D. 4）即使死亡来临又怎么样，自由的人还是可以轻蔑地藐视那些徒劳无益地想扯住生命不放的人，在高唱自己曾美好地生活过的凯歌之中离开生命。

　　伊壁鸠鲁的人格十分高尚，他真正地实践了自己的哲学。因此，他不仅被自己学派，而且被"敌对派"的斯多亚派中不少人敬重。在晚期希腊哲学中，"疗法"成功的典范人物本身，比伦理学理论的影响更为重大。因为这些理论的目的不是思辨，而是生活，是达到与"神"同样境界的幸福人生。达到这样境界的人反观人世间，确实不免生出佛陀观照人生时的微笑与怜悯："当狂风在大海里卷起波浪的时候，／自己却从陆地上看别人在远处拼命挣扎，／这该是如何的一件乐事；／并非因为我们乐于看见别人遭受苦难，／引以为幸的是因为我们看见／我们自己免于受到如何的灾害。／……但再没有什么更胜于守住宁静的高原，／身为圣贤的教训所武装，／从那里你能瞭望下面别的人们，／看他们四处漂泊，全都迷途，／当他们各自寻求着生的道路的时候；／他们彼此较量才能，争取名位，／夜以继日地用最大的卖命苦干／企图攫取高高的权位和对世事的支配。／啊，可怜的精神！冥顽不灵的心！／在惶惶不可终日中，在黑暗的生活中／人们度过了他们极其短促的岁月。"（《物性论》第61页）所以，生活简朴的伊壁鸠鲁无须谁来同情，相反，是他十分同情众生。

　　总结起来，伊壁鸠鲁的"快乐论—幸福论"既不能看作"利他主义伦理学"，也不能看作"自利（egoistic）伦理学"。无论利他还是自利，讲的都是社会道德，而伊壁鸠鲁对社会政治与经济、对道德这整个领域本身已经不感兴趣。①他的注意力在另外一个层面上，在认识人性的深度和人的内在"病根"上。在这个方面，他的观察确实是敏锐而富于洞察力的，不仅看到了人的意识中的问题，而且注意到非理性之中的观念作祟②。他的诊断与"疗方"在这些方面往往一针见血，切中要害。然而超出此领域而进入到传统的道德学领域中，他的论述就显得很简略、显得心不在焉、显得对与"快乐"无关的"道德本身"不太恭敬③（那个领域对于主流派伦理学可是个神圣而丰富的对象域，是苏格拉底、柏拉图、亚里士多德认真严肃地建构庞大理论体系加以详尽论证的）。我们的探讨已经纲要地指明了个中原因，希望这对于进一步深入理解伊壁鸠鲁类型的"伦理思想"的独特品格与贡献有所帮助。

第四节　斯多亚精神

在希腊化——罗马时代，影响最大的道德哲学非斯多亚派莫属。由于它具有在世界中解决"战胜世界"问题的理论品格——而不像怀疑论专注于元哲学批评或伊壁鸠鲁之退出世界——结果是它而不是怀疑派与伊壁鸠鲁派将"非主流类型伦理学"发扬光大，确立为基督纪元年前后几个世纪中的"主流"思潮④。由于此，在这个学派的伦理思想中，非主流伦理学特有的魅力与特有的问题也表现得尤为典型。下面我们将从三

---

① 伊壁鸠鲁如何对待古典六大德？"勇敢"是面对死与疾病痛苦时的坚忍而不是"公民为祖国作战"；"公正"是约定互不伤害而不是"利他之自然本性"；(P. D. 33—41) "自制"没提到过；"明哲"是认识健康的快乐而不是"中道"；"虔诚"是不拜神；"友谊"重要，但内容已全无亚里士多德那种公民政治情谊的味道。
② "我们在大白天有时也害怕着许多东西，／它们其实半点也不比孩子们战栗着／以为会在黑暗中发生的东西更为可怕。／能驱散这个恐怖，这心灵的黑暗的。／不是初升太阳炫目的光芒，／也不是早晨闪亮的箭头，／而只是自然的面貌及其规律。"（《物性论》第64页）
③ "不公正并非自身是坏的；其所以坏，只是因为有一种畏惧随之而来：害怕不能躲避那奉命惩罚行为不公正者的人。"(P. D. 36)
④ 与伊壁鸠鲁派的毫无变化形成鲜明对比的是，斯多亚派自塞浦路斯的芝诺（Zeno，约前340—前265年）创立以来，经历了漫长而较大的变化。早期的芝诺、克雷安德与克吕西波（Chrysippus，前280—前209年），中期的巴内修（Panatius，前180—前110年）和波昔东尼（Posidonius），后期的塞涅卡（Seneca）、爱比克泰德（Epictetus）与奥勒留（Aurelius，161—180年），在关切问题的侧重点与观点上都有自己的鲜明个性与发展。

个方面讨论斯多亚精神：它如何在延续主流的同时超出主流，它的独具一格的激情诠释与治疗理论，它所塑造的新境界及难题。

一　论域在延续中拓展

与怀疑派与伊壁鸠鲁派不同，斯多亚学派表现出了相当的"主流伦理学气质"。它是理性主义的，它似乎要人们履行社会—政治义务，它的伦理概念体系是亚里士多德（主流伦理学集大成者）式的：幸福、本性、美德、理性、反对激情。"幸福"是人类追求的终极目的，完满而更无他求，而这就是按人的本性（"自然"）而生活。人的本性在于人区别于动植物的独特官能即理性，其最佳发挥即美德，美德最基本的是明智、勇敢、公正、节制，对美德威胁最大的是人的欲望与激情，[①] 等等。这套基本理论模式我们已经很熟悉。斯多亚的沿用，不可仅仅归于"后亚里士多德学派"很难在理论工具上摆脱主流范式的影响，而是如我们在下面要指出的，也在于斯多亚精神中确实有推进主流伦理的一个维度。不过，我们不应该停在话语系统的相当一致性上。如果我们透过此而进一步分析内在差别，则将看到斯多亚的伦理论域与整个"后亚里士多德伦理学"一样，经历了范式变革性的转移。

一个范式确认一类问题是"问题"。它对其他范式视为"大问题"的问题虽亦看见，但却熟视无睹——以为无关紧要。从而，它提出的一套标准解题方法不解它所不确认（认可）的问题——只解决自己的问题。主流伦理学那套概念框架的背后，隐含的实质问题是政治城邦社会中如何公平分配各种 goods 与 bads（名、利、友爱，以及不利、危险等等），如何造成使国家事业能兴旺发达进行的理想秩序。主流伦理学讲内心、讲内在价值，讲欲望与激情，但其关注点在内心或道德（及非道德）行为的外部的、社会性的效应与后果：会不会破坏社会和谐、公正秩序？有没有伤及他人？[②] 斯多亚派却在"幸福论"言谈系统之下，"自

[①]　参看 D. L. 7.54，7.60。
[②]　参看亚里士多德论一切美德均为"广义公正"：对别人有益，所以为人赞美。（《尼各马可伦理学》第 5 卷第 1 节）

"然而然地"将关切重心移向个体自身的内在幸福。不是国家命运，而是超国家民族的人性健康。不是社会秩序紊乱——而是个人面对宇宙及生存基本处境时的本体情绪紊乱——是问题（个体苦难等等，柏拉图与亚里士多德不是没看到，但这在他们的范式之中根本不作为问题而被考虑。在他们庞大精美的概念网络中，听得见卑微渺小的个体人的声音吗？）。所以这种新"伦理学"显然已经大大拓展——如果不说是转移——了自己的论域。

我们可以考察主流伦理学与斯多亚派在对伦理学中公认为"恶"之源的欲望和激情的分析上所展现出的饶有深意的异同，来进一步揭示这种伦理论域的转移。粗粗看来，大家都在批评欲望与激情，倡导一定的抑制。然而，他们讲的是同一类欲、情吗？如果不同，意味着什么？仔细的阅读昭明了：主流伦理学所集中火力攻击的，是贪欲。柏拉图在《理想国》中反复论证贪欲是冲破理性秩序的最大敌人，其种种"共产公家"方案及教育措施，无不是针对"节制欲望"而来。亚里士多德在《政治学》中也指出人的无止境贪欲是对道德社会的原初的、难以克服的破坏者，即使柏拉图式"共产方案"亦无力除之，唯以道德教化慢慢化解。① 斯多亚所关心的人性大敌——激情——却不是欲（贪），而是恼怒，是烦扰与悲痛哀伤。"他们解释烦恼为一种心灵之不合理的收敛。并分烦恼为下述各类：怜悯、妒忌、竞争、猜忌、痛苦、烦扰、悔恨、伤痛、惶惑。"② 关心（贪）欲与关心恼怒有什么实质性区别吗？有。这是两个层面上的事。我们在导言中讨论"两阶价值模式"和"四级道德体系"时讲过，人类社会最基本的层面是对非道德之"好"（good）的种种追求，这是"欲望"的领域。如果设想有一种人际利益不会发生根本冲突的社会结构能成立，则人就可以只生活在这个层面上而不必有道德。道德感的出现，恰恰在于这个层面上总会发生利益冲突。所谓"义愤"，是对别人欲求太贪而伤及自己或整个社会（破坏了"公正"）的反

---

① 参看本书第 4 章第 4 节。
② D. L. 7.63。

应，而这正是道德感的原初基础。主流伦理学大师亚里士多德十分清楚这一点，所以他赞成"正当的愤怒""正当的妒忌"。然而斯多亚派思想的非伦理或"非主流伦理"品格，正在于它诊断出人类的最大问题恰恰是弥漫人际的这种"愤怒"或"妒忌"或"怨恨"或"心态不平"。斯多亚派（以及一般疗法哲学如佛、庄）所孜孜以求者，并非消除不公正（由贪欲引起），而恰恰是消除对于不公正和贪欲的愤怒（二阶的）。然而，消除了愤怒（对他人的义愤以及对自己的良知谴责），也就消灭了道德本身。"无怒之德"，似乎是一个词语悖论。这个问题，在本节结尾处我们还要展开讨论。现在我们只进一步追问：斯多亚派（或一般来说，非主流型伦理学）为什么把关注点放在"怒"上面呢？因为"怒"标识出人内心的脆弱，人的永远的挫折命运，人内心的受伤，人的达不到"宁静平和生活"的理想境界。其次，它带来人性的恶劣化：人与人之间的仇恨、歹毒（"以恶报恶"）、冷漠、隔膜、凶残。这种更深层次上对人之为人的尊严与幸福的损害，在斯多亚派看来，比之物利分配不公或财产之得失，是更为严重的问题，是生命中永恒的疾病。

顺便说一下，斯多亚派并没完全忽视对贪欲之讨论，但其讨论也着重于贪欲的内伤而非外伤——不是其伤害了别人的财产权利，而是伤害了欲者的内心"主导部分"；①况且，贪而不得，本身会激起恼怒：欲望是一种不合理的嗜欲，可分下列几种：欲求、憎恨、好争、愤怒、爱好、仇恨、愤慨。欲求起于我们缺少某些东西，极愿得到而不能到手的一种欲望，憎恨是要加害于别人并继续增加与扩大的一种欲望。好争是伴随着精密的选择的一种欲望。愤怒是对于用不正当的办法来伤害别人的一种报复的欲望。爱好是不明白道德目的、只是爱好所见的美色的欲望。仇恨是一种长期的愤怒，充满了憎恨与警戒的情绪，如下文所示的：

虽然我们认为暂时的忿怒过去了，

---

① 克吕西波在其所著的《激情论》第四部分中专门讨论对钱财、名誉、女人的贪欲的治疗。

强大的报复确在最后（荷马）。

至于愤慨即是愤怒的开始。①

很明显，不是一阶的、生活层面的欲求，而是二阶的、人际关系中道德性的恼怒（由痴生嗔？）或炽情迷误，是人性疾病或软弱性（infirmities）或永恒痛苦之根源，才是伦理智慧最应关切者。爱比克泰德对人的劝导是："唯一真切之事，是学会如何使自己的生活摆脱悲怨与不满，以及'啊呀'和'我真不幸'，以及悲惨，以及失望。"②

二 激情的逻各斯诠释及治疗

既然以不满和怨恨为主调的、渗透于人性之中的"激情"是幸福生活的大敌，斯多亚"伦理学"对人类苦难的救治就从激情入手。

斯多亚在理论上的一个重要独创贡献，是它对激情采取了与主流伦理学截然不同的新解释——一元论理性解释。自柏拉图以来，主流伦理学的心理理论都对人的心灵持多元论看法：灵魂当中，既有理性成分，又有非理性成分，互相独立而展开激烈争夺（统治地位）战。柏拉图曾在《菲德罗》中用"二驾马车"的生动形象描述了灵魂内部的理性与嗜欲、激情三者之间的紧张关系，③斯多亚派理论大师克吕西波却追随芝诺，否认灵魂中有"非理性成分"。人的"主导部分"（灵）是而且仅仅是理性的。④那么被人一般视为非理性成分的"激情"呢？回答是：激情也是理性的——激情乃是一种判断。（残篇Ⅲ 456，459，461，463）再进一步规定：激情是一种错误的判断（残篇Ⅲ 459，461），它是新近构成的（不是过去的）；它的谓词是"好"或"坏"，它会引发强有力的和过头的冲动。（残篇Ⅲ 384）⑤

---

① D. L., 7.63。
② 爱比克泰德：《哲学谈话录》，中国社会科学出版社2004年版。
③ 见柏拉图《菲德罗》246b。
④ Gould, J. B., *The Philosophy of Chrysippus*, Brill, 1971, p.132.
⑤ Gould, J. B., *The Philosophy of Chrysippus*, p.182.

激情与生理欲求如饥、渴不同，它们有很强的认知性成分，有对世界的信念和认定（assent），从而有对、有错。所以，所谓激情不过是理性的一种形式，所谓情、理之争不过是理性自己与自己的冲突——错误识见与正确识见的冲突。[①] 从现象学上讲，情理冲突不是同时并存的多元争战，而是同一个理性的不同观点的先后继起——或许速度极快而被误为同时。希腊悲剧传说中的美狄亚（Medea）杀子前的内心怒火与母性的迅速交替可以说明这一点：

> 让他们死，他们不是我的，让他们灭亡——他们是我自己的，他们没罪，他们纯洁——我同意——我兄弟也一样。灵魂啊，你为什么前后摇摆？为什么我泪流满面，为什么爱与恨把我摇摆的自我一会拉向这里，一会又拖向那儿？[②]

这意味着激情是整个人身心对某类事物的价值肯定，是人的本体投身（commitment）。人们对财物被窃的愤怒、对爱人变心的怨毒，说明具激情者评判财物、爱人为有大价值（good）者，为大有益者。所以各种激情其实统一在一个基础之上，即一种特定的对世界的认识与态度上。我们自己害怕的东西，当发生在别人身上时，我们怜悯；我们今日为之快乐无比者如果明日被命运夺去，我们便悲哀。一个人如果容许自己有一种激情，则他（她）便不可避免地会陷入其他种种激情之中："如果贤人容许自己难过，则他便不可避免愤怒……以及怜悯，以及妒忌。"[③]

然而，斯多亚派进一步认为"激情—判断"是错误的判断，是对个体性与外在性的价值给予了过高认定，所以是一种病态。既然激情本质上是知识性的，那么，对激情的治疗也必须诉诸知识——真理——哲

---

① 参看 Gould, J. B., *The Philosophy of Chrysippus*, p.181.
② 参看努斯鲍姆《欲望的治疗》，第 12 章：《灵中之蛇》，尤第 460 页以下。努斯鲍姆指出斯多亚的观点更近于当代心理学的看法。
③ 参看西塞罗《图斯库兰争论》，3.14，3.10—20，并参看努斯鲍姆《欲望的治疗》，第 378、396 页。

学。斯多亚派认为辩证法与自然哲学都配称为"美德",因为前者给予我们方法,导引我们不对错误给予认可(assent),使人们能护卫有关善与恶("好"与"坏")的真理;使我们知道如何"追随神",按自然而生活。①

虽然斯多亚派面前摆着两大主流哲学的宏大精致自然哲学体系——柏拉图的与亚里士多德的,斯多亚派却不予采纳,而是越过它们,向前启用了赫拉克里特的自然哲学(在伦理学上,斯多亚派所启用的理论资源也是非主流派的——犬儒派的)。其特点是,首先,将本位上升,从个体人调至宇宙。与柏拉图和亚里士多德共有的某种二元论(理论与质料)本体论相比,斯多亚派立场更为极端,它主张一个涵括宇宙一切存在的大本体,这可以称作"自然",亦可称为"神";它既是物质的、被动的原则,又是精神的、主动的原则。柏拉图(亚里士多德)的神是超感性,超物质存在,斯多亚派的"神"却是"有形体的",是"穿透形体的形体"。② 这大宇宙有自己的生命。自然的周期性的生成毁坏标识着"祂"的成长历程中的发育阶段递进。其次,这种本体论与赫拉克里特的相似,又是相当经验论化的。斯多亚派不相信主流伦理学所描绘的人可以抛弃自己的"身"的一面而将自己的纯理性修炼到与宇宙神性溶为"一"之图景。个体确实赋有宇宙神性——理性,确实应当转向宇宙神性,按照"共同自然(本性)"生活。然而,这并不意味着思辨高峰态的神秘合一忘我,而是肉身个体扎扎实实在大地上经受具体人生苦难的侵扰与折磨——当然,是按对真正本体的认识调整过了的心态来经受。

在这样的心态之下,人们必然会放弃对"小我本体"(个体性)与"外在之物"的错误执着,从而从根本上消除激情(错误判断)。克吕西波认为,对恐惧者的最佳安慰乃是使他认识到他的信念——恐惧是一

---

① 参看西塞罗《论至善与至恶》,3.72、73。
② 参看 Gould, J. B., *The Philosophy of Chrysippus*, pp.107, 155–156。说精神性的、神性的东西是"形体的",引人费解,然而这可能是因为斯多亚派相信唯有存在(有形体)者能起"原因"作用。

个公正的和被人所期望的义务、从而是一件"好事"——本身是错的。(残篇Ⅲ 486)人世种种坏事与不幸,从大本体角度解释,意义就不同了。首先,恶事的存在可能是因为相反者不能单独存在——怎么能光有"好"而无"坏"呢?再者,疾病之类是自然创造的好东西的必然伴随物,比如头颅当然最好由小而精致的骨头构成的——但这就蕴含了它易受伤的危险;第三,灾害之类恶事是神用来惩罚恶人、警诫别人的;第四,局部性的不幸对于作为整体的宇宙可以是有益的。[①] 奥勒留用一种与庄子责备"人耳"(《大宗师》)的本位错置识见相类似的口气说:宇宙实体仿佛是蜡,它可以塑一匹马,也可以打破马而塑树,或是再塑一个人等等。个别器物对自己的被打破不应感到是灾难,就如其聚成一样——因为这一切并非个别器物而是"祂"——神或自然——的事,同样,人有什么资格呼天抢地呢?(《沉思录》7.23)人作为自然发展中的一环,应当欣然接受并且满足大本体安排的一切,(《沉思录》6.44)自然地通过这一小段时间,满意地结束你的旅行,就像一颗橄榄成熟时掉落一样,感激产生它的自然,谢谢它生于其上的树木。(《沉思录》4.48)

请注意,个体一旦汇入总体,则伤人至深的"愤愤不平"心境(情绪)便为健康而高贵宁静的"感激自然"的心怀所取代。对别人的侵害,也不会一定要取主流伦理学倡导的"公正的愤怒",而是学会宽容:"你对人的邪恶不满吗?那就让你的心灵回忆起这一结论吧:理性的动物是相互依存的,忍受亦是公正的一部分,人们是不自觉地行恶的;考虑一下有多少人在相互敌视、怀疑、仇恨、战斗之后已经死去而化为灰烬;那就会终于使你安静下来。"(《沉思录》4.3,4.7)[②] 应有的情怀识见

---

① 参看 Gould, J. B., *The Philosophy of Chrysippus*, pp.157-158. 参看奥勒留《沉思录》,何怀宏译,中国社会科学出版社1989年版。要接受每一件发生的事情,即使它看来不一致;因为它导致宇宙的健康与宙斯(宇宙)的成功和幸福;因为宙斯带给任何人的,如果不是对整体有用,就不会带给他了。(5.8)

② 《沉思录》最后一节对这一本位置换后的洞见有总结性的比喻:人并不是本位所在,他像一位演员;一出戏该演几幕,并不是由他的看法决定的。如果决定一场戏该演几幕者(那才是本位所在)下了命令,演员有什么权利不满呢?参看奥勒留《沉思录》,12.36。

是:"爱甚至那些做错事的人,是人特有的性质。如果当他们做错事时,你想到他们是你的同胞,这种情况就发生了;他们是因为无知和不自觉而做错事的;你们都不久要死去;特别是,做错事者并没有造成任何伤害,因为他没有使你的自我支配能力〔理性〕变坏了。"(7.22)

亚里士多德认为美德是异质的,勇敢、节制、慷慨、公正是不同种类的性格。斯多亚派则把所有美德归为"识"(知识)。斯多亚派虽然还在动用传统"四大德"概念系统,但已没有亚里士多德那种详尽而兴致勃勃的讨论——兴趣已不在此。真正令斯多亚派感兴趣的"道德美德",不是人际清楚计算利益得失的公正感(愤怒),而是将本体调至自然宇宙后产生的豁达与平和。

三 悲剧意识再觉醒之后

斯多亚派所启用的赫拉克里特"大本体"有一个不容忽视的特点,是其时间性。我们在第一章第四节中曾讨论过赫拉克里特的哲学核心是一种"大宇宙时间流意识"。从巴门尼德到柏拉图和亚里士多德,都缺乏时间感和历史感,或者说他们认为他们所把握的"真正本体"——存在、相、形式——是终于超出了时间洪流的静穆实在。对于他们来说,处于时间中的事物是不重要的。史诗、悲剧或文学叙事方式讨论的是比哲学对象在本体论上低一个层次的东西,哲人不愿为之。[①]斯多亚派则又恢复了赫拉克里特的时间意识——滚滚洪流式的宇宙大本体。宇宙大火(普纽玛)周期性地燃、熄着,此世界终会毁于大火,又会有新世界再创造出来——而且一切居然会与以前一模一样地重复,没有新意。大宇时间的演进历程完全由天意(providence)或命运严格地安排铁定——因果锁链牢不可破——产生万物。人不可能违抗必然性的力量。

命运感的恢复意味着个体生存意识的恢复,意味着不是对共同一般模式,而是对个体从渺小到伟大,从骄傲到谦卑,从幸福到苦难的强烈

---

① 柏拉图曾是赫拉克里特派克拉底鲁的学生,所以不时表现出相当深刻的历史感,如《理想国》第八章论政体嬗变递演。但总体来说,作为主流伦理思想家的柏拉图不强调历史性。

第五章 走出主流

突变认真关注的历史意识再次出现。[①]柏拉图与亚里士多德只讨论总体的城邦公民，其关注焦点离"命运感"或对个体之为个体的珍惜可谓久远矣。斯多亚派并不想退入精美架构的主流伦理学"永恒理型世界"中去寻求依靠，相反，它自觉把个体置于命运——高速流转的时间、冷酷不可违抗的因果铁链、最终荒诞无意义的"外物世界"——的面前，这体现出一种清醒，也体现出企图在真正的困难面前最大限度地推出人的尊严、探究个体所能达致的价值的精神指向。

面对命运，必然会思考自由——从而思考人的责任力。伊壁鸠鲁之所以要批判斯多亚派（"自然哲学家"），就是因为其"命运说"似乎不给人的自由留下任何余地。[②]有一位古代学者在引了克吕西波对命运的定义（"永恒而不可改变的事物系列与锁链，织透永恒而规律性的序列"）后，提到当时别的哲学派别的批评："如果克吕西波认为一切都由命运推动所控制，命运的行列与转折既不能移动也无法逃脱，那么人们的错误和所干坏事就不应当激起愤怒，也不能归入那些人自己的意志，而要归入来自命运的必然与强迫……"[③]

斯多亚派对此责难自有回答，其答案从技术上说并不圆满。不过如何调和自然必然性与人的自由是一个到康德都没有完满解决的专门问题，在此我们不深究。我们下面将指出斯多亚派如何在命运面前摆开其生命理想。

首先，从大宇时间反观人世生命，一切加快，原先为主流社会生活所重视的"好"如名、利（这些所谓"goods"规范并整合主流社会秩序）甚至生命都显得不重要。"所有物体被带着通过宇宙的实体，就像通过一道急流，它们按其本性与整体相统一和合作，就像我们身体的各部分的统一与合作一样。时间已经吞没了多少个克吕西波，多少个苏格

[①] 有关希腊人的历史意识，可参看 R.G. 柯林武德《历史的观念》，何兆武译，商务印书馆 1987 年版。

[②] D. L., 10, 133。

[③] 参看 Inwood, B., *Ethics and Human Action in Early Stoicism*, Oxford University Press, 1985, pp.48-49.

拉底,多少个爱比克泰德?让你以同样的思想来看待每一个人和每一件事吧。"①

这种意识并不引向自暴自弃。相反,这是要人们凝神于一,认识到不该再分心于外在事物上,而应抓紧时间,珍重自己的真正价值:"如果你不用这段时间来清除你灵魂上的阴霾,它就将逝去,你亦将逝去,并永不复返"。(《沉思录》2.4)"你错待了自己,你错待了自己,我的灵魂,而你将不再有机会来荣耀自身。每个人的生命都是足够的,但你的生命却已近尾声,你的灵魂却还不去观照自身。"(同上,2.6)

人真正有价值(当得上"好")的,是其灵魂。其余一切,统统"无关"(对人之善恶不造成区别)。灵魂的价值,在于其选择——自由,即抗衡一切外在力量的内在强悍。古典式悲剧精神以西西弗斯神话为典型代表:在命运的无情恶酷打击下,个体高贵地承受一切,并不为之所动。然而经过苏格拉底"新悲剧"精神的中介,哲人的悲剧意识渗入了道德意识:在任何外在沉重压力之下,我不认可(assent)!我只坚守道德义务的要求。②也许是社会身份带来的关注点不同,如果说奥勒留(皇帝)更强调大宇时间的迅速变化、历史的无情演进,那么爱比克泰德(奴隶)则更看重个体的道德态度的内在力量。他的名言是:我们不能把握者,就不用去管它们,而且恰好那些东西都是外在之物,并不影响我们真正的幸福。我们力所能及者,我们应当全力以赴,而那恰恰又是我们真正价值之所在——我们的道德选择。我必须死,可难道我必须呻吟着死吗?我一定要被放逐,但是我可以微笑着、愉快地、宁静地而去死,有什么能拦阻我这样做呢?"告密吧。"我不告密,因为这在我自己的能力之中。"那么我就要锁住你。"你说什么?锁住我?你锁得住我,可是宙斯自己也强不过我的自由意志。"我要把你投入狱中,我要从你卑渺的身上砍下头。"难道我告诉过你只是我有一个不易被砍掉的

---

① 奥勒留:《沉思录》,7.19,参看 3.3、3.10、7.35、9.28。
② 与主流伦理学不同,斯多亚派认识到悲剧等文学文体的重要道德教化作用——不过不是从中汲取正面榜样教育,而是让人看到人生无常……另外,塞涅卡与爱比克泰德对史诗、悲剧中人物为"外在价值"悲伤甚为不满,参看爱比克泰德《哲学谈话录》,第 12、57—58 页。

头么？①

　　这就是人的"自由"。自由不在于任意妄为，而在于"认可"（assent），这是理性的力量。灾害、困苦等是必然发生的，不在我们控制之中，但是认可其为灾害（从而怨苦不平），还是认可其为无关者（从而平静而高贵地承受之），则在我们的力量范围之内，属于人的自由。人之所以能如此傲视"外物"，又是因为神性的支持。斯多亚派认为人的自由选择能力，人的按理性正确判断的能力，正是人的神性（什么是神的本质？当然是理性）。所以人应当珍视并看顾好自己的这点神性，比如神信托你而把一个孤儿交给你看管，你岂能漠不关心，不好好照料？②

　　斯多亚派这种"神观"使其悲剧英雄意识并不停在存在主义式或海明威式或庄子式孤独个体在荒诞宇宙中冷冰冰地抗争的景观中。对宇宙的目的论（为人之"好"而设计）看法导致对遭遇的"欣然接受"（必有神的美意）和对众生的普爱（同为宇宙公民），也是斯多亚精神的一个方面——一个较为温柔的一面。这一面似乎更多的由塞涅卡表述：仆人是奴仆吗？不，他们是人，是同一家庭中的成员，是谦卑的朋友。他们生于同种，呼吸同样的空气，而且与我们一样生与死，你可以在他们当中看到君子，正如他们可以在你身上看到仆人一样。哲学并不挑选任何人，而是普照一切。哲学并不由于柏拉图是个贵族才接受他，而是把他造成了一个真正的贵族。③

　　这种普爱成分以及广义地讲，斯多亚派对于我们道德义务的强调，引向了一个严重的矛盾。我们在导言中论及"两阶价值"结构时曾指出，价值词"good"其实分为两组，第一组是生活的、非道德的，比如生命、自由、健康、财产、友谊等等；第二组是道德的，是对生活价值的运作，如保护生命、公平分配财产等等。生活价值是一阶的、本体论上更为基本的，道德价值是二阶的，本体论上派生的，仅仅在对一阶价

---

① 爱比克泰德：《哲学谈话录》，第一卷，第一章。
② 爱比克泰德：《哲学谈话录》，第二卷，第八章。
③ Seneca, *The Morals of Seneca*, The Walter Scott Publishing Co., LTD., 1888, pp.214–219.

值的运作中获得其意义。

然而，斯多亚派认为只有道德品性才当得上是"价值"（"好"，good），生活价值却不配有此名，而仅仅是"无关"者："好（good）是诸多美德：明智、公正、勇敢、节制。……另外还有无关好坏（good 与 bad）者：既非有益，亦非有损，如生命、健康、快乐、貌美、有力、富有、名誉、门第高贵……"① 一般来说，道德行为的标志是不考虑对行德者自己的生活价值的促进（带来名与利），这没有争议。但现在问题是：道德行为是否也不对别人（"受惠者"）的生活价值有所促进呢？常识认为应当有（否则，何为"受惠"或"受益"？）。但斯多亚派体系既然已把生活价值定为"无价值"（或与价值无关——无"好"、"坏"）者，便无法承认这一常识直觉了。于是，这便造成了斯多亚伦理学特有的悖论：一方面，认为人应当行德，或人的最高价值在于坚持行道德义务之事，比如救民于水火；另一方面，又认为德行运作于其上者（如在水火威胁中的财物甚至生命）是"外在之物"，全然不值得重视，其损伤实不算"真正损伤"。德人助人，是毫不动情（毫无必要动情）地、冷酷地助人。这固然符合斯多亚派的强者哲学（哲人决不为怜悯等激情压垮），但是否不太自然？

有两个具有较深哲学素养的研究哲学史的学者分别以不同的方式感受到了这个问题。先是罗素，② 后来，努斯鲍姆也察觉到，并感到诧异难解。③ 人们如果不感到疾病是真正的"不好"，为什么要投身于治病救人？如果不感到奴隶制与贫困是真正的"不好"，为什么要献身于与之斗争的事业中去？不过，这些学者们虽然看出了问题，但并没给出很好的解答，我们试用"两阶价值结构"理论作一回答。虽然道德价值在本体论上是二阶的、低于生活价值（本原的），但在纯价值论上，它高于生活价值，因为它能提供比日常生活强烈、浓郁、惊心动魄、富于超越性、神圣性、英雄性的意义——谁不感到道德英雄的一生比碌碌忙于衣食的一

---

① D. L. 7.60，注意这里如果把 good 译为"善"，不如译为"好"更切近原意。
② 参看罗素《西方哲学史》（上），第 323—324、337、339—340 页。
③ 参看努斯鲍姆《欲望的治疗》，第 362—363、424、482 页。

生"更有价值"呢？正因为此，历史上一直有一种不顾生活价值而将道德价值本身作为终极目标追求的倾向（二阶价值的返身自指倾向）。这实际上是十分危险的。多少"小民"的生命财产的惨遭牺牲，并不完全是因为"大人"们争权夺利，也有的是因为"伟人"们热衷于道德神圣运动。从理论上讲，道德学中的强道德倾向如义务论，似乎最可能得出道德自满（self—righteousness）的结论，因为它把"价值"（good）主要地置放于道德主体的内心——良知——选择行为——之上。不过，仅仅是"义务论"不一定非得出此后果。然而，斯多亚派的独特的"义务论"却较易陷入此种道德的"自反运用"（reflective）取向。斯多亚学派是希腊哲学伦理学中对"义务"较为强调的一支；① 但其义务论不像康德那样是纯粹义务论的或丝毫不考虑对道德主体的"好"的。毋宁说，这是掺混在幸福论中的义务论——首先考虑道德行为是否有助于主体的"好"（完满之好，即幸福）之获得。这带来了斯多亚派特有的"冷酷性"与"自为性"质素，使它缺乏主流伦理学热切关心促进广大城邦公民实际利益的"立法家意识"。用一句流行的话，这应归类为典型的内圣学；用我们的术语，这是疗法学取向的"伦理学"的一个自然特征。

第五节　普鲁塔克的德性双重指向

我们在讨论古典哲学家的德性论思路时，介绍了亚里士多德的思路：通过目的链思路寻找最终目的即至善。最终，他按照终极性与自足性的标准，确定一个事物的本质特征的实现就是其至善，而人的本质特征就是人的德性—行动，这就是人所追求的至善或幸福。在本章的前面几节中，我们集中讨论了希腊化罗马时代哲学对古典伦理学的批评。在伊壁鸠鲁看来，德性不再是终极目的，快乐才是至善。德性必须服务于快乐。而且，为了确保快乐的获得，所需要的仅仅是"明智"之类私人德性。必须全面放弃对人的丰富性理解，收拢存在领域，退入私人性、

---

① 参看西塞罗《论至善与至恶》，3.8—3.21。

主观性,退出对现实世界和城邦政治生活的介入。斯多亚哲学虽然主张德性至上,但是强调这就是内心自足,而完全与后效无关。这些新哲学诞生后,由于适应当时的时代巨变,很快带来众多信奉者。希腊化罗马时代除了伊壁鸠鲁派、斯多亚派和怀疑论三大派新兴哲学之外,其实还存在着古典哲学传人,包括柏拉图派,他们大多意识到自己正在面临千年未遇之重大危机,纷纷认真回应。他们的回应大多也是从"德性—幸福论"范式入手,但是开出了许多的新意。

那个时代的柏拉图派其实有许多,雅典的"柏拉图学园"还具有相当的生命力,经历了从"老学园"到"中学园"和"新学园"的不断发展。在雅典之外,还出现了"中期柏拉图主义"和"新柏拉图主义",都颇有思想力量。它们从某个角度说"瓜分"了柏拉图遗产:新学园派柏拉图哲学家强调了苏格拉底—柏拉图的怀疑论因素,"中期柏拉图主义"哲学家普鲁塔克则突出了柏拉图的政治抱负,按照理念为城邦立法,教化大众的德性,通过哲学与权力的结合迅捷地惠及更多的民众,造福成千上万的人。① 而"新柏拉图主义"大师普罗提诺则发展了柏拉图思想中的灵性化倾向,把"公民德性"和政治生活仅仅视为规训欲望,为"净化德性"和思辨人生做准备的梯级。② 普鲁塔克热衷于培养哲人王,现代学者也大多认为柏拉图的理念教育的最终目的是造就合格的国家治理者。③ 然而在普罗提诺看来,柏拉图的"哲人不想当哲人王"的

---

① 普鲁塔克:"哲学家尤其应该与当权者交谈",载于普鲁塔克《古典共和主义的捍卫——普鲁塔克文选》,中国社会科学出版社 2017 年版(下面简称《普鲁塔克文选》),第 56 页。普鲁塔克在《狄昂传》中还用柏拉图远赴西西里教化王者的故事阐释哲人如何用理念拨乱反正现实世界。参看普鲁塔克《希腊罗马名人传》第 3 卷,吉林出版集团有限责任公司 2009 年版,第 1718 页。

② 普罗提诺代表着柏拉图派中的灵性化转型,故而将政治定位为次好。参看 J. M. Cooper, *Pursuits of Wisdom*, Princeton University Press, 2012, pp.63,307ff。有关希腊化罗马时期柏拉图派的成圣倾向,也可参看 J.Annas, *Platonic Ethics, Old and New*, Cornell University Press, 1999, p.163.

③ J. Cooper, *Pursuits of Wisdom*, p.313. 库帕(Cooper)与阿纳斯(Annas)等研究和推荐古代哲学的现代学者似乎害怕"古典学无用",总是倾向于强调柏拉图与其他哲学一样,探究高深本体的宗旨是为了指导现实生活。

说法绝非矫情推诿，而是非常真实的价值抉择。[1] 哲学家的最佳使命不是出世为王，而是教化众生彻底回转 (conversion)，即帮助人识别出真正的美好是在"另一个方向"而非此世。"这就是普罗提诺从事教学的动机，他会认为这是哲学家能够提供的益处。教学因此是真正的慈善活动；至于关怀同胞的低层面需求，则常常不过是无意义的感伤主义。"[2]

三种罗马柏拉图哲学最终战胜了罗马世界中新兴的伊壁鸠鲁派、斯多亚派和怀疑论，接轨下一个千年西方文化。众所周知，奥古斯丁曾经受新学园柏拉图哲学影响，后来又受新柏拉图主义的影响。而中世纪的神秘神学也受到普罗提诺的深刻影响。近代文艺复兴之后，普鲁塔克又成了重新在现实世界中积极有为的思想者和行动者的古典灵感启发。

如果说柏拉图曾经建立"动物—人—神"的古典大序，那么在这一节我们将讨论普鲁塔克是如何通过其独特的德性论维系"人"这一超出动物的存在维度的。下一节我们将考察普罗提诺是如何通过其新德性论上升至"神"这一维度的。柏拉图瓜分者之间的内在张力从某种意义上展现了"希腊性"的两大终极性成就：行动与思辨。

普鲁塔克的德性论牢牢抓住古典"德性"的特点：一方面坚持德性行动是终极目的，另一方面又强调这样的行动指向两个方向的更多成就，从而获得更为深厚的意义。一个方向指向德性行动的主体即自我；另一个方向指向其对象即世界。通常，主张德性论的人会提到第一个方向的成就，因为这是"德性—完善论"中的"完善"一词的应有之义。完善就是人的完善。但是普鲁塔克除了强调人的完善之外，还进一步强调德性—行动的实际后效。这却是许多热烈讨论德性论的人避而不谈的。下面我们依次考察德性向内、向外的双重指向。

一 德性行动之主体——指向自我

行动自身包括德性行动自身作为终极目的，初看起来确实有违常

---

[1] 陆九渊曾经这么区别儒家与佛家：佛家是为一己之私，所以必主张出世，而儒家是为公为义，所以必然主张经世。参看蔡仁厚《宋明理学·南宋篇》，吉林出版集团有限责任公司2009年版，第168页。

[2] J.M.Rist, *Plotinus: The Road to Reality*, Cambridge University Press, 1967, p.164.

识。古典哲学家亚里士多德主要靠"物种本质特征"论证德性——行动自身就已经具备终极价值。不过，他对此似乎并无完全的把握，在《尼各马可伦理学》最后一卷中，他又说德性还是服务于之外的目的即沉思，所以并非终极好（1177b1—15）。不少现代学者对此感到奇怪，认为这不反映亚里士多德本人的思想，是后人插入的。然而，我们可以想想第1卷的第12节说的话：人们通常表扬德性，但是不会表扬幸福，这显示出德性还不完全是至善（而是依然具有某种手段性）。从柏拉图派的角度看，政治行动毕竟属于时间流变的领域，其中的成就并不确定，也很难说具备终极意义。但是，在行动中涌现出的主体性，所成就的人的卓越（这是"德性"arete 的本义）却被公认为足以穿越时间流而成为当之无愧的终极性目的。所以，德性行动的至善性首先源于它指向行动者本人，指向自我与灵魂的成就。如此一来，道德行为就有两个成就，而不是一个成就。其中，"人的完善"的成就甚至还可能高于"行为正当"的成就。这种行为者自身指向的立场当然是严格的道义论伦理学所反对的，但是古典人认为"为己之学"完全是应有之义。最早讨论德性论的苏格拉底频频提醒人关注自己的灵魂拯救，而古典德性论集大成者亚里士多德也是以主体幸福之名而开始其整个论证的。

阿伦特可能是现代哲学中集中论证政治行动（praxis）对人自身的存在的揭示性或证成性意义的哲学家。她指出，在人类的三种行动即劳作、制造和政治行动中，唯有政治行动旨在揭示行动者（agent）本身。希腊人喜欢竞争，人们通过卓越伟大的德性——行动，在公共空间中竞相表现自己，获得认可，赢得不朽之存在（走出自然界存在时间的永恒轮回，并克服人之存在的直线时间的有死性）。相比之下，超越人间事务的柏拉图派主张哲学就是学习死亡；而基督教等后来的文化传统要求德性隐藏自己，也刻意贬低这种主体揭示性。[①]

阿伦特结合现象学复兴古典范式的思路富有新意。阿伦特主要诉诸的例子是亚里士多德，但是我们在普鲁塔克笔下读到了更多的这种"荣

[①] 阿伦特：《人的境况》，上海人民出版社2017年版，第49页。

誉—彰显"本体论。在当时，伊壁鸠鲁派对政治生活的贬低集中于批判对名声的妄执，主张为了获得心灵宁静（快乐）就应该退出公共领域，隐居乡间。① 普鲁塔克在反驳伊壁鸠鲁对荣誉的回避时用过许多论证，其中有一种是本体论的：进入彰显就是获得人的存在。而由彰显退入黑暗，就等于不存在或死亡，永远不为人知，完全被抹去。

> 生命本身——事实上一个人的出生和成形——都是神明为了他被人知晓而给他的礼物。当人还只是在广漠的宇宙中四处分散飞动的微小粒子时，他一直不为人所见，不为人所知；但是一旦他进入存在，当他聚合起来并拥有了一定的大小，他就脱颖而出，从无人看见和无人知晓变得为人注目和看到。因为"成为"并非有人所说的"进入存在"，而是从存在进入被知晓；因为产生并不是创造被产生的东西，而是显露出它们，正如毁灭并不是从存在转变到不存在，而是使分崩瓦解的东西从我们的眼前消失。②

初看上去，普鲁塔克的显像存在论不仅反对自然哲学还原论的存在论（现象界只是原子的聚合体），也反对柏拉图的存在论（现象界只是理念的影子）。不过仔细想想，柏拉图也可以主张某种显像论存在论。在《理想国》的本体论讨论中，柏拉图曾经提出一个太阳比喻，以便形象地阐明至善是存在（理念）和认识（看见）的原因。存在与认识似乎是两个领域，然而它们会不会其实是相通的呢？否则，两种东西的原因为什么是一种呢？也就是说，柏拉图已经认为存在必须进入光照—彰显之中，方能具备清晰确定的同一性。这个思路被普鲁塔克所强调：灵魂本身就其本体而言乃是光。德性—行动是灵魂的成就。政治行动通过彰显而进入存在，这可以有两重理解。首先，卓越的行动被同时代人所共

---

① Plutarch, *Adversus Colotem*, 1127b.
② 《普鲁塔克文选》，第50页。日神通过光明与缪斯（记忆与文艺女神）负责万物的诞生与存在。类似看法还可以参看普鲁塔克《哲思与信仰：〈道德论集〉选译》，中国社会科学出版社2018年版，第85页。

同看到和记忆，在共同体中获得崇高的荣誉。其次，是被历史学家写下来，成为"故事"，为后世所代代传诵，这是更深远宏大的荣誉。如果说同时代人当中的彰显使得德性进入空间上的广大，那么历史彰显就使德性进入时间上的不朽。走出流变生灭的"持久存在"正是古典哲学家衡量真正存在（ousia）的标准。

然而，普鲁塔克的思想不限于阿伦特的概念模式。除了荣誉彰显人的存在，普鲁塔克还提出行动本身也揭示人，给人以饱满强烈的存在感，而这未必需要为人所知或获得荣誉。普鲁塔克甚至说出了阿伦特所不以为然的"德性隐藏论"的观点：有德性的人对自己的价值有充分的肯定和满意，但是在做好事后却闭口不谈，能把所有事情都藏在心底，而且会讨厌那些狂妄自负的炫耀。[①] 如果说由他人目光所固定的存在是第三人称的自我存在的话，那么行动就是第一人称的、非反思的自我存在。人的独特行动即服从理性的行动是人的本质特征（人的"自然"），其现实展开就是人的存在。人就是人的生命，或者说，伟大的心灵意味着本能生命力充沛并得到理性的规训与升华、能够积极行动。尤其是那些能推翻僭主压迫，解放自己的祖国，解救了同胞的人，会感到真实的存在和快乐。[②] 相反，不行动则接近于死亡。"一个静止的、消磨于闲暇之中的生活不仅让身体萎缩，而且让心灵退化。"正像死水必然腐烂一样，静止无为的人也会失去自己天赋力量的最佳存在而走向衰退。[③] 普鲁塔克的这个观点不仅与主张幸福的感受论（状态论）的伊壁鸠鲁不同，似乎也与柏拉图不同。柏拉图更倾向于认为真正的存在是永驻不变与宁静。[④]

需要指出的是，普鲁塔克认为德性所彰显的主体并不是某种普遍的、类型化的人，而是真正的个体人。亚里士多德在主张公民德性时已

[①] 《普鲁塔克文选》，第 145—146 页。
[②] 《普鲁塔克文选》，第 24 页。威廉斯指出，希腊文化作为耻感文化，意味着注重人本身的价值。参看威廉斯《羞耻与必然性》，北京大学出版社 2014 年版，第 103 页。
[③] 《普鲁塔克文选》，第 49 页。
[④] 不过，晚期柏拉图又提出不同的看法："绝对是者"如果静止不动，既无生命也不思考，也是荒谬的。参看柏拉图《智者》，249a。

经反对柏拉图的抽象共相,但是亚里士多德并不是非常强调个体性。希腊化哲学被视为自我意识觉醒的哲学,但是其自我论或灵魂论大多偏向无我,无故事,从而无个体性。普鲁塔克对个体人的强调,集中体现在他的传记史学的书写上。普鲁塔克笔下的希腊罗马英雄们都不是按照一个模板或 script 造出来的无趣的复制品,而是充满出人意料的念头和行动的真实个体。他们的灵魂不仅独特(uniqueness),而且几乎是特异(singularity)。普鲁塔克所偏好的是复杂的甚至对立的性格,而不是那些单向度的人。只有丰富多彩的人生才值得记载。[①]虽然悲剧被公认为典型的古代政治艺术(对行动—情节的模仿),而且普鲁塔克深知政治悲剧比如民众的忘恩负义和历史中的荒诞性,但是他的传记更侧重于表达强者一生的辉煌德性和卓越表演。历史传记不是悲剧。如果说悲剧主角其实是类型人,那么传记势必是关于历史中的个体的。传主的名字是真正的专名(唯名论)。

最后,个体性与公共生活不矛盾。实际上,唯有伟大的个体才值得拥有个体性(这和现代小说的预设完全不同)。有意思的是,虽然柏拉图派倾向于不写个人传记,因为"影子的影子"没有价值,但是柏拉图对话录放到一起看就是一部精彩绝伦的苏格拉底传。柏拉图意识到,唯有苏格拉底值得有传记,因为他的卓越一生总是出人意料,不合庸常,是真正的"这一个"。普鲁塔克的名人传记拓展了传主领域,涵括了政治中的伟大个人,尽管他们在"人作为人"上远非苏格拉底那么完善。与现代性不同,古典人认为人如果与动物那样浑浑噩噩度过一生,则只有种族性而无个体性。个体性恰恰需要公共领域,这似乎是一个"悖谬"。自由主义政治哲学家大多担忧共和主义对共同体的强调会带来对个体性和自由的压制,但是共和主义却指出事实正相反。对个体性的重

[①] 参看 C.Pelling, *Plutarch and History*, The Classical Press of Wales and Duckworth, 2002, pp.198, 205。与斯多亚派否认所有人的道德价值(因为不是贤哲则是坏人)的极端观点相反,普鲁塔克认为在这个世界上,每个人都可以不断取得德性进步,而且都值得肯定和珍惜。参看 C.Gill, *The Structured Self in Hellenistic and Roman Thought*, Oxford University Press, 2006, p.231ff. 普鲁塔克对道德的广泛理解,还可以参看 Tim Duff, *Plutarch's Lives: Exploring Virtue and Vice*, Oxford University Press, 1999。

视同时也意味着对别人的主体性或主体间性的重视。并不存在消弭个体独立性的巨大社会有机体，每个人都是独立平等的，他们互相以人的身份在公共领域中相遇，共同追求卓越，相互承认。荣誉与耻辱表明共和政体关心的是人自身的价值。普鲁塔克明确指出自己的宗旨是写人：

> 我写的不是历史，而是人物传记；许多极为显赫的业绩并不一定就能彰显出人物的内在的善和恶，但是有的点滴小事，哪怕仅仅是只言片语、举手投足，却往往比伏尸千万的战役、铁马金戈的武备和攻城略地的征杀更能够显明人物的个性。……同样，我也必须专注于特别能表现人物灵魂的那些事迹，以此描绘他们的生活，而把那些对伟大功业的记述留给他人去写。①

那么，普鲁塔克真的忽视"业绩"吗？未必。因为在他看来，灵魂的自我的卓越和荣誉源于其能够切入客观世界，带来重大的改变。这就是我们下面要讲的德性的世界指向。

二 德性的实效性——指向世界

古典德性至善论主张德性本身就是终极目的，不必考虑后效如何（反对后果主义）。但是，普鲁塔克在古典哲学传统中的"反常"之处就在于十分重视德性的后效。在此他更接近于柏拉图关于"好"的"三分法"模式而非亚里士多德的"目的链"模式。亚里士多德从目的链模式出发寻找不再服务于其他目标的最终之好。德性行动就是这种好。而柏拉图却认为"好"分为三种：自身好，后果好，以及"自身好而且后果好"。最后这种才是至善（最好）。德性（正义）正是如此。②普鲁塔克之所以强调德性的人必然能在公共领域中带来实实在在的改变，为广

---

① 普鲁塔克：《希腊罗马名人传》，商务印书馆1990年版，第275页。
② 参看亚里士多德《尼伦》，1097a30；柏拉图：《理想国》358a。在《理想国》第10卷批判荷马史诗时，柏拉图所提出的理由之一居然是荷马史诗缺乏后效，没有带来城邦世界中的德性改变。这样的评价标准在现代美学家看来也许是不可思议的，但是确实体现了柏拉图对德性的实效的严肃关注。

大人民造福，主要是反对希腊化哲学家对德性的自身自足性的极端化强调。伊壁鸠鲁派和斯多亚派哲学家都认为内心自由就是自由，但是普鲁塔克认为所谓外在自由——国家独立、人民不被奴役——也具有重要价值。这也就要求美好高贵之人在现实世界中积极发挥自己的德性，建功立业，争取自由。

对世上功业的推崇预设这个世界本身有意义，有价值。而伊壁鸠鲁哲学和灵性化的柏拉图派都对此加以否认。伊壁鸠鲁派公开号召从公共生活中撤出，满足于私人生活。灵性化的柏拉图派视世界为洞穴，在公共领域中感到陌生异己，感到格格不入。然而，普鲁塔克在这个世界里感到如在自家中一样融洽无碍。伊壁鸠鲁派的科洛特曾经攻击柏拉图派抹杀感性世界的意义，使人无法生活。普鲁塔克在与其论战时指出柏拉图哲学并没有否认现象界的存在性。虽然现象界不如理念界那么真实存在，但是也具有来自理念的次级存在，足以让我们在其中生活。[①]进而言之，普鲁塔克有时甚至肯定我们这个世界是神所造的，是宜于神居住的神殿。普鲁塔克对那些极端化的贬低身体和禁欲弃世的哲学感到不以为然：如果人类真的贬低和消灭饮食，那么许多我们珍惜的东西都会随之而去，比如灶台以及祭坛之火，酒，娱乐和待客，人与人之间的仁爱交流等等。而且，如果生产粮食的农业劳作不再存在，伴随农耕的各种手艺也将随之消失，人类将重新回到荒野之中，献给神的荣誉和祭祀也将无从谈起。[②]现象界当然不是完美的，它充满矛盾对立，而非如理念界那样完全和谐，但是这能让我们人类更多发挥理性的力量，尤其是实践理性的力量，将对立的元素整合为一种张力和谐，岂不也是好？[③]

在这个世界上立法建国，卫国护民，展开自由政治活动，是有价值的。值得注意的是，普鲁塔克所认可的是某种共和主义政治体制。这首先指一种古代中道政体，其特点是法治自由制（捍卫自由，意味着捍

[①] Plutarch, *Adversus Colotem*, 1115f.
[②] 普鲁塔克：《哲思与信仰：〈道德论集〉选译》，第29、183页；普鲁塔克对人类物质生产活动的适当肯定还可以参看普鲁塔克《希腊罗马名人传》，第377、480页。
[③] 普鲁塔克：《哲思与信仰：〈道德论集〉选译》，第174页。

卫法律）。它主要反对僭主制和民主制这两种貌似对立但其实内在一致的体制。这其实也是柏拉图传统（参看柏拉图的《政治家》和《蒂迈欧》），尽管柏拉图给人更多的感觉是主张"王制"。进一步，共和主义还指相应的共同体本位（我就是我的国）、公共生活和对公共荣誉的看重等等。普鲁塔克在各种著述中经常以破坏还是支持共和制为标准褒贬人物。吕库古、阿里斯提德、布鲁图、伽图等是英雄，因为他们捍卫共和；恺撒、格拉古斯兄弟是野心家，因为他们企图破坏共和，即使他们有其他众多品格优点。[1]

但是，普鲁塔克对政治生活的肯定并不止于对共和体制的拥护，他甚至对一般政治所追求的目标也给予适当的肯定，这就与柏拉图和斯多亚哲学不同了。比如，他认为生活在一个自由、独立和强盛的国家中并非无所谓的"外部利益"，而是真正的大好。柏拉图认为良好的城邦面积不宜太大，并且反对雅典的海上贸易和海权政治，说这使得民众德性不淳朴不道德（《法义》706a5—707c5）。普鲁塔克却对此不以为然，论辩说毕竟希腊人在波斯战争中所得到的拯救来自雅典海军。[2]虽然从品格和政治取向的角度看，普鲁塔克更喜欢共和派的阿里斯提普斯，但是他也能充分欣赏民主派的狄米斯托克利的建功立业、打败波斯的伟大能力。柏拉图倾向于贬低现实政治人物的德性成就，他在《高尔吉亚》（518eff）中一口气否认了四位著名的雅典政治家：伯里克利，西蒙，狄米斯托克利和米尔提亚德斯，指责他们一心扩建城市，提供福利，是在讨好大众。而普鲁塔克在自己的名人传中为他们一一平反。在普鲁塔克的心目中，伯里克利绝非向民众投降的民主派政客，而是"中道"德性的典型代表，该强硬的时候强硬，该温柔的时候温柔，有效地控制了民众的激情和冲动。[3]相比之下，阿尔西比亚德斯是过分；而尼基亚斯

---

[1] 参看普鲁塔克《希腊罗马名人传》第3卷，第1423、1748、1760页。普鲁塔克十分关注僭主利用民众的力量打击贵族，破坏法治，参看 C.Pelling, *Plutarch and History*, pp.22，214，207。
[2] 普鲁塔克：《希腊罗马名人传》，第239页。
[3] 普鲁塔克：《希腊罗马名人传》，第478、495页。

则是不足。虽然尼基亚斯一直重视修养，以美德著称，但是他的胆怯小气和过分谦让最终让坏人有机会上台，并导致在西西里远征中一再贻误战机，最终身败名裂，全军覆没。私德修养之贤者未必是一个好的政治人。至于柏拉图所指责的伯里克利劳民伤财重建雅典城邦家园，也被普鲁塔克赞美为"每一件工程都十分完美，立刻就成为古迹，但是又万古长新，直到今天仍像刚刚建成一样。它像是永世开放的鲜花，看来永远不受时间的触动，仿佛这些作品都被注入了永不衰竭的气息和永不衰老的灵魂。"[1]

作为一位柏拉图派，普鲁塔克居然赞美政治家，赞美政治家完成的世间功业，尤其是"好大喜功"的表象美的城邦建筑群，似乎有些异类。不过这可能与他作为一个希腊人在罗马时代反思希腊国运的衰败有关。普鲁塔克显然对高度文明化的雅典丧失了行动力，沦为被奴役的附庸国感到极为痛心疾首。在他的笔下，亚历山大大帝曾经热爱哲学，当他遇到以心灵自主著称的犬儒派哲学家第欧根尼时，还曾经深受震撼，敬佩不已。但是随着他在亚洲征战中的逐渐进展，再遇到"灵修"和"善辩"类型的哲学家时就已经有些不耐烦了。

德性的"向外"指向并不会影响其自身的至善性，反而可以更好地加强它的价值，使德性具有多维性、客观性和丰富性。

三　人学新科技群与古典德性

上面我们以普鲁塔克为契机讨论了古典德性—行动的两个指向：自我与世界。

众所周知，20世纪伦理学中出现了对古典德性至善论的重新热切关注。古典德性论之所以不同于现代伦理学的道义论和后果论取向，是因为它以人和生活为中心。[2]那么，德性论复兴是否意味着将复兴灵魂的多维性、客观性和丰富性？这个问题在今天有着前所未有的急迫性，因

---

[1] 普鲁塔克：《希腊罗马名人传》，第475页；亦可参看第397页。
[2] 有关现代伦理学从西区维克开始就被限定为道义论和后果论，并完全放弃德性论，参看 J.Annas, *The Morality of Happiness*, Oxford University Press, 1993, p.454.

为时代很快将在神经科学、新演化论、人工智能、克隆技术、基因编辑技术、互联网技术等科学与技术的超常推进下发生巨变。①这一切会支持古典德性论的复兴吗？这个问题将是所有试图复兴"德性论伦理学"和"古典哲学"的人都无法回避的。在此，我们只能从前面所阐明的德性的双指向——自我与世界——入手做一些初步预测。

首先，就德性主体而言，由于人工智能的快速发展，自动化有可能普遍代替人的劳作甚至制造活动。丰富廉价的产品也将为历史达到至善准备好物质条件。于是，人就可以在摆脱必然性制约之后追求自由生活之好。德性—行动将有可能第一次成为目的本身好而非手段好而被人们所追求。人可以更加关心自我和心灵。而且，现代性和新科学主义都支持多元论，这也应当有助于开拓自我的生活空间，而不必仅仅局限在公共政治生活中发挥德性。不过，值得反思的问题也存在。新科技主义还原论，无论是从基因学还是脑科学出发，大多主张一种无主体论，认为自我（意识）、心灵（灵魂）是幻觉。这一幻觉无非是某种暂时的进化策略，随着环境变化完全可以抛弃。相应地，人的德性行动也只不过是这类适应性策略而已，并非什么"特定物种的本质特征"（反对亚里士多德的本质主义）。②对于脑科学家斯瓦伯来说，人就是人的大脑，此外没有自我或灵魂。对于新达尔文主义者道金斯来说，生物界如此丰富多姿的行动所"指向"的并不是个体自我，而是永恒基因的传递。我们复杂精密的大脑是基因为了防范欺骗而进化出来的一种机制。布莱克摩尔则断言个人仅仅是超出个人的、独立自足的文化基因（"谜米"）的不断复制的机器，"自我"虚幻不真。放弃这样的幻觉能带来和平与宁静。③虽然

---

① 参看包利民《至善与时间》，浙江大学出版社 2018 年版，第 5，6 章。
② 参看福山《我们后人类未来：生物技术革命的后果》，广西师范大学出版社 2017 年版，第 153 页。
③ 参看斯瓦伯《我即我脑》，中国人民大学出版社 2011 年版，第 283 页，道金斯：《自私的基因》，中信出版集团 2018 年版，330 页；布莱克摩尔：《迷米机器》，吉林人民出版社 2011 年版，第 348 页。另外可以参看 S.Blackmore, *Conversations on Consciousness*, Oxford University Press, 2006；有关希腊人对自我或灵魂的看法，可以参看安东尼·朗《心灵与自我的希腊模式》，北京大学出版社第 2018 年版。希腊化时期哲学对自我的关注，参看 C.Gill, *The Structured Self in Hellenistic and Roman Thought*, p.330.

布莱克摩尔的观点让人想到佛家和伊壁鸠鲁，但是这是古典哲学家所不能同意的。在普鲁塔克的眼中，历史的终极性成就就是自我的造就。唯有与我们切身相关，历史才有意义。诚如内格尔所言，作为个体的我们的一生如果仅仅服务于和我们自己无关的宏大事业，似乎并不能给人生提供意义。①无意识的、自发进行的传基因和传谜米的自然过程虽然通过个体之人一代代如病毒一样复制自己，传递不息（"永恒轮回"），但是个体真的能在服务于这样的"大业"中找到自己人生的意义吗？

其次，就德性的现实后效而言，新技术的发展有可能开拓出崭新的世界维度，从而使得德性在更为广阔的天地里发挥作用。新科学主义都是唯物主义的，所以也应当肯定感性世界，尤其是要求服从人的现实身体的需求。不过，古典德性立足于大地，立足于人类生活其中的世界，而科学主义有可能带来某种彻底超越以 FP（民众心理学）为特征的人的视角，走向某种阿伦特和内格尔所说的宇宙视角（the view from nowhere）。并且，没有人知道新科学技术的超强力量很快将造出什么完全出人意料的生态系统。这种超常视角和这种无中生有的创造力在古代被归为神之特权。所以，从古典的"神—人—动物"的存在大序看，新科技主义未必只向下走生物取向的还原论路线，而也有可能走出某种指向新"神"的上升论轨迹。这就不仅可以与伊壁鸠鲁结盟，而且可能与柏拉图派亲近。与此相关的另一个悖论是：新科技主义虽然大多自诩唯物主义，但是其思想方式可能比古典学更具有主观性或唯我论色彩。现代心灵哲学在讨论意识本质时大多纠结于感受质（qualia）。这当然不无意义。但是，感受质是主观的。被普鲁塔克批评过于私人化的伊壁鸠鲁也关注感受质，但是普鲁塔克所理解的人是一种叙事性存在—历史性存在，其灵魂是某种客观灵魂，而不是藏在内心中的小人（笛卡尔）。古典时代所理解的德性并非后来人所狭隘理解的"内心美好"。心灵必须落实在行动中才是"现实存在"。放弃行动而仅仅享受快乐，这对于以"状态"（好心态）为至善的伊壁鸠鲁和辛格来说或许是一个可能的选

---

① 内格尔:《人的问题》，上海译文出版社 2000 年版，第 27 页。

择,[①] 但是即便是现代性政治哲学家如米塞斯、阿玛蒂亚·森、诺奇克等人也都无法接受这个幸福选项,他们都坚信行动对于人之为人是不可或缺的。而古典哲学家更是强调德性—行动必然对象化为客观世界,带来公共荣誉,形成主体间性共在。近几十年来,人工智能正在忙碌而自信地模拟人。如果说它有可能很快模拟各种规则论伦理学,那么它或许难以模拟这种以人的共在性以及世界主体化为特征的德性—行动。令人遗憾的是,当代主流心灵哲学家如查尔莫斯、丘奇兰德和塞尔等始终忽视心灵的这些维度。道金斯虽然讨论了基因的延伸表型,比如海狸的基因与其所筑水坝的内在关联,但是道金斯当然不承认心灵。

第六节　新柏拉图主义的新德性

前面提到,德性论之所以与道义论和功利论不同,就在于它并非仅仅关注涉及人际利益冲突时的行为的是非(不是所谓"act-centered"的伦理学)。在普鲁塔克所强调的(亚里士多德)古典德性论传统那里,"德性—行动"并非只是在完成一项任务,而可以视为是在完成三项重大使命,带来三类大好:德性行动本身是至善(目的链的反卷),行动者的卓越成就,以及盛德必然带来的大业。这是一种人间政治取向的德性论。然而,到了公元3世纪,当"新柏拉图主义"大师普罗提诺横空出世时,却开出了一种大为不同的"德性论":第一,至善是超越性的、静止的"太一"。人的德性行动不再被视为至善;第二,德性指向的主体成就不是成人,而是成圣;人本质上不是生物,而是灵性化的纯思。所以,幸福不是人性卓越,而是灵性卓越;第三,德性本质上不是政治性的,而是个人性的,是净化人与世间的一切关联,从孤独的灵魂走向孤独的太一。

可见,在瓜分柏拉图遗产时,与普鲁塔克不同,普罗提诺突出了柏拉图哲学的灵性维度。当然,在普罗提诺看来,他抓住的才是真正的道

[①] 参看彼得·辛格《实践伦理学》,东方出版社2005年版,第100页。

统，这个道统源远流长，最早始于前哲学的远古智慧，后来经过毕达哥拉斯、巴门尼德和柏拉图等大哲的阐发，堪当"哲学"的正宗。① 这一道统的特点是自上而下的宇宙本体论视角，普罗提诺把柏拉图在各种对话录中尝试地（比如《巴门尼德》）或神话地（比如《菲德罗》）探讨的超越性本体言说建立为一个肯定的、系统的、教义学的"一元三层"体系。最高本体"太一"的满溢（漫溢）产生了"纯思"，而纯思的满溢产生了普遍灵魂；本体再往下满溢则形成各种灵魂与世界：

> 太一（至善）——纯思（圣智）——普遍灵魂——世界（灵魂）——人（灵魂）——动物（灵魂）——植物（灵魂）——质料

灵魂发挥德性管理世界和人，并向上追求对太一本原的回归。这种灵性追求必然与社会道德追求构成相当的张力。所以普罗提诺不会同意普鲁塔克对现象界的如此热衷与深情。然而同时，普罗提诺又不想像诺斯替派那样彻底否认道德和世界。观察新柏拉图主义如何在张力中设法走出一种"中道"，不仅有助于我们理解"德性论"的丰富内涵，也有助于理解希腊化罗马哲学在人生哲学上的新发展。放眼望去，人类文明史上的各种重要的精神体系，无论是新儒家、道家还是佛家与基督教，都以自己的方式行走于伦理与灵修的边界之道上。对希腊伦理思想史的讨论用普罗提诺的视野作为总结之篇，也许会带来某种新的开端吧。

一 德性：成圣还是成仁

伦理学关注行动的对错或"规则"。但是古典德性论除此之外还关注"人的完善"，即行为者本身的美好。既然以人的完善为终极目的，那么自然就要追问：什么是人？人是动物，还是人，还是神？"人的成

---

① 参看 J. Cooper, *Pursuits of Wisdom*, Princeton University Press, 2012, pp.308-309. 以毕达哥拉斯为代表的"意大利传统"自古就形成了与更为人生哲学的"苏格拉底转向"对峙的神秘主义传统，成为"行动还是思辨"的古代争论的一个变体。参看刘小枫、陈少明主编《西塞罗的苏格拉底》，华夏出版社 2011 年版，第 48 页。普罗提诺后来一直生活在罗马。

就"可以分为两个层面——成仁与成圣。一般而言,道德的宗旨是成仁("仁"是人,真正的人),灵性哲学的宗旨是成圣。以亚里士多德和普鲁塔克为代表的德性论指向的是成仁(君子,贤人)。然而,在普罗提诺看来这是不够的,我们应该追求"与神相像",而不是与贤人相像。① 成仁与成圣体现在不同的德性系统上。普罗提诺提出,日常人说的德性其实是政治德性(civic virtue,公民德性),然而这不是高级的德性,高级的德性是在此之上的"净化德性"(purifying virtue)。通过净化达到的更高级德性是纯思的德性。严格地说这已经不是德性,而是德性的理念=范式。②

《九章集》第二篇"论德性"开宗明义地问道:人们希望逃离此世成神。那么神是什么?神是完美者。完美者是什么?就是具备完美性质(美德)者。因为与身体相比,灵魂要更接近于高级本体,所以常人容易想象灵魂就是全部的神,并以为能发挥灵魂的力量达到政治美德的人就是变得与神相像。③ 史诗英雄阿基里斯就被称为神或半神。然而,政治德性其实只是作为灵与身"结合者"的人的社会美德,旨在平衡来自身体的激情、恐惧、欲望、痛苦和快乐等扰动,协调我们与他人的关系。然而这些美德未必适合于描述神(本体)。比如"自制"德性——难道神还应该被赞美为能控制自己的低下欲望吗?政治—公民美德旨在处理社会性问题即人与人如何正当相处的问题。然而诸神根本没有这些事情要处理,所以也不会视此为"美德"。贤哲认同于神而非"灵身结合体",这就是认同"纯思"。所以,其德性就不是灵肉冲突中的胜利,而是灵魂从身体之中彻底离遁的胜利。于是,节制、正义、勇敢、智慧等德性都必须从净化德性的角度重新理解:

---

① 普罗提诺:《九章集》,中国社会科学出版社 2018 年版,1.2.7。
② 参看普罗提诺《九章集》,1.2.2, 1.2.6。有关普罗提诺的三层德性 civic, purifying, intellectual 的思想,以及普罗提诺如何在思考中借助柏拉图《斐多》与《理想国》中的有关思想,参看 J. Cooper, *Pursuits of Wisdom*, p.341ff。有关 Bobonich 和 Vasiliou 对这一主题的讨论及其评析,可以参看余友辉《古希腊道德心理学研究》,人民出版社 2019 年版,第 152 页以下。
③ 普罗提诺:《九章集》,1.2.2。

我们称这些不同的美德为"净化"又是什么意思呢？我们如何通过被净化而真正成为与神相像？既然灵魂一旦完全与躯体混合，它就是恶，并分有躯体的经验以及所有相同的意见，那么当它不再分有躯体的意见而独立行动时——这就是纯思和智慧，这时它不再感受到躯体的经验——这就是自我控制，这时它不惧怕从躯体分离——这就是勇气，这时它由理性和纯思统治，毫不抵制——这就是公正。①

由此可见，德性分为两类，"净化美德"是内在的原理、根源，而"政治德性"是通过分有"净化美德"才成为美德的。这两种德性的区分对应于人的存在的两个水平。政治德性乃至伦理学的理论前提是此世中的个体真实、重要；身体重要，"生活"重要，物利重要。唯如此，对物利的侵夺，身体的损伤，以及那些造成个体的消失的行为才会被视为恶，视为不道德。反之，增进物利或幸福，维系互不伤害的秩序，才会被赞颂为"公正"乃至道德或有德性。但是，普罗提诺认为身体化和"个体化"恰恰是恶的来源。此岸世界中个体分殊、独立、自保、自我发展，必然会导致冲突。道德企图用种种"美德"来管束、减少冲突，达到某种统一，确乎能使我们与高级存在（中的统一性）有某种相像，但这并不是同类者之间的相像。两者决非同一回事。高级本体如太一与纯思的统一性是纯粹的，它们没有异己状态要克服，从而也就没有通常理解的"美德"，那些美德都只是与身体混杂时的灵魂的最佳表现。纯粹的灵魂就是神，而神是完全没有通常意义上的德性的。

普罗提诺既然认为本体下降到身体之中度过世中生活是一种堕落，一种流放，一种折羽而降，所以就号召人们在灵魂深处发动革命，彻底从世界当中离开："我们应当抓紧逃离这里，不甘愿被尘世束缚把握住，全身心地拥抱神。"② "逃离"靠的是净化。净化美德不是政治人的德性，而是修道者的德性，它指向的不是亚里士多德的那种得体的情感、选择

---

① 普罗提诺：《九章集》，1.2.3。
② 普罗提诺：《九章集》，6.9.9。

和行动，而是过上与身体与情感欲望完全分离的生活。获得这样的德性的人不是过着人的——即便是"好人"的——生活，而是过神的生活。①

净化德性所达到的本体就是 nous。我们用"纯思"翻译这个术语，因为它是纯粹的思，它高于推理式思考；而且，这是不夹杂一切感性的思，因为一般理性思考总是借助感性和想象，而它是一种瞬间直觉；而且，我们也不可以用感性方式来认识它。此外，普罗提诺的 nous 本体还有一个特点，是客观的、神圣的。所以我们也可以把它翻译为"神圣智性"或"圣智"。

二　幸福：圣智的生命

纯思（圣智）尽管是神圣理性（普遍智性），其实并不远离我们，它就在我们之中（更好的说法是：我们就在它之中），就是灵魂中最高级部分。当然，世人通常意识不到它，而更多自甘于堕落在低下灵魂的繁忙中"忘我"。灵魂与身体的结合体的生物"人"其实并不是真正的我（异—己），只是真我所"穿戴"的环绕物或"邻居"：

> 我们是什么？我们是属于存在呢？还是仅仅是时间之子——依赖于存在？我们在此处出生之前，就曾以另一种人之样式存在于彼处，作为个体，作为众神，作为与普遍存在统一的纯粹灵魂与智性，作为纯思之部分而未分离，与总体统一；因为即使是现在，我们也没有与它完全割离。②

纯思既然是真人与真我，就有自己的生活，而美好生活就是幸福。"幸福"有两个含义：灵魂的美好状态，灵魂的美好活动（生活）。希腊化罗马哲学是一种生命—生活哲学，于是问题就是：在哪儿生活？生活得好（幸福）与不好（不幸）指的是什么？从本体层次看，普罗提诺本体论中的"纯思"实际上就是柏拉图的"理念"。普罗提诺和柏拉图一

---

① 普罗提诺：《九章集》，1.2.7。
② 普罗提诺：《九章集》，6.4.14。

样，也相信理念—纯思是唯一真正的实在。不过，普罗提诺的特点是强调这种真实存在不是静止的，而是充满生命的活动。甚至可以说，唯有纯思才是真生命，在过着"幸福"生活。"完全的生命，真正的、真实的生命在那超越的、纯思的实在中，而其他生命都是不完整的，都只是生命的痕迹。……如果人能拥有这种完全的生命，那么就是有福的。"①

通常人们认为"生命"是生物的特征，具体表现为行动（选择和运动）与感觉（意识或觉明）。但是，在普罗提诺看来，生物的生命是低下的，幻影式的，不能算是真正的生命。沉溺在这种身体性生命中，本身近乎是恶。②真正的生命是纯思的活动，这当然不是通常意义上的活动，不涉及空间位移，也不需要时间，而是理念在思想中的相互贯通。而且这种贯通不需要用普通理智那种推理的方式、功利的论证来建立，而是在本质直觉中瞬间涌现。这不仅体现在最大的五个范畴（种）即存在、运动、静止、同、异之间的贯通上，也体现在其他所有理念本质上的贯通上。从这个意义上说，纯思虽然被称为"真行动""真生命"，其实又相当内敛和宁静。纯思寂然不动，在默会直观之中，万物已经以最为纯粹完美的形态存在于纯思世界或理念界之中。③人之所以有脚，是因为"人"这一理念内在地、本质地蕴含了"脚"，——当然同时也必然蕴含"理性"。普罗提诺把这种包容万物于统一之中的纯思生命界比喻为"万面活球"：

  因为它由反映至善的众理念所构成。我们可以把它比作一个活生生的、多面的球，或者把它想象成一个充满许多面容的事物，闪耀着活生生的面容；或许多纯洁的灵魂涌入一体，无处缺憾，处处完满。而包容一切的纯思居于其上，光照一切。④

---

① 普罗提诺：《九章集》，1.4.3。
② 普罗提诺：《九章集》，1.6.5。
③ 普罗提诺：《九章集》，5.8.7。
④ 普罗提诺：《九章集》，6.7.15。

学者们注意到，普罗提诺对纯思的描述十分强调其活生生的生命和活动。这是他之前的中期柏拉图主义者那里所看不到的。中期柏拉图主义者更多地把柏拉图的"理念"仅仅看成"神的思想"，而不是看成一个个自足的神秘"生命"。普罗提诺则用了大量生动、鲜活、强烈的意象来表达他对"彼处世界"的生命性的体悟。他的充满想象力的语言令人感到他是在描述某种智性直觉的个人体验。[1]

纯思的这种充沛完满的生命——生活在我们的内心时刻进行着，而无论我们是否意识到它。[2] 常人认为生命（体）除了行动，还要"意识"（到）。但是普罗提诺指出意识对于生命来说并非本质性的。于是，我们有双重生命，纯思的和生物性的，它们可以相互不知，相互不作用，各自平行进行。低级生命中的损失丝毫不影响另外一层的高级生命。从传记中看，普罗提诺可以娴熟地处理复杂的社会生活中的人情世故，很有道德感、很负责任、很为社会上各种人所信赖，但是事实上他无论做什么事，内心实际上都不在事上，而始终全神贯注于对更高本体的沉思观照之中。[3]

纯思高于灵魂，而从纯思再向上升，则指向最高的本体太一。纯思是真正的存在，是真理，是生命；但是超出存在、真理、生命之上的至善则是统一性的最终源泉。这是完全无生命和活动的。或者说既不能用有生命、也不能用无生命来描述；既不能说是动，也不能说是静。因为它超出一切规定，完全无法对其思考和言说。

三　至善：一元三层本体论

"幸福"是否就是"至善"？一般人不区分这两个概念。亚里士多德在《尼各马可伦理学》开篇探讨至善的论证当中，至善被轻易等同于幸

---

[1]　A.H. Armstrong, *The Cambridge History of Later Greek and Early Medieval Philosophy*, Cambridge University Press, 1967, p.248.
[2]　普罗提诺：《九章集》，1.4.11。
[3]　参看狄伦 (J.M.Dillon): "一个古代晚期圣贤的伦理学"，见 L.P.Gerson, *The Cambridge Companion to Plotinus*, 1996, p.318。

福。但是严格的区分表明，至善可以是客观的，而幸福必须是主观的，无论是主体的感受还是主体的活动。如果说唯有纯思是幸福的，而低于和高于纯思都与幸福无关的话，那么高于纯思的是太一，太一无所谓幸福不幸福，它是至善。这是一切价值的源头。一切事物的好都在于具有其独特的一体性，甚至整个宇宙都形成了一个有机整体，那么，一切好（善）的源头"太一"必然是至善：

> 那么，这是什么呢？是产生一切存在的力量。没有它，则万物不会存在，纯思也不会成为最初的、普遍的生命。超越生命者是生命之源：因为万物总和之生命活动并非源初的，而是从某个源泉出来的。想想一眼泉水，不再有更前面的源头了；它流出了一条条河，自己却不会为众河所穷尽，仍然宁静自足。①

"宁静自足"一语表明，不仅幸福不能等同于至善，而且德性行动也不再是亚里士多德—普鲁塔克所认为的那样是"至善"。换句话说，普罗提诺不接受亚里士多德的"目的链反卷—内指"的思路，不再同意主体行动本身就是终极目的，而是认为行动所追求的客观对象才是目的。德性行动的好源于行动自身之外的更大之好，终极性之好。在更为重视"自律"的现代人看来，这种外指型价值观似乎显得是"他律"的。但是普罗提诺不会认为这有什么不对，实际上他明确指出至善是彼岸他者（*tou epiekeina*）。②只有这样的太一才配得上"至善"。可见，与亚里士多德和普鲁塔克对行动的推崇相比，普罗提诺还是更为倾向于宁静。一切追求行动"止于至善"。③

亚里士多德认为最高本体在享受着永恒的自我思想。但普罗提诺却认为自我意识并非最高级，而已经是次级的性质，因为这里已经有了二

---

① 普罗提诺：《九章集》，3.8.10。
② 这个想法在亚里士多德其实也有，但是不占据主流。这就是《尼各马可伦理学》第十卷对思辨幸福的歌颂。许多学者认为突兀，恐怕不是亚里士多德本人想法。但是，仔细想想，也可以视为是其某种看法吧。
③ 普罗提诺：《九章集》，1.6.9, 1.7.1。

分化：思想的主体与对象的区分。真正的自足者不需要思想，甚至不会有思考自己的需要。在普罗提诺看来，那些说最高本体的本质是"思想"的人，是认为"思想"会增高本体的尊贵。但如果太一是由思想获得尊贵的，则太一自身就没有尊贵。而且思想是一种功能，功能总有发挥的好坏之分。太一则没有任何功能，也不可能还存在"发挥得好"或"不好"的区别。它是完全自足的：

> 既然对最好者的渴望和朝向它的活动就是善的，那么至善必然不朝向或渴望其他什么事物，而是宁静自在，是所有自然活动的"源泉和源头"，……它之所以是至善不可能是因为活动或思想，而是因为它的永久不变。因为它"超越存在"，超越活动，超越心灵和思想。①

不仅太一并不进行自我思考，我们人也无法用任何判断命题去思考它和论说它，因为当我们说"太一是 x"时，就已经丧失了"一"，而有了"太一"和"是"两个项。普罗提诺相信，"我们完全无法理解或规定太一的本性。我们对它的任何谈论都只不过是在为我们自己创造出一些有关它的印迹而已"。②一切认识都与表象有关，都是外在的，是从一个与之不同者的角度出发进行的。但是高级智慧是与被认知者合为一体，成为它，成为视觉本身。如果我们最终放弃一切区别，一切刻意的认知，虚空心灵，放松自己，静静地等待。那么，很有可能，不知何时、何处，太一会自己一下降临并充满我们：

> 我们不要去研究他从哪里来，因为不存在"哪儿"；他并不会在空间中到来或离开，他只是出现或不出现。所以我们不要追求他，而是宁静地等待，直到他的降临。准备好接受这一景象吧，就

---

① 普罗提诺：《九章集》，1.7.1。
② 布撒尼克："普罗提诺关于太一的形而上学"，见 L.P.Gerson, *The Cambridge Companion to Plotinus*, 1996, p.38.

像眼睛等待着日出一样。当太阳从地平线上升起时——或是如诗人所说的从海洋中升起时——它便会充满我们视野。……他的到来并不在人们的期望时刻，他的到来也不让人察觉；他并不被视为进入者，而被视为永恒在场者。①

其次，太一的超越性还体现在它虽然是至善，但却并非我们所理解的善：太一并不是人格神，它并不关心世界和人类。它并没有创造世界，也从来不想创造世界。只不过它自己极度丰沛，必然满溢开来，就如太阳能量过于丰沛，必然在四周漫溢着光与热（太阳比喻）。普罗提诺认为每个事物都可以有两种活动，一种是本质之活动，一种是从本质中不可避免"溢出"的活动。太一不仅不想创造世界，而且也不想管理世界。普罗提诺的这种太一满溢的层层下降的本体论可以被视为倒过来的金字塔，或某种倒过来的副现象论。现代哲学还原论主张物质层面是唯一具有因果力量的，而由其产生的精神领域完全被其决定，并且没有反作用的力量。相比之下，普罗提诺眼里的物质世界恰恰很接近这种副现象：由精神本体产生，受其影响和管辖，但是无力反作用于精神本体。任何完善者的"满溢"式创造也丝毫不减损完善者。②

最后，太一的超越性与普罗提诺的本体"分层"特点也有密切关系。所谓一元三层本体，就是表明真正的本体远远超过物质世界，永远停在上层，停在自身之中，从未下降（堕落）过。③ 只有本体的第三层"世界灵魂"才有动机创造和管理世界。不过，即便这最底层的本体即灵魂也没有真正下降过，不会受到身体的影响；下降到身体中的生机原则严格来说不是灵魂，而是"灵魂的影子"。④ 世界灵魂对世界的创造纯粹是通过对理念的思考观照（天何言哉而万物生焉）。普罗提诺虽然

---

① 普罗提诺：《九章集》，5.5.8。
② 普罗提诺：《九章集》，5.4.2。
③ 这种思路不禁让人想到《蒂迈欧》中的"造物主"在创造了灵魂后，将创造有死者的任务交给次级的神进行的说法。参看柏拉图《蒂迈欧篇》，42e5—6。
④ 灵魂或"心"的特点是动、是静不下来，是要去主宰和管辖。在中国哲学中，这也呈现为"心"与"性"或"理"的对比中。

主张精神的因素应该统辖物质的领域，但是他深知灵魂的好动、下倾和"照管"本性蕴含了过于关切对象从而陷身难拔、忘却向上凝视本体世界的危险。贤哲在向人们推荐"成圣"学说时，并非是在推荐什么奢侈品，而是急需立刻治疗的重症的药物，因为人类通常都患上顽疾却毫不自知。常人津津有味地忙碌和争夺，或是为争夺的失败而焦虑，这在普罗提诺看来都是病入膏肓：已经丧失了自己的灵性。[1] 普罗提诺的建议是，灵魂在其管理这个世界的工作时一定要"无心地从事"并"尽快逃开"：

> 灵魂虽然具有神圣之本质并居于上界，仍然进入到形体中；它是低层次的神，是自愿跃入此岸世界中的，这是由于它的内在力量和组织自己的产物的欲望。如果它逃得快，那不会受什么伤害；它已经有了恶的知识并了解了邪恶的本性。它也展示了自己的力量，并且进行了它如果一直停留在无形存在中就会毫无作用、从未实现的工作与活动。[2]

所以，灵魂在创造与管理世界时要注意保持距离，注意自己最重要的生活是观照（纯思本体）的生活，从而居高临下地管理自己的产品。否则，过于热心和投入这个世界的话，最终可能会与自己的产品、映像完全等同。这样一来，灵魂就不是做自己产品的主人，反而成为其奴仆。[3]

四 结语：生命的两个向度

综上所述，古典德性论在希腊化罗马时代继续发展，开出了普鲁塔克和普罗提诺两个富有新意的发展方向。作为新柏拉图派，他们可以被

---

[1] P. Hadot, *Plotinus, or The Simplicity of Vision*, the University of Chicago Press, 1989, p.31. 参看皮埃尔·阿多《古代哲学的智慧》，上海译文出版社2012年版，第240页。
[2] 普罗提诺：《九章集》，4.8.5。
[3] 普罗提诺：《九章集》，4.8.2，5.1.1。

视为在希腊化罗马时代瓜分柏拉图的遗产。如果普鲁塔克的总体思想更多的是指向现世政治生活的价值的热爱与珍惜的话，那么普罗提诺就强调彻底放弃政治，放弃人世间，垂直上升到另一个超越的本真世界。正如有的学者指出的，同样都是"柏拉图派"，普鲁塔克就看重美好的时间经历，而普罗提诺看重的是无时间性的美好。前者认为美好就像绘画，在于各种色彩和形状的精心叠加，后者认为美好就像雕塑，是把隐藏在石头中的美好形体通过减去"多余的外在物"而显现出来。[1] 在导论中我们讨论"两阶价值"时，曾经指出道德作为二阶价值必须落实在一阶价值之上。政治德性无论多么高尚，它最终还是落实在生活利益上。而普罗提诺认为真正的一阶价值是我们的沉思生活。这才是德性所应当服务的。于是，真正的问题不是是否利他或害人，而是是否利己或救己——自己是否永远堕落不拔。在这样的问题意识中，德性指向的不是济世，而是向太一本体的"回归"。如果说政治德性关心的是"水平"方向的事，那么"回归"指向垂直的灵性方向。视何种方向为"重要的"、值得哲人指点大众投入精力的方向，反映出不同时代的思想家的人生态度的巨大变化。如果说政治的成就是水平方向上的，那么灵性回归是层层向上而形成了一个对一元三层本体的"同心圆"的回归图景："纯思是至善的第一活动，是存在的源初形式。至善保持为宁静的核心，纯思则环之行动与生活。在纯思之外，环绕着普遍灵魂，它凝视着纯思，并通过看透纯思之深度而观照神。这就是众神无扰有福的生活……"[2]

道德（政治）与灵性（大全）这两个领域关心不同的问题，势必存在着张力。即便政治问题得到较好解决，个体还是可能在生活中感到焦虑、忧郁、不完满，空洞和无意义感。政治德性的焦点是"不争"或"让利"，但是让利指的是不争物质利益，让与他人。灵性学却并不同意真正有价值的是物质利益。看重政治德性的人有可能过于看重物质的、

---

[1] 参看 Joseph Sen, Good Times and the Timeless Good: Plutarch and Plotinus, in *The Journal of Neoplatonic Studies*, Vol Ⅲ, No. 2, Spring 1995, p.1ff。

[2] 普罗提诺：《九章集》，1.8.2。

世间的维度，从而最终被束缚住，而且也永远无法达到不受外部命运打击的幸福。所以普罗提诺强调：德性的真正宗旨并非利他济世，而是净化自己，使自己能远离身体。①古典德性论关心的是自己的真正利益，以至于学者要专门探讨古典德性论中是否还有他者关怀的维度。②

　　道德（政治）与灵性（大全）这两个领域的问题虽然不同，但是确实又可能发生关联。人类历史上的各大哲学宗教往往因为看待二者的关系的不同方式而有重要区别。在余下的篇幅中，我们以儒家和普罗提诺为例对此稍加探讨。

　　儒家更为强调这两个领域的完全一致性。儒家德性论也指向主体的完善。如果说原始儒家的德性更是水平回指的，讲的更多的是成仁（成就君子），那么新儒家则更进一步垂直指向成圣（据说孟子已开始了这一道统）。人同此心心同此理，几乎与普罗提诺的普遍灵魂与普遍纯思是同一个思路；而尽心知天，最终同天，也与普罗提诺的灵性召唤类似。不过我们同时也要看到重要的不同：儒家坚持道德—行动与本体是一致的，论证道德特有的高贵性足以优入圣域。儒家的德性是典型的道德德性。牟宗三一方面肯定康德，指出唯有道德创造实践才能昭示天地仁体（天理），而科学认识论的理智德性无助于此，另一方面他又进一步指出（新）儒家认为道德实践足以带来对本体的理智直觉而非仅仅方便假设，所以高于康德哲学。③

　　相比之下，普罗提诺强调二者的对立。他看轻道德德性，而看重净化德性；而且，净化德性本质上是知识性的，而非道德性的。净化德性所垂直指向的圣贤与神圣本体也不是道德式的宇宙仁爱（心体与性体），而是知识性的高级智慧。普罗提诺与儒家的区别与本体论有关。普罗提诺的本原逐层下降的本体论很容易导向原因与结果截然二分，原因高于结果，原型高于影子，本体是真，现象是假。④我们的影子人生基本上

---

① 普罗提诺：《九章集》，1.7.3。
② 参看 J.Annas, *The Morality of Happiness*, Oxford University Press, 1993, p.227ff.
③ 参看牟宗三《性体与心体》（上），上海古籍出版社，第 142 页。
④ J. Cooper, *Pursuits of Wisdom*, p.308.

是山寨人生。知识论在这样的思路中对于人的拯救至关重要：能否在堕落世界中获得自我解放，完全取决于是否能认识到真理或存在的真相。在这种视野中，德性—行动自身无法构成独立的、高级的价值。只有向一切德行的客观源头回转，才能最终获得最为自足的、圆满的幸福即对本原的热爱观照。事实上，我们的本体灵魂从来就没有冲到现象层面，而是一直内收于上界之中。相反，儒家的本体论不是因果式的，而是体用式的，而体用范畴更强调本体与现象的一致或体用不二。体就是用，用是体的最终落脚点。仁体流行必须在具体的"用"中明白展现，必须"完全冲到前台"（无论这前台是行动还是情感，甚至是表情与外貌——所谓圣贤气象）。甚至可以说，现实行动高于潜在或内在状态。所以，儒家圣贤必须以"济世"或哲人王为目标指向。过多讲寂静的儒家"内圣学"总是被怀疑为走偏的"禅"。

回到希腊化罗马世界。在那个世界中，与新儒家更为接近的是斯多亚哲学。斯多亚哲学把自己的整个体系比喻为树根与果实。树根（本体论）固然是基础，但是果实（伦理学）是终极成就。追求对宇宙真理的领悟的认知活动最终应该落实在个体伦理成就之上。纯粹灵性化的普罗提诺却毫不犹豫地主张树根高于果实，我们的生活和我们的德性成就最终指向对超越的、内在的根源的不断回归。

然而，新柏拉图主义在罗马后期最终战胜和取代了曾经风光一时的斯多亚哲学。而且，西方文化下一个接班者基督教的开创性教父正是在新柏拉图主义哲学的帮助下提升了自己的精神性质素。基督教哲学将如何处理道德领域与超越领域的关系？它的道德境界与超越境界的一致性是否更强（都以位格与担当为特质）还是更弱（出世性更强烈）？这些都是值得进一步研究的问题，不过它们已经超出了本书的范围了。

至此，我们对希腊化时期——乃至整个希腊的——伦理思想的讨论告一段落。回顾起来，不知这些纲要式的勾勒有没有帮助读者对具有不可穷尽魅力的"希腊精神"有了一些初步认识？或许人们还可以从历史的或时代的东西中得出许多超时代的、较为永久的启迪？比如首先令人深思的，可能便是：在"伦理"或"道德"，"德性"与"幸福"这样的词语之下，其实包含着比我们平常所想象的要远为复杂与丰富的各种内容。况且，这还只是西方伦理精神历程的起点，领域还将进一步开拓；况且，"生命"大于"道德"，又更有"伦理学"不可穷尽的无限深度。面对此，我们的唯一愿望是与读者一道，继续沉潜到对象自身中，不断再思。

主要参考文献

一 外文

Aeschylus, *Promethus Bound and other Plays*, translated by Philip Vellacott, Penguin Books, 1961.

Annas, J., *The Morality of Happiness*, Oxford University Press, 1993.

Aristophanes, *Lysistrata and other Plays*, trans. A. H. Sommerstein, Penguin Books, 1973.

Aristotle, *The Works of Aristotle* (Ⅸ), trans. W. D. Ross, Oxford University Press, 1915.

Armstrong, A.H., *The Cambridge History of Later Greek and Early Medieval Philosophy*, Cambridge University Press, 1967.

Barker, E., *The Political Thought of Plato and Aristotle*, Methuen and Company, 1959.

Blum, A. F., *Socrates: the Original and Its Images*, Routledge & Kegan Paul, 1978.

Boer, W. D., *Private Morality in Greece and Rome*, Brill, 1979.

Burkert, W., *Greek Religion*, Harvard University Press, 1985.

Burns, C. D., *Greek Ideals: A Study in Social Life*, G. Bell and Sons, 1917.

Claroust, A. H., *Socrates, Man and Myth*, University of Notre Dames Press, 1957.

Cicero, *De Finibus Bonarum Et Malorum*, The Loeb Classical Library, London, 1931.

Cornford, F.M., *From Religion to Philosophy*, Princeton University Press, 1991.

Cornford, F.M., *Principium Sapientiae*, Cambridge University Press, 1971.

Cooper, J., *Pursuits of Wisdom*, Princeton University Press, 2012.

Diogenes Laertius, *Lives of Eminent Philosophers*, in 2 Vols, translated by R. D. Hicks, The Loeb Classical Library, 1972.

Duff, Tim., *Plutarch's Lives: Exploring Virtue and Vice,* Oxford University Press, 1999.

Ehrenberg, V., *From Solon to Socrates. Greek History and Civilization During the 6th and 5th Centuries,* Longmans Green, 1970.

Euripides, *The Bacchae and Other Plays*, trans. P. Vetlacott, Penguin Books, 1973.

Fisk, M., *The State and Justice*, Cambridge University Press, 1989.

Freeman, K., *The Pre—Socratic Philosophers; A Companion to Diels, Fragmente der VorSokratiker*, 2nd Edition, Oxford University Press, 1959.

Freeman, K., *Ancilla to the Presocratic Philosophers*, Harvard University Press, 1978.

Gadamer, H. G., *The Idea of the Good in Platonic-Aristotelian Philosophy*, trans. P. C., Smith, Yale University Press, 1986.

Gadamer, H. G., *Dialogue and Dialectic: Eight Hermeneutical Studies On Plato.* translated and with an introduction by P. C. Smith, Yale University Press, 1980.

Gerson, L.P., *The Cambridge Companion to Plotinus*, Cambridge University Press, 1996.

Gill, C., *The Structured Self in Hellenistic and Roman Thought*, Oxford University Press, 2006.

Gould, J. B., *The Philosophy of Chrysippus*, Brill, 1971.

Guthrie, W.K. C., *A History of Greek Philosophy*, Cambridge University Press, 1977.

Hadot, P., *Plotinus, or The Simplicity of Vision*, the University of Chicago Press, 1989.

Hardie, W. F. R., *Aristotle's Ethical Theory*, Oxford University Press, 1980.

Havelock, E. A., *The Greek Concept of Justice,* Harvard University Press, 1978.

Hesiod, *Hesiod and Homeric Hymns*, translated by A. G. E. White, The Loeb Classical Library, 1977.

Hicks. R. D., *Stoic and Epicurean,* Longmans, Green, and Co., 1970.

Inwood, B., *Ethics and Human Action in Early Stoicism*, Oxford University Press, 1985.

Irwin, I., *Plato's Moral Theory: The Early and Middle Dialogues*, Oxford University Press, 1977.

Jaeger, W., *Paedeia: The Ideals of Greek Culture*, 3Vols, Oxford University Press, Vol.1（1939）Vol.2（1943）Vol. 3（1944）.

Jaeger, W., *Aristotle*, Oxford University Press, 1934.

Joachim, H. H., *A Commentary of Aristotle's the Nicomachean Ethics*, Oxford University Press, 1955.

Kahn, C. H., *The Art and Thought of Heraclitus*, Cambridge University Press, 1981.

Kerferd, G. B., *The Sophistic Movement*, Cambridge University Press, 1981.

Kirk, G. S. & Raven, J. E. & Schofield, *The Presocratic Philosophers*：*A Critical History with a Selection of Texts*, Cambridge University Press, 1983.

Lang, A., *The World of Homer*, Longmans, Green, and Co., 1910.

Lodge, R. C., *Plato's Theory of Ethics: The Moral Criterion and Highest Good,* Harcourt, Brace & Co., 1928.

MacIntyre, A., *A Short History of Ethics*, Routledege, 1980.

MacIntyre, A., *After Virtue*, University of Notre Dame Press, 1981.

MacIntyre, A., *Whose Justice, Which Rationality*, University of Notre Dame Press, 1988.

Mitsis, P., *Epicurus, Ethical Theory*, Cornell University Press, 1988.

Moore, E., *An Introduction to Aristotle's Ethics*, Longmans, Green, and Co., 1902.

Nussbaum, M. C., *The Therapy of Desire:Theory and Practice in Hellenistic Ethics*, Princeton University Press, 1994.

Oakeley, H. D., *Greek Ethical Thought*, J. M. Dent and Sons, Ltd., 1925.

Onians, R. B., *The Origins of European Thought: About the Body, the Mind, the Soul, the World Time, and Fate*, Cambridge University Press. 1954.

Pelling, C., *Plutarch and History*, The Classical Press of Wales and Duckworth, 2002.

Plutarch, *The Parallel Lives*, 11 Vols. translated by B. Perrin, The Loeb Classical Library, 1982.

Rankin, H. D., *Sophists, Socrates and Cynics*, Barns and Noble Books, 1983.

Rhodes, P. J., *The Greek City States*, Cambridge University Press, 2007.

Richardson, H. R., "Degrees of Finality and the Highest Good in Aristotle", *Journal of the History of Philosophy*, July, 1992.

Rist, J.M., *Plotinus: The Road to Reality*, Cambridge University Press, 1967. Rist, J. M., *Stoic Philosophy*, Cambridge University Press, 1980.

Robinson, J. M., *An Introduction to Early Greek Philosophy*, Houghton Mifflin Company, 1968.

Robinson, R., *Plato's Ealier Dialectic*, Cornell University Press, 1941.

Rorty, A. O., (ed.) *Essays On Aristotle's Ethics*, California University Press, 1980.

Sextus Empiricus, *Sextus Empiricus*, 4Vols, trans. by R. G. Bury, The Loeb Classical Library, 1976.

Schofield, M., (ed.) *Doubt and Dogmatism*, Oxford University Press, 1980.

Seneca, *The Morals of Seneca*, The Walter Scott Publishing Co., LTD., 1888.

Sophocles, The Three *Theban Plays*, transtated by R. Fagles, Penguin Books, 1984.

Taylor, A. E., *Plato, the Man and his Work*, Methuen, 1960.

Thucydides, *History of the Peloponesian War*, translated by C. F. Smith, The Loeb Classical Library, 1980.

Vlastos, G., *Socrates: Ironist and Moral Philosopher*, Cambridge University Press, 1991.

Vogel, *Greek Philosophy*, Brill, 1959, Vol. Ⅲ.

Zeller, E., *The Stoics, Epicureans and Sceptics*, trans. O. J. Reiehel, Longmans Green, 1892.

二　中文

阿里斯托芬：《喜剧二种》，罗念生译，湖南人民出版社1981年版。

阿伦特：《人的境况》，王寅丽译，上海人民出版社2017年版。

埃斯居罗斯：《奥瑞斯提亚三部曲》，灵珠译，上海译文出版社1983年版。

爱比克泰德：《哲学谈话论》，吴欲波译，中国社会科学出版社2004年版。

柏拉图：《柏拉图文艺对话集》，朱光潜译，人民文学出版社1980年重印本。

包利民：《古典政治哲学史论》，人民出版社2010年版。

包利民：《至善与时间》，浙江大学出版社2018年版。

北京大学哲学系外国哲学史教研室编译：《古希腊罗马哲学》（原始资料选辑），生活·读书·新知三联书店1957年版。

陈康：《陈康；论希腊哲学》，汪子嵩、王太庆编，商务印书馆1990年版。

E.策勒和W.内斯特莱：《希腊哲学史纲》，翁绍军译，山东人民出版社1992年版。

荷马：《奥德修记》，杨宪益译，上海译文出版社1979年版。

荷马：《伊利亚特》，陈中梅译，花城出版社1994年版。

卢克莱修:《物性论》,方书春译,商务印书馆1985年版。

罗素:《西方哲学史》,上卷,何兆武等译,商务印书馆1963年版。

马可·奥勒留:《沉思录》,何怀宏译,中国社会科学出版社1989年版。

马克思:《1844年经济学哲学手稿》,刘丕坤译,人民出版社1979年版。

苗力田主编:《古希腊哲学》,中国人民大学出版社1989年版。

内格尔:《人的问题》,万以译,上海译文出版社2000年版。

尼采:《悲剧的诞生》,周国平译,生活·读书·新知三联书店1987年版。

皮埃尔·阿多:《古代哲学的智慧》,张宪译,上海译文出版社2012年版。

普鲁塔克:《希腊罗马名人传》,陆永庭等译,商务印书馆1990年版。

普鲁塔克:《古典共和主义精神的捍卫》,包利民等译,中国社会科学出版社2018年版。

普鲁塔克:《哲思与信仰:〈道德论集〉选译》,罗勇译,中国社会科学出版社2018年版。

塞克斯都·恩披里克:《悬搁判断与心灵宁静》,包利民等译,中国社会科学出版社2004年版。

色诺芬:《回忆苏格拉底》,吴永泉译,商务印书馆1984年版。

汤姆逊:《古代哲学家》,何子恒译,生活·读书·新知三联书店1963年版。

汪子嵩等:《希腊哲学史》(四卷本),人民出版社1988—2010年版。

威廉斯:《羞耻与必然性》,吴天岳译,北京大学出版社2014年版。

维柯:《新科学》,朱光潜译,商务印书馆1989年版。

文德尔班:《哲学史教程——特别关于哲学问题和哲学概念的形成和发展》,上卷,罗达仁译,商务印书馆1987年版。

希罗多德:《历史》,王嘉隽译,商务印书馆1959年版。

修昔底德:《伯罗奔尼撒战争史》,谢德风译,商务印书馆1960年版。

亚里士多德:《政治学》,吴寿彭译,商务印书馆1965年版。

亚里士多德:《诗学》,罗念生译,人民文学出版社1982年版。

亚里士多德:《亚里士多德全集》,第一卷,苗力田主编,人民大学出版社1990年版。

杨适:《哲学的童年》,中国社会科学出版社 1987 年版。

伊壁鸠鲁等:《自然与快乐:伊壁鸠鲁的哲学》,包利民等译,中国社会科学出版社 2007 年版。

周辅成(编):《西方伦理学名著选辑》(上卷),商务印书馆 1987 年版。

后　记

本书是《生命与逻各斯——希腊伦理思想史》的增写版。第一版的后记是这样开头的：记得十余年前师从严群、陈村富先生研究希腊哲学时，就常常在阅读原著时激动、惊讶而无法自禁：那种后世哲学所没有的独特深邃、优美和真正的人性魅力究竟应当怎么解释？读之越深，越感到难以轻易下笔……后来，在反复思考不少国外研究著作以及当代一般道德哲学、教化哲学与政治哲学后，慢慢感到可以从"伦理"的角度总结一下自己对希腊的看法了。而且，坊间这方面书至今仍然奇缺。一本较为系统的研究专著，对于关心西方文化源头而又苦无时间精力陷入浩瀚原著和文献传统的读者来说应当是会有所帮助的。

众所周知，近几十年来，我国对西方两希文明古典学术的事业进入相当快速的发展期，无论是施特劳斯派的、分析哲学传统的还是现象学导向的研究，无不蒸蒸日上，蔚为大观，体现了中国经历民族复兴之后的文化昌盛景象。在相当一段时间里，我的研究重点集中在希腊化罗马哲学上，主持翻译了"两希文明哲学经典译丛"，并参与汪子嵩先生的多卷本《希腊哲学史》课题，耗时经年，最后用近百万字研究和阐述古代晚期哲学四大派：伊壁鸠鲁派，斯多亚派，怀疑论，新柏拉图主义，是为《希腊哲学史》第四卷的主体。恍然回首，虽然这些年来希腊伦理的专题研究和论文层出不穷，日益专门化，十分可喜，不过国内坊间似乎依然缺少研究性的希腊思想史通论。其间，也不时有友人问及此书何时再版，于是便认真考虑出版本书的修订及增写版。主要的增加是新写的最后两节，探讨希腊化罗马时代中的柏拉图诸派的伦理思想是如何开出具有张力的丰富维度的。其余文字则基本未变，只是做了不少技术性修订，添加了少许参考文献。这一来是为了保持当时思考的历史原貌，二来是因为主要的问题意识和解答思路迄今依然引发自己一再重新沉思，而且也希望与有识之士继续交流。"希腊性"的成就令人惊叹，它并非一种，而是多种，而且它们相互常常是对立的。放眼望去，无论是雅典直接民主政治，还是叙事艺术和造型艺术，更不要说古典哲学各大门派，都在林林总总的希腊伦理思想中得到体现。古典伦理学并非狭义的规则推证，而是对人的生命—生存方式的各种可能性向度的一次宏大全面的反思。

当然，时代一直在发生重要的改变。其中，尤其值得一提的是"第三次科学革命"。我在《至善与时间》中指出，与前两次科学革命不同，新崛起的神经科学、人工智能、克隆技术、基因编辑、人机接口、互联网技术、新演化论、虚拟现实、3D打印等诸多科学技术明显形成了一种"人学新科技群"。这是一种科学与技术的综合体，它们相互加强：科学主义的理论观点通过借助新技术突破而获得前所未有的"实证支持"，技术则在科学的加速度发展的加持之下不断从根本上改变"人的条件"。这种"后现代"式发展与"古典性"范式并非远隔几千年而毫无关联。由于这次科学技术的革命围绕人展开，新科学主义者无不自信满满地争相提供对什么是人，什么是灵魂，什么是人的至善，什么是人的生活（生命），什么是逻各斯（理性，话语，领悟）的未来等问题的"科学答案"。而且，新技术（基因编辑，脑机接口，新型义肢移植，虚拟现实等）有可能很快造出难以想象的新人。既然古典伦理学以人文主义为中心，那么就不应在人的本质与人的命运即将发生巨变的时代缺席思考和论说。这会不会激发人们重新阅读希腊伦理哲人们的思想呢？

在本书的写作中，诸多师友如陈村富、贾维、刘小枫、余纪元、斯戴克豪思（Stackhouse）等先后提出了富于启发的意见；国家哲学社会科学基金、董氏基金、浙江大学哲学系研究基金对于本书的写作提供了有力的支持，在此一并致谢。

包利民
2020年12月20日于杭州